BKI Baupreise kompakt 2017 Altbau

Statistische Baupreise für Positionen mit Kurztexten

BKI Baupreise 2017 Altbau

Statistische Baupreise für Positionen mit Kurztexten

BKI Baukosteninformationszentrum (Hrsg.)
Stuttgart: BKI, 2016

Mitarbeit:
Hannes Spielbauer (Geschäftsführer)
Klaus-Peter Ruland (Prokurist)
Michael Blank
Annette Dyckmans
Wolfgang Mandl
Thomas Schmid
Jeannette Wähner

Fachautoren:
Robert Fetzer
Jörn Luther
Andreas Wagner

Layout, Satz:
Hans-Peter Freund
Thomas Fütterer

Fachliche Begleitung:
Beirat Baukosteninformationszentrum
Hans-Ulrich Ruf (Vorsitzender, bis April 2016)
Stephan Weber (Vorsitzender, ab Mai 2016)
Wolfgang Fehrs (stellv. Vorsitzender, bis April 2016)
Markus Lehrmann (stellv. Vorsitzender, ab Mai 2016)
Prof. Dr. Bert Bielefeld
Peter Esch (bis April 2016)
Markus Fehrs
Andrea Geister-Herbolzheimer
Oliver Heiss
Prof. Dr. Wolfdietrich Kalusche
Martin Müller
Prof. Walter Weiss (bis April 2016)
Prof. Sebastian Zoeppritz (bis April 2016)

Anschrift:
Bahnhofstraße 1, 70372 Stuttgart
Kundenbetreuung: (0711) 954 854-0
Baukosten-Hotline: (0711) 954 854-41
Telefax: (0711) 954 854-54
info@bki.de, www.bki.de

Vorwort

Die Ermittlung, Planung und Überwachung der Baukosten in verschiedenen Planungsphasen eines Bauprojektes ist ein wesentlicher Bestandteil der Architektenleistung.

Das neue Fachbuch unterstützt Architekten, Ingenieure, Sachverständige und alle Fachleute, die mit Baupreisen von Baumaßnahmen im Altbau befasst sind.

Das Fachbuch eignet sich aufgrund seiner kompakten Abmessungen besonders für die schnelle und mobile Baupreisrecherche. Auch für die Bepreisung von Leistungsverzeichnissen, eine Grundleistung nach HOAI, ist es ein wertvolles Werkzeug.

Der Anwender findet nach Leistungsbereichen geordnet statistisch ausgewertete Baupreise zu Positionen mit Minimal-, Von-, Mittel-, Bis- und Maximalpreisen sowie erläuternde Stichworttexte und die zugehörigen Mengeneinheiten und Kostengruppen nach DIN 276.

Die Baupreise für Altbau stammen aus den Bereichen Rohbau, Ausbau, Gebäudetechnik, Freianlagen sowie Instandsetzung / Abbruch. Insgesamt befinden sich im Fachbuch Baupreise zu 41 Leistungsbereichen. Alle Kennwerte basieren auf der Analyse realer, abgerechneter Bauwerke, die in der BKI-Baukostendatenbank verfügbar sind.

Mit den BKI Regionalfaktoren 2017 für jeden Stadt-/Landkreis passen Anwender die BKI-Bundesdurchschnittspreise an Ihre regionalen Gegebenheiten an.

Besonderer Dank gilt abschließend dem BKI-Beirat, der mit seinem Expertenwissen aus der Architektenpraxis, den Architekten- und Ingenieurkammern, Normausschüssen und Universitäten zum Gelingen der BKI-Fachinformationen beiträgt.

Wir wünschen allen Anwendern des neuen Fachbuchs viel Erfolg in allen Phasen der Kostenplanung. Anregungen und Kritik zur Verbesserung der BKI-Fachbücher sind uns jederzeit willkommen.

Hannes Spielbauer	Klaus-Peter Ruland
Geschäftsführer	Prokurist

Baukosteninformationszentrum
Deutscher Architektenkammern GmbH
Stuttgart, im November 2016

Inhalt Seite

Benutzerhinweise

Baupreise für die Positionen der Leistungsbereiche (LB)

Einführung

Dieses Fachbuch wendet sich an Architekten, Ingenieure, Sachverständige und sonstige Fachleute, die mit Kostenermittlungen von Hochbaumaßnahmen befasst sind. Es enthält statistische Baupreise für „Positionen", geordnet nach den Leistungsbereichen nach StLB. Neben den Mittelwerten sind auch Von-Bis-Werte und Minimal-Maximal-Werte angegeben. Bei den Von-Bis-Werten handelt es sich um mit der Standardabweichung berechnete Bandbreiten, wobei Werte über dem Mittelwerte und Werte unter dem Mittelwert getrennt betrachtet werden. Der Mittelwert muss deshalb nicht zwingend in der Mitte der Bandbreite liegen.

Durch Übernahme der BKI Regionalfaktoren in die Datenbank wurde es möglich, die Objekte und damit auch deren Positionspreise auch hinsichtlich des Bauortes zu bewerten. Für statistische Auswertungen rechnet BKI so, als ob das Objekt nicht am Bauort, sondern in einer mit dem Bundesdurchschnitt identischen Region gebaut worden wäre.

Die regional bedingten Kosteneinflussfaktoren sind somit aus den hier veröffentlichten Positionspreisen herausgerechnet. Das soll aber nicht darüber hinwegtäuschen, dass Positionspreise darüber hinaus weiteren vielfältigen Einflussfaktoren unterliegen.

Alle Baupreise wurden objektorientiert ermittelt und basieren auf der Analyse realer, abgerechneter Vergleichsobjekte, die derzeit in der BKI-Baukostendatenbank verfügbar sind.

Benutzerhinweise

1. Definitionen

Positionen sind Teilleistungen die in einem Leistungsverzeichnis eine zu erbringende Leistung eindeutig beschreiben. Bestandteile der Positionen sind Positionsnummer, Kurztext, Langtext, Abrechnungseinheit, Einheitspreis, Gesamtpreis und Kostengruppen nach DIN 276. Die Positionsnummer dient als Sortierkriterium innerhalb des Leistungsverzeichnisses, welches sich meist in hierarchischen Stufen mit Gewerken und Titeln strukturiert. Die Kurztexte dienen der verkürzten Darstellung und als schnelles Selektionskriterium. Der Langtext beschreibt dann die geforderte Leistung eindeutig. Einheitspreise sind Preise, welche in Verrechnung mit definierter Einheit den Gesamtpreis ergeben.

Bei dieser Veröffentlichung in kompakter Form wird der Kurztext mit einem konkretisierenden Schlagworttext ergänzt. Die Sortierung der Positionen erfolgt ohne Titel über Gewerke und den Positionsnummern. Der Einheitspreis wird Netto und Brutto in fünf Preisstufen auf der Basis abgerechneter Bauleistungen nach statistischer Methode dargestellt.

2. Kostenstand und Mehrwertsteuer

Kostenstand aller Kennwerte ist das 3. Quartal 2016. Alle Baupreise dieses Fachbuchs werden in brutto und netto angegeben. Die Angabe aller Baupreise dieser Veröffentlichung erfolgt in Euro. Die vorliegenden Baupreise sind Orientierungswerte. Sie können nicht als Richtwerte im Sinne einer verpflichtenden Obergrenze angewendet werden.

3. Datengrundlage

Grundlage der Tabellen sind statistische Analysen abgerechneter Bauvorhaben. Die Daten wurden mit größtmöglicher Sorgfalt vom BKI bzw. seinen Dokumentationsstellen erhoben. Dies entbindet den Benutzer aber nicht davon, angesichts der vielfältigen Kosteneinflussfaktoren die genannten Orientierungswerte eigenverantwortlich zu prüfen und entsprechend dem jeweiligen Verwendungszweck anzupassen. Für die Richtigkeit der im Rahmen einer Kostenermittlung eingesetzten Werte können daher weder Herausgeber noch Verlag eine Haftung übernehmen.

4. Anwendungsbereiche

Die Baupreise sind Orientierungswerte, sie können bei Kostenberechnungen und Kostenanschlägen angewendet werden. Die formalen Mindestanforderungen hinsichtlich der Darstellung der Ergebnisse einer Kostenermittlung sind in DIN 276 : 2008-12 unter Ziffer 3 Grundsätze der Kostenplanung festgelegt. Die Anwendung des Positions-Verfahrens bei Kostenermittlungen setzt voraus, dass genügend Planungsinformationen vorhanden sind, um Qualitäten und Mengen von Positionen ermitteln zu können.

5. Geltungsbereiche

Die genannten Baupreise spiegeln in etwa das durchschnittliche Baukostenniveau in Deutschland wider. Die Geltungsbereiche der Tabellenwerte sind fließend. Die „von-/ bis-Werte" markieren weder nach oben noch nach unten absolute Grenzwerte. Auch die Minimal- Maximal-Werte sind nur als Minimum und Maximum der in der Stichprobe enthaltenen Werte zu verstehen. Das schließt nicht aus, dass diese Werte in der Praxis unter- oder überschritten werden können.

6. von-bis Preise

Die „von-bis Preise" wurden mit der Standardabweichung ermittelt, ein statistisches Verfahren, das aus dem kompletten Spektrum der Preisbeispiele einen wahrscheinlichen Mittelbereich errechnet. Um dem Umstand Rechnung zu tragen, dass Abweichungen vom Mittelwert (BKI-Bundesdurchschnittswert) nach oben bei Baupreisen wahrscheinlicher sind als nach unten, wurde die Standardabweichung für Preise oberhalb des Mittelwertes getrennt von denen unterhalb des Mittelwertes ermittelt.

7. BKI-Bundesdurchschnittswerte / Regionalfaktor Stadt-/Landkreis

Grundlage der BKI Regionalfaktoren, die auch der Normierung der Baupreise der dokumentierten Objekte auf Bundesniveau zu Grunde liegen, sind Daten aus der amtlichen Bautätigkeitsstatistik der statistischen Landesämter.

Zusätzlich wurden von BKI Verfahren entwickelt, um die Daten prüfen und Plausibilitätsprüfungen unterziehen zu können.

Für den Anwender bedeutet die regionale Normierung der Daten auf einen BKI-Bundesdurchschnitt (Mittelwert), dass einzelne Baupreise oder das Ergebnis einer Kostenermittlung einfach mit dem Regionalfaktor des Standorts des geplanten Objekts multipliziert werden können. Die landkreisbezogenen Regionalfaktoren finden sich im Anhang des Buchs ab Seite 308.

8. Einflüsse auf Baupreise

In den Streubereichen (von-/bis-Werte) der Baupreise spiegeln sich die vielfältigen Einflüsse aus Nutzung, Markt, Gebäudegeometrie, Ausführungsstandard, Projektgröße etc. wider. Die Orientierungswerte können daher nicht schematisch übernommen werden, sondern müssen entsprechend den spezifischen Planungsbedingungen überprüft und ggf. angepasst werden. Mögliche Einflüsse, die eine Anpassung der Orientierungswerte erforderlich machen, können sein:

- besondere Nutzungsanforderungen,
- Standortbedingungen (Erschließung, Immission, Topographie, Bodenbeschaffenheit),
- Bauwerksgeometrie (Grundrissform, Geschosszahlen, Geschosshöhen, Dachform, Dachaufbauten),

- Bauwerksqualität (gestalterische, funktionale und konstruktive Besonderheiten),
- Quantität (Positionsmengen),
- Baumarkt (Zeit, regionaler Baumarkt, Vergabeart).

9. Urheberrechte
Alle Objektinformationen und die daraus abgeleiteten Auswertungen (Statistiken) sind urheberrechtlich geschützt. Die Urheberrechte liegen bei den jeweiligen Büros, Personen bzw. bei BKI.

Es ist ausschließlich eine Anwendung der Daten im Rahmen der praktischen Kostenplanung im Hochbau zugelassen. Für eine anderweitige Nutzung oder weiterführende Auswertungen behält sich BKI alle Rechte vor.

Erläuterungen

1

386
Nachträgliche Querschnitts-
abdichtung in Mauerwerk

Nachträgliche Querschnittsabdichtung in Mauerwerk						Preise €
Nr.	**Kurztext** / Stichworte **Einheit** / Kostengruppe	▶	▷	brutto ø netto ø	◁	◀
17	**Horizontalsperre, Sägen, weich, bis 25cm** Horizontalabdichtung, Sägeverfahren; Platten/Bahnen; Mauerdicke bis 25cm; sägen und mit Quellmörtel auspressen; Ziegelmauerwerk, weich; inkl. Fugen schließen					
	m **€ brutto**	**91**	**97**	**103**	**110**	**118**
	KG 395 € netto	77	82	86	92	99
18	**Horizontalsperre, Sägen, weich, bis 38cm** Horizontalabdichtung, Sägeverfahren; Platten/Bahnen; Mauerdicke bis 38cm; sägen und mit Quellmörtel auspressen; Ziegelmauerwerk, weich; inkl. Fugen schließen					
	m **€ brutto**	**102**	**109**	**115**	**123**	**132**
	KG 395 € netto	86	92	97	103	111
19	**Horizontalsperre, Sägen, weich, bis 50cm** Horizontalabdichtung, Sägeverfahren; Platten/Bahnen; Mauerdicke bis 50cm; sägen und mit Quellmörtel auspressen; Ziegelmauerwerk, weich; inkl. Fugen schließen					
	m **€ brutto**	**130**	**139**	**146**	**156**	**168**
	KG 395 € netto	109	116	123	131	141

2 6 3 4 5

Erläuterung nebenstehender Tabelle

Alle Baupreise werden mit und ohne Mehrwertsteuer dargestellt.
Kostenstand: 3.Quartal 2016.
Kosten und Baupreise umgerechnet auf den Bundesdurchschnitt.

❶

Leistungsbereich mit Nummer entsprechend Standardleistungsbuch

❷

Ordnungsziffer im jeweiligen Leistungsbereich
Sind die Positionen nicht lückenlos durchnummeriert, ist die fehlende Position nur in unserer Datenbank sowie auf der CD BKI-Positionen 2016 veröffentlicht. Es handelt sich hierbei um Leistungen, welche vergleichbar bereits in dieser Veröffentlichung enthalten sind und nur elektronisch einen Mehrwert haben.

❸

Kurztext der Position

❹

Stichworte aus dem Mustertext mit:
Gegenstand, Material, Dimension, Verarbeitung, Ort, Sonstige

❺

Abrechnungseinheit; Einheitspreise brutto und netto mit min/von/mittel/bis/max-Werten

❻

Kostengruppe nach DIN 276

Gliederung in Leistungsbereiche nach STLB-Bau

Als Beispiel für eine ausführungsorientierte Ergänzung der Kostengliederung werden im Folgenden die Leistungsbereiche des Standardleistungsbuches für das Bauwesen in einer Übersicht dargestellt.

000 Sicherheitseinrichtungen, Baustelleneinrichtungen
001 Gerüstarbeiten
002 Erdarbeiten
003 Landschaftsbauarbeiten
004 Landschaftsbauarbeiten -Pflanzen
005 Brunnenbauarbeiten und Aufschlussbohrungen
006 Spezialtiefbauarbeiten
007 Untertagebauarbeiten
008 Wasserhaltungsarbeiten
009 Entwässerungskanalarbeiten
010 Drän- und Versickerarbeiten
011 Abscheider- und Kleinkläranlagen
012 Mauerarbeiten
013 Betonarbeiten
014 Natur-, Betonwerksteinarbeiten
016 Zimmer- und Holzbauarbeiten
017 Stahlbauarbeiten
018 Abdichtungsarbeiten
020 Dachdeckungsarbeiten
021 Dachabdichtungsarbeiten
022 Klempnerarbeiten
023 Putz- und Stuckarbeiten, Wärmedämmsysteme
024 Fliesen- und Plattenarbeiten
025 Estricharbeiten
026 Fenster, Außentüren
027 Tischlerarbeiten
028 Parkett-, Holzpflasterarbeiten
029 Beschlagarbeiten
030 Rollladenarbeiten
031 Metallbauarbeiten
032 Verglasungsarbeiten
033 Baureinigungsarbeiten
034 Maler- und Lackierarbeiten - Beschichtungen
035 Korrosionsschutzarbeiten an Stahlbauten
036 Bodenbelagarbeiten
037 Tapezierarbeiten
038 Vorgehängte hinterlüftete Fassaden
039 Trockenbauarbeiten

040 Wärmeversorgungsanlagen - Betriebseinrichtungen
041 Wärmeversorgungsanlagen - Leitungen, Armaturen, Heizflächen
042 Gas- und Wasseranlagen - Leitungen, Armaturen
043 Druckrohrleitungen für Gas, Wasser und Abwasser
044 Abwasseranlagen - Leitungen, Abläufe, Armaturen
045 Gas-, Wasser- und Entwässerungsanlagen - Ausstattung, Elemente, Fertigbäder
046 Gas-, Wasser- und Entwässerungsanlagen - Betriebseinrichtungen
047 Dämm- und Brandschutzarbeiten an technischen Anlagen
049 Feuerlöschanlagen, Feuerlöschgeräte
050 Blitzschutz- / Erdungsanlagen, Überspannungsschutz
051 Kabelleitungstiefbauarbeiten
052 Mittelspannungsanlagen
053 Niederspannungsanlagen - Kabel/Leitungen, Verlegesysteme, Installationsgeräte
054 Niederspannungsanlagen - Verteilersysteme und Einbaugeräte
055 Ersatzstromversorgungsanlagen
057 Gebäudesystemtechnik
058 Leuchten und Lampen
059 Sicherheitsbeleuchtungsanlagen
060 Elektroakustische Anlagen, Sprechanlagen, Personenrufanlagen
061 Kommunikationsnetze
062 Kommunikationsanlagen
063 Gefahrenmeldeanlagen
064 Zutrittskontroll-, Zeiterfassungssysteme
069 Aufzüge
070 Gebäudeautomation
075 Raumlufttechnische Anlagen
078 Kälteanlagen für raumlufttechnische Anlagen
080 Straßen, Wege, Plätze
081 Betonerhaltungsarbeiten
082 Bekämpfender Holzschutz
083 Sanierungsarbeiten an schadstoffhaltigen Bauteilen
084 Abbruch- und Rückbauarbeiten
085 Rohrvortriebsarbeiten
087 Abfallentsorgung, Verwertung und Beseitigung
090 Baulogistik
091 Stundenlohnarbeiten
096 Bauarbeiten an Bahnübergängen
097 Bauarbeiten an Gleisen und Weichen
098 Witterungsschutzmaßnahmen

Die BKI-Gliederung des vorliegenden Fachbuchs orientiert sich am Standardleistungsbuch für das Bauwesen. Die Nummern der Leistungsbereiche werden jedoch beim Altbau mit 3xx gekennzeichnet.

Abkürzungsverzeichnis

Einheiten		Mengenangaben	
m	Meter	A	Fläche
m^2	Quadratmeter	V	Volumen
m^3	Kubikmeter	D	Durchmesser
cm	Zentimeter	d	Dicke
cm^2	Quadratzentimeter	h	Höhe
mm	Millimeter	b	Breite
µm	Mikrometer	l	Länge
kg	Kilogramm	t	Tiefe
t	Tonne	lw	lichte Weite
l	Liter	k	k-Wert
St	Stück	U	u-Wert
h	Stunde		
min	Minute		
s	Sekunde	psch	Pauschal
d	Tag		
Mt	Monat		
Wo	Woche		

Kombinierte Einheiten	
mh	Meter pro Stunde
md	Meter pro Tag
mWo	Meter pro Woche
mMt	Meter pro Monate
ma	Meter pro Jahr
m^2d	Quadratmeter pro Tag
m^2Wo	Quadratmeter pro Woche
m^2Mt	Quadratmeter pro Monat
m^3d	Kubikmeter pro Tag
m^3Wo	Kubikmeter pro Woche
m^3Mt	Kubikmeter pro Monat
Sth	Stück pro Stunde
Std	Stück pro Tag
StWo	Stück pro Woche
StMt	Stück pro Monat
td	Tonne pro Tag
tMt	Tonne pro Monat
tWo	Tonne pro Monat

Rechenzeichen	
<	kleiner
>	größer
<=	kleiner gleich
>=	größer gleich
-	bis

Abkürzungen

AN	Auftragnehmer	KVH	Konstruktionsvollholz
AG	Auftraggeber	LM	Leichtmetall
AP	Arbeitsplätze	LZR	Luftzwischenraum (Isolierglas)
APP	Appartement	MF	Mineralfaser
BB	BB-Schloss=Buntbartschloss	MG	Mörtelgruppe
BK	Bodenklasse	MW	Mauerwerk
BSH	Brettschichtholz	MW	Mineralwolle
DD	DD-Lack=Polyurethan-Lack	MW	Maulweite (Zargen)
DN	Durchmesser, Nennmaß (DN80)	NF	Normalformat
DF	Dünnformat	NF	Nutzfläche
DG	Dachgeschoss	NF	Nut und Feder
DK	Dreh-/Kipp(-flügel)	NH	Nadelholz
DHH	Doppelhaushälfte	OG	Obergeschoss
EG	Erdgeschoss	OK	Oberkante
ELW	Einliegerwohnung	OSB	Oriented Strand Board, Spanplatte
ETW	Etagenwohnung	PE	Polyethylen
EPS	expandierter Polystyrolschaum	PE-HD	Polyethylen, hohe Dichte
ESG	Einscheiben-Sicherheitsglas	PES	Polyester
F90-A	Feuerwiderstandsklasse 90min	PP	Polypropylen
GK1	Geotechnische Kategorie 1	PS	Polystyrol
GK	Gipskarton	PU	Polyurethan
GKB	Gipskarton-Bauplatten	PVC	Polyvinylchlorid
GKF	Gipskarton-Feuerschutz	PZ	Profilzylinder
GKI	Gipskarton - imprägniert	RD	rauchdicht
GKL	Güteklasse	RRM	Rohbaurichtmaß
Gl	Glieder (Heizkörper)	RS	Rauchschutz (Türen)
Hlz	Hochlochziegel	RW	Regenwasser
HDF	hochdichte Faserplatte	RWA	Rauch-Wärme-Abzug
HT	Hochtemperatur-Abflussrohr	SML	Gusseisen-Abwasserrohr
i.L.	im Lichten	Stb	Stahlbeton
i.M.	im Mittel	STP	Stellplatz
KG	Kellergeschoss	Stg	Steigung
KG	Kunststoff Grundleitung	TG	Tiefgarage
KFZ	Kraftfahrzeug	T30	Tür mit Feuerwiderstand 30min
KITA	Kindertagesstätte	UK	Unterkante
KS	Kalksandstein	UK	Unterkonstruktion
KSL	Kalksandstein-Lochstein	VK	Vorderkante
KSV	Kalksandstein-Vollstein	VSG	Verbund-Sicherheitsglas
KSVm	Kalksandstein-Vormauerwerk		

Abkürzungen

V2A	Edelstahl
V4A	Edelstahl
WDVS	Wärmedämmverbundsystem
WE	Wohneinheit
WK	Einbruch-Widerstandsklasse
WLG	Wärmeleitgruppe
WLS	Wärmeleitstufe
WU	wasserundurchlässig (Beton)
ZTV	zusätzl. techn. Vorbemerkungen

A

Rohbau

Titel des Leistungsbereichs	LB-Nr.
Sicherheitseinrichtungen, Baustelleneinrichtungen	300
Gerüstarbeiten	301
Erdarbeiten	302
Entwässerungskanalarbeiten	309
Drän- und Versickerarbeiten	310
Mauerarbeiten	312
Betonarbeiten	313
Naturwerkstein-, Betonwerksteinarbeiten	314
Zimmer- und Holzbauarbeiten	316
Abdichtungsarbeiten	318
Dachdeckungsarbeiten	320
Dachabdichtungsarbeiten	321
Klempnerarbeiten	322

300
Sicherheitseinrichtungen, Baustelleneinrichtungen

Sicherheitseinrichtungen, Baustelleneinrichtungen | **Preise €**

Nr.	Kurztext / Stichworte Einheit / Kostengruppe		▶	▷	brutto ø netto ø	◁	◀
1	**Bauzaun, Höhe 2,00m** Bauzaun; Höhe 2,00m; aufstellen, vorhalten, abbauen						
	m	**€ brutto**	**5,4**	**8,9**	**10,5**	**13,7**	**22,3**
	KG 391	€ netto	4,5	7,4	8,9	11,5	18,7
2	**Bauzaun umsetzen** Bauzaun; Höhe 2,00m; umsetzen; inkl. Türen, Tore						
	m	**€ brutto**	**2,0**	**3,5**	**4,0**	**4,8**	**8,3**
	KG 391	€ netto	1,7	2,9	3,4	4,0	6,9
3	**Tür, Bauzaun** Bauzauntür; 2,10x1,20m; einbauen, vorhalten, abbauen						
	St	**€ brutto**	**43**	**69**	**79**	**117**	**165**
	KG 391	€ netto	36	58	67	98	139
4	**Baustraße** Baustraße/Bauweg; Breite bis 2,50m; provisorisch herstellen, vorhalten, abbauen						
	m²	**€ brutto**	**7,7**	**12,3**	**14,5**	**20,1**	**30,6**
	KG 391	€ netto	6,4	10,3	12,2	16,9	25,7
5	**Bauwasseranschluss, 3 Zapfstellen** Bauwasseranschluss; 3 Zapfstellen; herstellen, vorhalten, abbauen						
	St	**€ brutto**	**189**	**406**	**493**	**660**	**974**
	KG 391	€ netto	159	341	414	555	819
6	**Bauwasseranschluss heranführen** Bauwasserleitung; DN32; provisorisch herstellen, vorhalten, abbauen; öffentlicher Anschluss						
	m	**€ brutto**	**18**	**36**	**37**	**45**	**63**
	KG 391	€ netto	15	30	31	37	53
7	**Baustromanschluss** Baustromanschluss; Leitung bis 50m; herstellen, vorhalten, abbauen						
	St	**€ brutto**	**242**	**563**	**647**	**858**	**1.399**
	KG 391	€ netto	203	473	544	721	1.176
8	**Baustrom, Zuleitung** Baustromzuleitung; Leitung bis 50m; herstellen, vorhalten, abbauen						
	m	**€ brutto**	**5,1**	**8,3**	**9,2**	**10,7**	**14,5**
	KG 391	€ netto	4,3	7,0	7,7	9,0	12,2
9	**Baustromverteiler** Baustromverteiler; aufstellen, vorhalten, abbauen						
	St	**€ brutto**	**62**	**248**	**298**	**378**	**545**
	KG 391	€ netto	52	208	251	318	458

Sicherheitseinrichtungen, Baustelleneinrichtungen — Preise €

Nr.	Kurztext / Stichworte Einheit / Kostengruppe		▶	▷	brutto ø netto ø	◁	◀
10	**WC-Kabine** WC-Kabine; aufstellen, vorhalten, abbauen; wöchentliche Reinigung						
	St	**€ brutto**	**95**	**205**	**250**	**307**	**427**
	KG 391	€ netto	80	172	210	258	358
11	**Mobilkran** Mobilkran bereitstellen; aufbauen, unterhalten, abbauen; inkl. Bedienung						
	h	**€ brutto**	**90**	**140**	**161**	**187**	**225**
	KG 391	€ netto	76	118	135	157	189
12	**Baustellenaufzug, bis 800kg Nutzlast** Bauaufzug; bis 800kg, Förderhöhe bis 16,00m, Fahrkorb 2,00m²; aufstellen, vorhalten, abbauen						
	St	**€ brutto**	**1.488**	**1.945**	**2.184**	**2.607**	**3.140**
	KG 391	€ netto	1.251	1.634	1.835	2.191	2.639
13	**Bautreppe, Holz** Bautreppe; Holz; Höhe bis 3,00m, Breite 0,90m; für Bauverkehr/ öffentliche Nutzung						
	St	**€ brutto**	**182**	**405**	**525**	**653**	**959**
	KG 391	€ netto	153	340	441	549	806
14	**Seitenschutz, Treppe** Seitenschutz; Geländer; zweiteilig, aufbauen, vorhalten, abbauen; Treppenläufe						
	m	**€ brutto**	**5,6**	**13,1**	**16,8**	**22,8**	**36,8**
	KG 391	€ netto	4,7	11,0	14,2	19,1	31,0
15	**Bautür, Stahlblech** Bautür; Stahl; 1,26x2,26m; montieren, entfernen						
	St	**€ brutto**	**60**	**141**	**173**	**234**	**357**
	KG 391	€ netto	51	119	146	197	300
16	**Schutzabdeckung, Boden, Holzplatten** Schutzabdeckung; Holzplatten; vollflächig abdecken, abbauen; Boden						
	m²	**€ brutto**	**7,2**	**12,8**	**15,3**	**16,9**	**21,4**
	KG 397	€ netto	6,1	10,8	12,9	14,2	18,0
17	**Schutzwand, Folienbespannung** Staubschutzwand; Holzkonstruktion, Gitterfolie; Höhe 3,50m; herstellen, vorhalten, abbauen						
	m²	**€ brutto**	**20**	**27**	**28**	**34**	**43**
	KG 397	€ netto	17	22	24	28	36

Sicherheitseinrichtungen, Baustelleneinrichtungen **Preise €**

Nr.	Kurztext / Stichworte Einheit / Kostengruppe		▶	▷	brutto ø netto ø	◁	◀
18	**Schutzwand, Holz beplankt** Bauschutzwand, Holzbeplankung; Holzwerkstoffplatten; Höhe 3,00m; beidseitig beplankt, vorhalten, abbauen						
	m²	**€ brutto**	**15**	**41**	**55**	**83**	**117**
	KG 397	€ netto	12	35	46	70	99
19	**Witterungsschutz, Fensteröffnung** Witterungsschutz; Holzkonstruktion, PE-Folie; Dicke 0,5mm; herstellen, vorhalten, abbauen						
	m²	**€ brutto**	**2,5**	**11,8**	**14,7**	**21,6**	**38,9**
	KG 397	€ netto	2,1	9,9	12,4	18,1	32,7
20	**Schutzabdeckung, Bauplane** Schutzabdeckung; Plane; anbringen, entfernen; Bauteile, Gerüste, offene Dächer						
	m²	**€ brutto**	**2,3**	**5,1**	**5,9**	**9,2**	**14,4**
	KG 397	€ netto	2,0	4,3	5,0	7,7	12,1
21	**Bauschuttcontainer; gemischter Bauschutt** Bauschuttcontainer; Mischgut; 7,00m³; aufstellen, vorhalten, abfahren						
	St	**€ brutto**	**205**	**380**	**470**	**551**	**754**
	KG 391	€ netto	172	319	395	463	634
22	**Bauschuttcontainer, Holzabfälle** Bauschuttcontainer; Holz; 7,00m³; aufstellen, vorhalten, abfahren						
	St	**€ brutto**	**200**	**239**	**269**	**286**	**326**
	KG 391	€ netto	168	201	226	241	274
23	**Bauschuttcontainer, sortierter Bauschutt** Bauschuttcontainer; sortierter Schutt; 7,00m³; aufstellen, vorhalten, abfahren						
	St	**€ brutto**	**112**	**232**	**315**	**436**	**627**
	KG 391	€ netto	94	195	264	366	527
24	**Deponiegebühr, gemischter Bauschutt** Deponiegebühr; gemischter Bauschutt/Sperrmüll; laden, abfahren, entsorgen						
	m³	**€ brutto**	**16**	**58**	**71**	**103**	**158**
	KG 391	€ netto	13	49	60	87	133
25	**Bauschild, Grundplatte** Bauschild, Grundplatte; aufstellen, vorhalten, abbauen						
	St	**€ brutto**	**998**	**1.926**	**2.231**	**2.944**	**4.584**
	KG 391	€ netto	839	1.619	1.875	2.474	3.852

Kosten: Stand 3.Quartal 2016, Bundesdurchschnitt

Sicherheitseinrichtungen, Baustelleneinrichtungen — Preise €

Nr.	Kurztext / Stichworte Einheit / Kostengruppe		▶	▷	brutto ø netto ø	◁	◀
26	**Schuttabwurfschacht, ca. 60cm** Schuttabwurfschacht; Durchmesser 60cm; aufstellen, vorhalten, abbauen; Innen-/Außenbereich						
	m	**€ brutto**	**9,0**	**23,9**	**27,1**	**32,6**	**49,5**
	KG 391	€ netto	7,5	20,0	22,7	27,4	41,6
27	**Schuttabwurfschacht, bis 8,00m** Schuttabwurfschacht; Durchmesser 60cm, Höhe 4,00-8,00m; aufstellen, vorhalten, abbauen; Innen-/Außenbereich						
	St	**€ brutto**	**82**	**195**	**224**	**241**	**475**
	KG 391	€ netto	69	164	188	202	399

Gerüstarbeiten — Preise €

Nr.	Kurztext / Stichworte Einheit / Kostengruppe		▶	▷	brutto ø netto ø	◁	◀
1	**Fassadengerüst, LK 3, SW06** Arbeitsgerüst, LK 3; Breite 0,60m; aufbauen, abbauen; Fassade						
	m²	**€ brutto**	**4,9**	**6,2**	**6,9**	**7,6**	**9,6**
	KG 392	€ netto	4,1	5,2	5,8	6,3	8,0
2	**Fassadengerüst, LK 4, SW09** Arbeitsgerüst, LK 4; Breite 0,90m; aufbauen, abbauen; Fassade						
	m²	**€ brutto**	**5,9**	**7,8**	**8,4**	**10,6**	**14,9**
	KG 392	€ netto	5,0	6,6	7,1	8,9	12,5
3	**Fassadengerüst, LK 5, SW09** Arbeitsgerüst, LK 5; Breite 0,90m; aufbauen, abbauen; Fassade						
	m²	**€ brutto**	**7,0**	**10,9**	**14,1**	**14,2**	**21,4**
	KG 392	€ netto	5,9	9,2	11,9	11,9	18,0
4	**Fassadengerüst, Gebrauchsüberlassung** Gebrauchsüberlassung, Fassadengerüst; je Woche						
	m²Wo	**€ brutto**	**0,2**	**0,2**	**0,3**	**0,4**	**0,5**
	KG 392	€ netto	0,1	0,2	0,2	0,3	0,5
5	**Gerüst umsetzen** Gerüst umsetzen, LK 3; Breite 0,60m; im Ganzen/in Abschnitten						
	m²	**€ brutto**	**3,7**	**5,6**	**6,5**	**8,4**	**13,8**
	KG 392	€ netto	3,1	4,7	5,5	7,1	11,6
6	**Hilfsgründung herstellen** Hilfsgründung; herstellen; Außenbereich						
	m	**€ brutto**	**3,7**	**7,0**	**8,7**	**11,1**	**14,7**
	KG 392	€ netto	3,1	5,9	7,3	9,4	12,3
7	**Standgerüst, innen** Standgerüst, LK 3; Höhenklasse H1; aufbauen, abbauen; Innenbereich						
	m²	**€ brutto**	**5,0**	**7,2**	**8,2**	**10,5**	**14,8**
	KG 392	€ netto	4,2	6,1	6,9	8,8	12,4
8	**Raumgerüst, Lastklasse 3** Raumgerüst, LK3; Höhenklasse H1; aufbauen, abbauen						
	m³	**€ brutto**	**3,5**	**5,5**	**6,5**	**7,8**	**9,8**
	KG 392	€ netto	3,0	4,7	5,4	6,6	8,2
9	**Raumgerüst, Gebrauchsüberlassung** Gebrauchsüberlassung, Raumgerüst; je Woche						
	m3Wo	**€ brutto**	**0,1**	**0,2**	**0,3**	**0,3**	**0,4**
	KG 392	€ netto	0,1	0,2	0,2	0,3	0,3
10	**Fahrbares Gerüst, Lastklasse 2-3** Fahrbares Gerüst, LK 2-3; Arbeitsgerüst aufbauen mit Arbeitslage, Seitenschutz aufbauen, abbauen; im Gebäude						
	St	**€ brutto**	**112**	**221**	**272**	**408**	**710**
	KG 392	€ netto	94	185	228	342	597

Kosten: Stand 3.Quartal 2016, Bundesdurchschnitt

Gerüstarbeiten — Preise €

Nr.	Kurztext / Stichworte Einheit / Kostengruppe		▶	▷	brutto ø netto ø	◁	◀
11	**Gerüstverbreiterung, bis 30cm** Gerüstverbreiterung; bis 30cm; inkl. Beläge, Seitenschutz, Absteifungen						
	m	**€ brutto**	**3,9**	**6,9**	**8,4**	**10,7**	**17,2**
	KG 392	€ netto	3,3	5,8	7,0	9,0	14,5
12	**Gerüstverbreiterung, bis 70cm** Gerüstverbreiterung; bis 0,70m; inkl. Beläge, Seitenschutz, Absteifungen						
	m	**€ brutto**	**7,3**	**10,0**	**10,8**	**14,1**	**19,9**
	KG 329	€ netto	6,2	8,4	9,1	11,9	16,7
13	**Gebrauchsüberlassung Gerüstverbreiterung** Gebrauchsüberlassung, Gerüstverbreiterung; je Woche						
	mWo	**€ brutto**	**0,2**	**0,7**	**0,8**	**1,7**	**3,1**
	KG 392	€ netto	0,1	0,6	0,7	1,5	2,6
14	**Arbeitsgerüst Erweiterung Dachfanggerüst** Dachfanggerüst, Erweiterung; Fanglage, Schutzwand						
	m	**€ brutto**	**5,4**	**10,3**	**12,1**	**14,3**	**19,4**
	KG 392	€ netto	4,6	8,6	10,2	12,0	16,3
15	**Dachfanggerüst, Gebrauchsüberlassung** Gebrauchsüberlassung Fanggerüst; je Woche						
	mWo	**€ brutto**	**0,1**	**0,2**	**0,3**	**0,5**	**0,8**
	KG 392	€ netto	<0,1	0,2	0,3	0,4	0,7
16	**Überbrückung, Gerüst** Überbrückung, Gerüst; inkl. Belag, Seitenschutz						
	m	**€ brutto**	**11**	**20**	**24**	**30**	**45**
	KG 392	€ netto	9,4	16,4	20,2	25,5	38,2
17	**Überbrückung, Gebrauchsüberlassung** Gebrauchsüberlassung, Überbrückung; je Woche						
	mWo	**€ brutto**	**0,1**	**0,7**	**0,9**	**1,1**	**2,4**
	KG 392	€ netto	0,1	0,6	0,7	0,9	2,0
18	**Baustellenaufzug, bis 500kg** Baustellenaufzug; bis 500kg; mit/ohne Personenbeförderung						
	St	**€ brutto**	**1.974**	**3.245**	**3.371**	**4.687**	**6.864**
	KG 391	€ netto	1.659	2.727	2.832	3.939	5.768
19	**Gerüstanker** Gerüstanker; ein- und ausbauen; WDVS						
	St	**€ brutto**	**12**	**20**	**22**	**25**	**38**
	KG 392	€ netto	9,8	16,7	18,8	21,0	31,9
20	**Gerüstplane, Wetterschutzplane** Gerüstbekleidung; Plane, wetterfest, gitterverstärkt; 500N/750N; vollflächig montieren, gebrauchsüberlassen, entfernen						
	m²	**€ brutto**	**1,8**	**2,7**	**3,1**	**3,6**	**4,6**
	KG 392	€ netto	1,5	2,3	2,6	3,0	3,9

Gerüstarbeiten						Preise €
Nr.	Kurztext / Stichworte			brutto ø		
	Einheit / Kostengruppe	►	▷	netto ø	◁	◄
21	**Gerüstbekleidung, Staubschutznetz/Schutzgewebe**					
	Gerüstbekleidung; Staubschutznetz/Schutzgewebe; vollflächig					
	m² / € brutto	**0,9**	**1,9**	**2,4**	**3,1**	**4,6**
	KG 392 / € netto	0,8	1,6	2,0	2,6	3,9
22	**Auffangnetz**					
	Schutznetz; Auffangnetz; Klasse A2; montieren, vorhalten, abbauen					
	m² / € brutto	**2,5**	**5,7**	**6,6**	**8,2**	**12,1**
	KG 392 / € netto	2,1	4,8	5,6	6,9	10,2
23	**Auffangnetz, Gebrauchsüberlassung**					
	Gebrauchsüberlassung, Auffangnetz; Schutznetz					
	m²Wo / € brutto	**<0,1**	**0,1**	**0,1**	**0,2**	**0,3**
	KG 392 / € netto	<0,1	0,1	0,1	0,1	0,2
24	**Stundensatz Facharbeiter, Gerüstbau**					
	Stundenlohnarbeiten, Vorarbeiter, Facharbeiter; Gerüstbau					
	h / € brutto	**35**	**48**	**52**	**55**	**66**
	€ netto	29	40	44	46	56
25	**Stundensatz Helfer, Gerüstbau**					
	Stundenlohnarbeiten, Werker, Helfer; Gerüstbau					
	h / € brutto	**24**	**35**	**41**	**46**	**58**
	€ netto	20	29	34	38	48

Erdarbeiten						Preise €
Nr.	**Kurztext** / Stichworte			**brutto ø**		
	Einheit / Kostengruppe	▶	▷	netto ø	◁	◀
1	**Baugelände freimachen** Baugelände abräumen; Sträucher, Bäume, Beton; StD bis 15cm; Räumgut entsorgen					
	m² / **€ brutto**	**1,3**	**5,7**	**6,8**	**8,4**	**12,2**
	KG 214 / € netto	1,1	4,8	5,7	7,0	10,3
2	**Büsche, Kleingehölze roden** Büsche/Kleingehölze roden; Holzteile; häckseln, innerhalb des Baugeländes verteilen					
	m² / **€ brutto**	**6,0**	**7,3**	**7,7**	**8,4**	**10,4**
	KG 214 / € netto	5,1	6,1	6,5	7,1	8,7
3	**Aushub Schlitzgraben/Suchgraben** Aushub, Suchgraben; Tiefe bis 1,75m, Abmessung 0,80x4,00m; seitlich lagern, wiederverfüllen; Handaushub					
	m³ / **€ brutto**	**85**	**109**	**123**	**131**	**166**
	KG 311 / € netto	71	92	103	110	140
4	**Aufbruch, Schwarzdecken, entsorgen** Bituminöser Belag abbrechen; Tiefe bis 15cm, Breite 70-100cm; Bauschutt inkl. Unterbau entsorgen					
	m² / **€ brutto**	**3,0**	**9,8**	**13,5**	**15,6**	**20,9**
	KG 212 / € netto	2,5	8,3	11,4	13,1	17,6
5	**Gehwegplatten ausbauen, lagern** Gehwegplatten im Sandbett ausbauen; Betonwerkstein; reinigen, zur Wiederverwendung lagern					
	m² / **€ brutto**	**4,4**	**6,5**	**7,9**	**8,4**	**12,8**
	KG 212 / € netto	3,7	5,5	6,6	7,0	10,8
6	**Oberboden abtragen, lagern, 30cm** Oberboden abtragen; Dicke 30cm; laden, fördern, lagern					
	m² / **€ brutto**	**1,1**	**2,3**	**3,0**	**4,5**	**7,3**
	KG 311 / € netto	0,9	1,9	2,5	3,8	6,1
7	**Fundamentaushub, GK1, bis 1,75, lagern** Aushub Einzel- und Streifenfundament; Tiefe bis 1,75m; fördern, für Wiedereinbau lagern; Förderweg bis 50m					
	m³ / **€ brutto**	**28**	**38**	**43**	**48**	**56**
	KG 322 / € netto	23	32	36	40	47
8	**Rohrgrabenaushub, GK1, bis 1,00m, lagern** Aushub Rohrgraben, Schacht; Tiefe bis 1,00m; fördern, lagern; Förderweg bis 50m					
	m³ / **€ brutto**	**16**	**28**	**32**	**35**	**42**
	KG 411 / € netto	14	23	27	29	36

Kosten: Stand 3.Quartal 2016, Bundesdurchschnitt

Erdarbeiten **Preise €**

Nr.	Kurztext / Stichworte Einheit / Kostengruppe		▶	▷	brutto ø netto ø	◁	◀
9	**Fundament-/Grabenaushub, Handaushub, bis 1,25m** Handaushub Rohrgraben, Fundamente; Tiefe bis 1,25m; seitlich lagern; Förderweg bis 50m						
	m³	**€ brutto**	**57**	**82**	**101**	**110**	**138**
	KG 322	€ netto	48	69	84	92	116
10	**Bodenaustausch, Liefermaterial** Bodenaustausch, tragfähiger Boden; Aushub entsorgen, Neuboden Kiessand liefern, einbauen						
	m³	**€ brutto**	**30**	**45**	**49**	**58**	**81**
	KG 321	€ netto	25	38	41	49	68
11	**Tragschicht, Kies** Tragschicht, kapillarbrechend; einbauen, verdichten; unter Bodenplatte; Sollhöhe +/-2cm						
	m³	**€ brutto**	**41**	**54**	**58**	**77**	**104**
	KG 326	€ netto	34	45	49	65	88
12	**Planum, Baugrube** Planum der Baugrubensohle; Abweichung +/-2cm						
	m²	**€ brutto**	**0,3**	**1,0**	**1,3**	**1,9**	**2,8**
	KG 311	€ netto	0,3	0,8	1,1	1,6	2,3
13	**Planum, Wege/Fahrstraßen, verdichten** Planum Wege- und Fahrstraßen; Abweichung +/-2cm; verdichten						
	m²	**€ brutto**	**0,4**	**1,1**	**1,4**	**1,7**	**2,8**
	KG 520	€ netto	0,3	0,9	1,2	1,4	2,3
14	**Lastplattendruckversuch, Baugrube** Lastplattendruckversuch; inkl. Gerätestellung						
	St	**€ brutto**	**106**	**169**	**194**	**255**	**319**
	KG 319	€ netto	89	142	163	214	268
15	**Trennlage, Bodenplatte, Folie** Trennlage; PE-Folie; Dicke 0,4mm; zweilagig, überlappend; unter Bodenplatte						
	m²	**€ brutto**	**1,5**	**1,8**	**2,0**	**2,1**	**2,4**
	KG 329	€ netto	1,3	1,5	1,6	1,8	2,0
16	**Rohrgräben/Fundamente verfüllen, Lagermaterial** Rohrgraben/Arbeitsraum verfüllen; Lagermaterial; Höhe 1,00-1,25m; einbauen, verdichten; Förderweg bis 50m						
	m³	**€ brutto**	**13**	**27**	**27**	**30**	**51**
	KG 311	€ netto	11	22	23	25	43

Erdarbeiten **Preise €**

Nr.	Kurztext / Stichworte Einheit / Kostengruppe		▶	▷	brutto ø netto ø	◁	◀
17	**Rohrgräben/Fundamente verfüllen, Liefermaterial** Rohrgraben/Fundamente verfüllen; Material liefern; Höhe 1,00-1,25m; einbauen, verdichten; Förderweg bis 50m						
	m³	**€ brutto**	**27**	**34**	**36**	**44**	**55**
	KG 311	€ netto	22	28	30	37	46
18	**Arbeitsräume verfüllen, verdichten, Liefermaterial** Rohrgraben/Arbeitsraum verfüllen; Liefermaterial; Höhe 1,00-2,00m; einbauen, verdichten						
	m³	**€ brutto**	**28**	**38**	**41**	**46**	**55**
	KG 311	€ netto	24	32	35	38	46
19	**Aushub lagernd, entsorgen** Bodenmaterial; Lagermaterial; laden, abfahren, entsorgen; inkl. Deponiegebühr						
	m³	**€ brutto**	**18**	**27**	**32**	**34**	**45**
	KG 311	€ netto	15	23	27	29	38
20	**Baugrube sichern, Folienabdeckung** Baugrubenwände sichern; Plane; abdecken, unterhalten, entsorgen						
	m²	**€ brutto**	**0,9**	**2,0**	**2,4**	**3,0**	**4,1**
	KG 312	€ netto	0,8	1,7	2,0	2,5	3,5
21	**Kabelschutzrohr** Kabelschutzrohr; DN40-DN120; verlegen im Erdreich/Beton						
	m	**€ brutto**	**2,5**	**6,9**	**9,1**	**13,1**	**19,7**
	KG 444	€ netto	2,1	5,8	7,6	11,0	16,5
22	**Zugdraht für Kabelschutzrohr** Zugdraht, Kabelschutzrohr						
	m	**€ brutto**	**0,1**	**0,8**	**0,9**	**1,1**	**1,9**
	KG 444	€ netto	0,1	0,6	0,7	0,9	1,6
23	**Warnband, Leitungsgräben** Warnband; Verbundfolie; Leitungsgraben						
	m	**€ brutto**	**0,4**	**1,0**	**1,3**	**2,4**	**3,8**
	KG 444	€ netto	0,3	0,8	1,1	2,0	3,2
24	**Stundensatz Facharbeiter, Erdbau** Stundenlohnarbeiten, Vorarbeiter, Facharbeiter; Erdbau						
	h	**€ brutto**	**47**	**51**	**53**	**56**	**61**
		€ netto	39	43	45	47	51
25	**Stundensatz Helfer, Erdbau** Stundenlohnarbeiten, Werker, Helfer; Erdbau						
	h	**€ brutto**	**39**	**45**	**47**	**47**	**51**
		€ netto	33	38	40	40	43

Entwässerungskanalarbeiten							Preise €
Nr.	**Kurztext** / Stichworte **Einheit** / Kostengruppe		▶	▷	**brutto ø** netto ø	◁	◀
1	**Aushub, Suchgraben** Aushub Suchgraben; Abmessung 4,00x0,80m, Tiefe 1,75m; lagern, wiederverfüllen, verdichten						
	m	**€ brutto**	**16**	**26**	**31**	**37**	**47**
	KG 541	€ netto	14	22	26	31	40
2	**Asphalt schneiden** Asphalt schneiden; Dicke 150mm; streifenförmig						
	m	**€ brutto**	**5,0**	**8,5**	**10,4**	**11,8**	**14,6**
	KG 221	€ netto	4,2	7,1	8,7	9,9	12,3
3	**Aufbruch, Gehwegfläche** Aufbruch Asphaltbelag; Tiefe bis 15cm; laden, abfahren, entsorgen; inkl. Unterbau						
	m2	**€ brutto**	**13**	**19**	**20**	**23**	**30**
	KG 221	€ netto	11	16	17	20	25
4	**Aushub, Rohrgraben, lösen, wiederverfüllen** Aushub Rohrgraben, Schächte; Tiefe bis 1,00m; lagern, wiederverfüllen, verdichten; Förderweg bis 50m						
	m3	**€ brutto**	**16**	**27**	**32**	**38**	**59**
	KG 541	€ netto	13	23	27	32	49
5	**Abwasserleitung abbrechen, bis DN100** Abbruch Abwasserkanal; Kunststoff/Keramik; bis DN100; Stoffe aufnehmen, entsorgen						
	m	**€ brutto**	**1,4**	**3,7**	**4,4**	**6,3**	**9,7**
	KG 541	€ netto	1,2	3,1	3,7	5,3	8,2
6	**Abwasserleitung abbrechen, bis DN150** Abbruch Abwasserleitung; Kunststoff/Keramik; über DN100-DN150; Stoffe aufnehmen, entsorgen						
	m	**€ brutto**	**3,9**	**11,6**	**15,5**	**16,3**	**35,2**
	KG 541	€ netto	3,3	9,8	13,0	13,7	29,6
7	**Verbau, Rohrgräben** Verbau Rohrgraben; Tiefe bis 3,50m; herstellen, vorhalten, entfernen						
	m2	**€ brutto**	**3,7**	**7,6**	**9,4**	**12,0**	**20,9**
	KG 541	€ netto	3,1	6,4	7,9	10,1	17,6
8	**Handaushub, Rohrgraben** Handaushub, Rohrgraben; Tiefe bis 1,25m; Aushub, seitlich lagern						
	m3	**€ brutto**	**46**	**57**	**63**	**70**	**84**
	KG 541	€ netto	39	48	53	59	71
9	**Boden entsorgen** Bodenmaterial; Lagermaterial; laden, abfahren, entsorgen						
	m3	**€ brutto**	**14**	**32**	**39**	**48**	**63**
	KG 541	€ netto	12	27	32	41	53

Kosten: Stand 3.Quartal 2016, Bundesdurchschnitt

Entwässerungskanalarbeiten — Preise €

Nr.	Kurztext / Stichworte Einheit / Kostengruppe		▶	▷	brutto ø netto ø	◁	◀
10	**Rohrbettung, Sand 0/8mm** Rohrbettung; Sand 0/8; Höhe bis 0,30m; liefern, verfüllen, verdichten						
	m³	**€ brutto**	**22**	**36**	**40**	**46**	**62**
	KG 541	€ netto	18	30	34	39	52
11	**Gussrohrleitung abbrechen, bis DN100** Abbruch, Gussrohrleitung; DN100; laden, abfahren, entsorgen; inkl. Befestigung, Formstücke						
	m	**€ brutto**	**4,3**	**9,7**	**12,8**	**19,6**	**29,6**
	KG 541	€ netto	3,6	8,2	10,7	16,4	24,8
12	**Rohrumfüllung, Kies 0/32mm** Rohrgraben verfüllen; Kies 0/32; Höhen 1,00-1,25m; liefern, einbauen, verdichten						
	m³	**€ brutto**	**24**	**34**	**36**	**46**	**68**
	KG 541	€ netto	20	29	31	39	57
13	**Grabenverfüllung, Liefermaterial** Rohrgraben verfüllen; Einbauhöhe 1,00-1,25m; liefern, einbauen, verdichten						
	m³	**€ brutto**	**23**	**34**	**41**	**44**	**53**
	KG 541	€ netto	19	28	35	37	45
14	**Anschluss, Abwasser, Kanalnetz** Anschluss Abwasserkanal an Kanal; DN150; Aushub lagern, wiederverfüllen, Belag herstellen						
	St	**€ brutto**	**217**	**320**	**359**	**482**	**779**
	KG 541	€ netto	183	268	301	405	655
15	**Abwasserleitung, Steinzeugrohre, DN100** Abwasserkanal; Steinzeug; DN100, Tiefe bis 4,00m; liefern, verlegen; inkl. Muffe						
	m	**€ brutto**	**21**	**29**	**33**	**40**	**54**
	KG 541	€ netto	18	25	28	34	46
16	**Abwasserleitung, Steinzeugrohre, DN150** Abwasserkanal; Steinzeug; DN150, Tiefe bis 4,00m; liefern, verlegen; inkl. Muffe						
	m	**€ brutto**	**25**	**36**	**40**	**45**	**59**
	KG 541	€ netto	21	31	34	38	50
17	**Abwasserleitung, Steinzeugrohre, DN200** Abwasserkanal; Steinzeug; DN200, Tiefe 4,00m; liefern, verlegen; inkl. Muffe						
	m	**€ brutto**	**39**	**50**	**57**	**58**	**64**
	KG 541	€ netto	33	42	47	49	54

Entwässerungskanalarbeiten **Preise €**

Nr.	Kurztext / Stichworte Einheit / Kostengruppe		▶	▷	brutto ø netto ø	◁	◀
18	**Formstück, Steinzeugrohr, DN100, Bogen** Formstück, Bogen; Steinzeug; DN100, 45°; inkl. Muffe						
	St	**€ brutto**	**22**	**25**	**27**	**29**	**33**
	KG 541	€ netto	19	21	22	24	28
19	**Formstück, Steinzeugrohr, DN150, Bogen** Formstück, Bogen; Steinzeug; DN150, 45°; inkl. Muffe						
	St	**€ brutto**	**29**	**36**	**39**	**48**	**65**
	KG 541	€ netto	24	30	32	40	55
20	**Formstück, Steinzeugrohr, DN200, Bogen** Formstück, Bogen; Steinzeug; DN200, 45°; inkl. Muffe						
	St	**€ brutto**	**62**	**74**	**75**	**79**	**92**
	KG 541	€ netto	52	63	63	66	77
21	**Formstück, Steinzeugrohr, DN100, Abzweige** Formstück, Abzweig; Steinzeug; DN100; inkl. Muffe						
	St	**€ brutto**	**25**	**36**	**41**	**44**	**54**
	KG 541	€ netto	21	30	34	37	45
22	**Formstück, Steinzeugrohr, DN150, Abzweige** Formstück, Abzweig; Steinzeug; DN150; inkl. Muffe						
	St	**€ brutto**	**27**	**45**	**53**	**61**	**81**
	KG 541	€ netto	22	38	45	52	68
23	**Formstück, Steinzeugrohr, DN200, Abzweige** Formstück, Abzweig; Steinzeug; DN200; inkl. Muffe						
	St	**€ brutto**	**65**	**73**	**74**	**81**	**91**
	KG 541	€ netto	55	61	63	68	76
24	**Übergangsstück, Steinzeug, bis 125/150** Formstück, Übergangsstück; Steinzeug; DN125/DN150; inkl. Muffe						
	St	**€ brutto**	**21**	**30**	**35**	**41**	**51**
	KG 541	€ netto	18	25	29	34	43
25	**Übergangsstück, Steinzeug, DN150/200** Formstück, Übergangsstück; Steinzeug; DN150/DN200; inkl. Muffe						
	St	**€ brutto**	**38**	**56**	**59**	**64**	**76**
	KG 541	€ netto	32	47	49	54	64
26	**Abwasserkanal, Steinzeug, DN100, inkl. Bettung** Abwasserkanal; Steinzeug; DN100, Tiefe 1,00-1,25m, Bettung 15cm; liefern, verlegen; inkl. Muffe						
	m	**€ brutto**	**19**	**30**	**40**	**46**	**54**
	KG 541	€ netto	16	25	33	38	46

Kosten: Stand 3.Quartal 2016, Bundesdurchschnitt

Entwässerungskanalarbeiten **Preise €**

Nr.	Kurztext / Stichworte Einheit / Kostengruppe		▶	▷	brutto ø netto ø	◁	◀
27	**Abwasserkanal, Steinzeug, DN150/200, inkl. Bettung** Abwasserkanal; Steinzeug; DN150/DN200, Tiefe 1,00-1,25m, Bettung 15cm; liefern, verlegen; inkl. Muffe						
	m	**€ brutto**	**47**	**53**	**58**	**59**	**65**
	KG 541	€ netto	40	45	49	50	55
28	**Abwasserkanal, PVC-U, DN100/125, inkl. Bettung** Abwasserkanal; PVC-U; DN100/DN125, Tiefe 1,00-1,25m, Bettung 15cm; liefern, verlegen; inkl. Muffe						
	m	**€ brutto**	**14**	**21**	**23**	**26**	**39**
	KG 541	€ netto	12	17	19	22	32
29	**Abwasserkanal, PVC-U, DN150/200, inkl. Bettung** Abwasserkanal; PVC-U; DN150/DN200, Tiefe 1,00-1,25m, Bettung 15cm; liefern, verlegen; inkl. Muffe						
	m	**€ brutto**	**18**	**27**	**32**	**45**	**78**
	KG 541	€ netto	15	23	27	38	65
30	**Abwasserleitung, PVC-U, DN100** Abwasserkanal; PVC-U; DN100, Tiefe bis 2,00m; liefern, verlegen; inkl. Muffe						
	m	**€ brutto**	**10**	**18**	**19**	**23**	**35**
	KG 541	€ netto	8,7	14,8	16,4	19,2	29,4
31	**Abwasserleitung, PVC-U, DN125** Abwasserkanal; PVC-U; DN125, Tiefe bis 2,00m; liefern, verlegen; inkl. Muffe						
	m	**€ brutto**	**11**	**19**	**23**	**28**	**39**
	KG 541	€ netto	9,3	16,2	19,1	23,9	32,8
32	**Abwasserleitung, PVC-U, DN150** Abwasserkanal; PVC-U; DN150, Tiefe bis 2,00m; liefern, verlegen; inkl. Muffe						
	m	**€ brutto**	**12**	**22**	**25**	**31**	**45**
	KG 541	€ netto	10	19	21	26	38
33	**Abwasserleitung, PVC-U, DN200** Abwasserkanal; PVC-U; DN200, Tiefe bis 2,00m; liefern, verlegen; inkl. Muffe						
	m	**€ brutto**	**18**	**31**	**36**	**46**	**64**
	KG 541	€ netto	15	26	30	38	54
34	**Formstück, PVC-U, DN100** Formstück, Bogen/Übergangsstücke/Abzweige; PVC-U; DN100; inkl. Muffe						
	St	**€ brutto**	**3,5**	**10,0**	**12,5**	**17,7**	**31,2**
	KG 541	€ netto	2,9	8,4	10,5	14,9	26,2

Entwässerungskanalarbeiten **Preise €**

Nr.	Kurztext / Stichworte Einheit / Kostengruppe	▶	▷	brutto ø netto ø	◁	◀
35	**Formstück, PVC-U, DN150** Formstück, Bogen/Übergangstück/Abzweig; PVC-U; DN150; inkl. Muffe					
	St € brutto	**6,3**	**14,5**	**16,9**	**23,8**	**39,0**
	KG 541 € netto	5,3	12,2	14,2	20,0	32,7
36	**Formstück, PVC-U, DN100, Bogen** Formstück, Bogen; PVC-U; DN100, 45°; inkl. Muffe					
	St € brutto	**5,4**	**9,0**	**10,9**	**13,8**	**19,4**
	KG 541 € netto	4,5	7,5	9,2	11,6	16,3
37	**Formstück, PVC-U, DN125, Bogen** Formstück, Bogen; PVC-U; DN125, 45°; inkl. Muffe					
	St € brutto	**5,9**	**10,6**	**12,5**	**16,4**	**23,0**
	KG 541 € netto	4,9	8,9	10,5	13,8	19,3
38	**Formstück, PVC-U, DN150, Bogen** Formstück, Bogen; PVC-U; DN150, 45°; inkl. Muffe					
	St € brutto	**6,7**	**11,3**	**13,1**	**23,4**	**45,3**
	KG 541 € netto	5,7	9,5	11,0	19,7	38,1
39	**Formstück, PVC-U, DN200, Bogen** Formstück, Bogen; PVC-U; DN200, 45°; inkl. Muffe					
	m € brutto	**8,9**	**21,9**	**25,9**	**35,3**	**56,2**
	KG 541 € netto	7,5	18,4	21,8	29,6	47,3
40	**Übergang, PVC-U auf Steinzeug/Beton** Formstück, Übergangsstück; PVC-U auf Steinzeug/Beton					
	St € brutto	**5,8**	**25,5**	**33,7**	**44,4**	**68,8**
	KG 541 € netto	4,9	21,4	28,3	37,3	57,9
41	**Übergang, PE/PVC/Steinzeug auf Guss** Formstück, Übergangsstück; PE-/PVC-/Steinzeugrohr auf Gusseisen; DN100-DN100					
	St € brutto	**11**	**23**	**30**	**36**	**49**
	KG 541 € netto	9,6	19,0	24,8	30,2	41,2
42	**Abwasserleitung, SML-Rohre, DN100** Abwasserkanal; SML-Rohr mit Zementmörtelumhüllung; DN100, Länge 6,00m, Tiefe bis 1,75m; liefern, verlegen; inkl. Gummimanschette, Spannhülse					
	m € brutto	**27**	**41**	**47**	**61**	**82**
	KG 541 € netto	22	34	39	51	69

Entwässerungskanalarbeiten — Preise €

Nr.	Kurztext / Stichworte Einheit / Kostengruppe		▶	▷	brutto ø netto ø	◁	◀
43	**Abwasserleitung, SML-Rohre, DN125** Abwasserkanal; SML-Rohr mit Zementmörtelumhüllung; DN125, Länge 6,00m, Tiefe bis 1,75m; liefern, verlegen; inkl. Gummimanschette, Spannhülse						
	m	€ brutto	32	57	57	66	85
	KG 541	€ netto	27	48	48	56	71
44	**Abwasserleitung, SML-Rohre, DN150** Abwasserkanal; SML-Rohr mit Zementmörtelumhüllung; DN150, Länge 6,00m, Tiefe bis 1,75m; liefern, verlegen; inkl. Gummimanschette und Spannhülse						
	m	€ brutto	39	63	84	95	112
	KG 541	€ netto	32	53	70	80	94
45	**Formstück, SML, Bogen** Formstück, Bogen; SML; 45°						
	St	€ brutto	13	18	20	27	41
	KG 541	€ netto	11	15	17	23	35
46	**Formstück, SML, Abzweig** Formstück, Abzweig; SML						
	St	€ brutto	17	23	25	29	37
	KG 541	€ netto	14	20	21	25	31
47	**Abwasserleitung, PP-Rohre, DN100/DN125** Abwasserkanal; PP-Rohr; DN100/DN125, Tiefe bis 2,00m; liefern, verlegen; inkl. Muffe						
	m	€ brutto	14	19	21	27	38
	KG 541	€ netto	12	16	18	23	32
48	**Abwasserleitung, HD-PE-Rohre, DN125/DN150** Abwasserkanal; HD-PE-Rohr; DN125/DN150, Tiefe bis 2,00m; liefern, verlegen; inkl. Muffe						
	m	€ brutto	12	16	18	22	30
	KG 541	€ netto	9,9	13,0	15,0	18,8	25,2
49	**Abwasserleitung, HD-PE-Rohre, DN150/DN200** Abwasserkanal; HD-PE-Rohr; DN150/DN200, Tiefe bis 2,00m; liefern, verlegen; inkl. Muffe						
	m	€ brutto	16	22	25	29	35
	KG 541	€ netto	13	19	21	24	29
50	**Dichtheitsprüfung, Grundleitung** Dichtheitsprüfung Grundleitung; inkl. notwendiger Gerätschaften, Prüfprotokoll						
	m	€ brutto	1,6	6,2	8,1	17,5	32,7
	KG 541	€ netto	1,3	5,2	6,8	14,7	27,5

Entwässerungskanalarbeiten						Preise €
Nr.	**Kurztext** / Stichworte			**brutto ø**		
	Einheit / Kostengruppe	►	▷	netto ø	◁	◄
51	**Straßenablauf, Polymerbeton** Straßenablauf; Polymerbeton; DN 100, 50x15cm; inkl. Abdeckrost, Schlammeimer					
	St **€ brutto**	**196**	**250**	**272**	**300**	**376**
	KG 541 € netto	164	210	229	252	316
52	**Rohrdurchführung, Faserzementrohr** Rohrdurchführung; Faserzementrohr; Länge über 200-300mm, Wanddicke 25/30cm; als Futterrohr; Betonwand/Decke					
	St **€ brutto**	**146**	**298**	**367**	**461**	**804**
	KG 411 € netto	122	250	309	387	675
53	**Dichtsatz, Rohrdurchführung** Dichtsatz, Rohrdurchführung; Dichtring, Elastomeren (EPDM)					
	St **€ brutto**	**151**	**279**	**295**	**428**	**602**
	KG 411 € netto	127	234	248	360	506
54	**Bodenablauf, Gusseisen** Bodenablauf, Kl. K3; Gusseisen; DN100, 171x171mm, Höhe 300mm; inkl. Geruchsverschluss					
	St **€ brutto**	**130**	**196**	**216**	**287**	**464**
	KG 411 € netto	110	164	182	241	390
55	**Reinigungsrohr, Putzstück, DN100** Formstück, Reinigungsöffnung; Gusseisen; DN100; verlegen, eindichten; Kontrollschacht					
	St **€ brutto**	**60**	**93**	**106**	**170**	**272**
	KG 541 € netto	50	78	89	143	228
56	**Absperreinrichtung, Kanal, Gusseisen** Absperreinrichtung für Abwasserkanal; Gusseisen; DN100					
	St **€ brutto**	**298**	**622**	**779**	**790**	**1.519**
	KG 541 € netto	250	523	655	664	1.277
57	**Rückstaudoppelverschluss, bis DN125, PVC-U** Rückstaudoppelverschluss; PVC-U; DN125; automatisch/Handbetätigung; fäkalienfreies Abwasser					
	St **€ brutto**	**87**	**211**	**257**	**346**	**496**
	KG 541 € netto	73	177	216	291	417
58	**Rückstaudoppelverschluss, DN150, PVC** Rückstaudoppelverschluss; PVC-U; DN150; automatisch/Handbetätigung; fäkalienfreies Abwasser					
	St **€ brutto**	**189**	**560**	**658**	**730**	**1.729**
	KG 541 € netto	159	471	553	613	1.453

Kosten: Stand 3.Quartal 2016, Bundesdurchschnitt

Entwässerungskanalarbeiten — Preise €

Nr.	Kurztext / Stichworte Einheit / Kostengruppe		▶	▷	brutto ø netto ø	◁	◀
59	**Erdaushub, Schacht, 2,50m** Aushub Schacht; DN1.000, Tiefe 2,50cm; lagern, wiederverfüllen, verdichten; überschüssiges Material entsorgen						
	m³	**€ brutto**	**25**	**37**	**42**	**55**	**77**
	KG 541	€ netto	21	31	36	46	64
60	**Schachtsohle, Kontrollschacht, Beton** Schachtsohle für Kontrollschacht; WU-Beton; DN1.000; inkl. Sohlgerinne						
	St	**€ brutto**	**324**	**478**	**489**	**589**	**732**
	KG 541	€ netto	272	402	411	495	615
61	**Schachtringe, Kontrollschacht, 25cm** Schachtring für Kontrollschacht; Betonfertigteil; DN1.000, Höhe 25cm; inkl. Steigeisen						
	St	**€ brutto**	**69**	**103**	**121**	**137**	**173**
	KG 541	€ netto	58	86	101	115	145
62	**Schachtringe, Kontrollschacht, 50cm** Schachtring für Kontrollschacht; Beton; DN1.000, Höhe 50cm; inkl. Steigeisen						
	St	**€ brutto**	**94**	**146**	**160**	**178**	**227**
	KG 541	€ netto	79	123	134	149	191
63	**Konus, Kontrollschacht** Schachtkonus; Betonfertigteil; DN1000/625, Dicke 120mm; inkl. Steigeisen						
	St	**€ brutto**	**98**	**128**	**141**	**155**	**201**
	KG 541	€ netto	82	108	118	130	168
64	**Anschluss, Schacht, Steinzeug-/PVC-Kanal** Anschluss Abwasserkanal an Betonschacht; Steinzeugrohr/PVC-Rohr; herstellen						
	St	**€ brutto**	**111**	**202**	**216**	**259**	**479**
	KG 541	€ netto	93	170	182	217	402
65	**Schachtdeckel** Schachtabdeckung; Gussbeton mit Lüftungsöffnungen; in MG II versetzen						
	St	**€ brutto**	**105**	**185**	**217**	**295**	**457**
	KG 541	€ netto	88	155	183	248	384
66	**Schachtdeckel, Klasse C250** Schachtabdeckung, Klasse C250; Gussbeton; DN600; in MG III versetzen; mit Lüftungsöffnungen						
	St	**€ brutto**	**168**	**200**	**219**	**248**	**285**
	KG 541	€ netto	141	168	184	208	240

Entwässerungskanalarbeiten — **Preise €**

Nr.	Kurztext / Stichworte Einheit / Kostengruppe		▶	▷	brutto ø netto ø	◁	◀
67	**Schachtdeckel, Klasse D400** Schachtabdeckung, Klasse D400; Gussbeton; DN600; in MG III versetzen; mit Lüftungsöffnungen						
	St	**€ brutto**	**195**	**263**	**300**	**347**	**420**
	KG 541	€ netto	164	221	252	292	353
68	**Schachtabdeckung anpassen** Schachtabdeckung; Höhe bis 0,50m; höhenmäßig anpassen						
	St	**€ brutto**	**56**	**137**	**153**	**210**	**323**
	KG 541	€ netto	47	115	128	176	271
69	**Kontrollschacht komplett, 3,00m** Kontrollschacht; Betonfertigteil, C20/25; DN1.000, Tiefe bis 3,00m, Bodendicke 20cm; Sohle mit Gerinne						
	St	**€ brutto**	**597**	**1.056**	**1.218**	**1.517**	**2.181**
	KG 541	€ netto	501	887	1.023	1.274	1.833
70	**Entwässerungsrinne, Beton, DN100** Entwässerungsrinne; Beton, Stegrost; DN100, SW 8-18mm; in C12/15 setzen						
	m	**€ brutto**	**71**	**120**	**146**	**191**	**266**
	KG 541	€ netto	60	101	123	161	224
71	**Entwässerungsrinne, Klasse A15/B125, Beton, DN100** Entwässerungsrinne, Klasse A15/B125; Beton, Stegrost; DN100, SW 8-18mm; in C12/15 versetzen						
	m	**€ brutto**	**60**	**102**	**118**	**140**	**196**
	KG 541	€ netto	51	85	99	117	164
72	**Entwässerungsrinne, Klasse C250, Beton** Entwässerungsrinne, Klasse C250; Beton, Stegrost; DN100, SW über 8-18mm; in C12/15 setzen						
	m	**€ brutto**	**74**	**128**	**153**	**178**	**225**
	KG 541	€ netto	62	108	129	150	189
73	**Entwässerungsrinne, Klasse D400, Beton** Entwässerungsrinne, Klasse D400; Beton, Stegrost; SW 8-18mm; in C12/15 setzen						
	m	**€ brutto**	**107**	**170**	**199**	**252**	**440**
	KG 541	€ netto	90	143	167	212	370
74	**Entwässerungsrinne, Abdeckung Guss, D400** Entwässerungsrinne, Abdeckung, Klasse D400; Stahlguss; schraublos arretiert						
	m	**€ brutto**	**55**	**73**	**80**	**92**	**114**
	KG 541	€ netto	46	61	67	77	96

Kosten: Stand 3.Quartal 2016, Bundesdurchschnitt

Entwässerungskanalarbeiten — Preise €

Nr.	Kurztext / Stichworte Einheit / Kostengruppe		▶	▷	brutto ø netto ø	◁	◀
75	**Kanalreinigung, Hochdruckspülgerät** Abwasserkanal reinigen; Hochdruckspülgerät; inkl. Gerätschaften						
	m	**€ brutto**	**1,9**	**5,2**	**6,0**	**11,2**	**20,4**
	KG 541	€ netto	1,6	4,4	5,1	9,4	17,1
76	**Kanalprüfung, Kamera** Abwasserkanal prüfen; Grundleitung; DN200; mit Kamera						
	m	**€ brutto**	**2,0**	**3,9**	**4,8**	**6,1**	**8,0**
	KG 541	€ netto	1,7	3,3	4,0	5,1	6,7
77	**Stundensatz Facharbeiter, Kanalarbeiten** Stundenlohnarbeiten, Vorarbeiter, Facharbeiter; Kanalarbeiten						
	h	**€ brutto**	**50**	**53**	**54**	**57**	**61**
		€ netto	42	44	46	48	51
78	**Stundensatz Helfer, Kanalarbeiten** Stundenlohnarbeiten, Werker, Helfer; Kanalarbeiten						
	h	**€ brutto**	**44**	**46**	**48**	**49**	**51**
		€ netto	37	39	40	41	43

Drän- und Versickerarbeiten — Preise €

Nr.	Kurztext / Stichworte Einheit / Kostengruppe		▶	▷	brutto ø netto ø	◁	◀
1	**Handaushub Drängraben 0,40x0,50** Handaushub, Dränagegraben; Tiefe bis 0,40m, Breite bis 0,50m; lagern, wieder verfüllen						
	m³	**€ brutto**	**49**	**56**	**60**	**62**	**69**
	KG 327	€ netto	41	47	51	52	58
2	**Dränleitung, PVC-U, DN100** Dränleitung; PVC-U-Vollsickerrohr; DN100; Vliesummantelt; inkl. Muffe						
	m	**€ brutto**	**4,5**	**7,3**	**9,8**	**11,5**	**14,5**
	KG 327	€ netto	3,8	6,1	8,2	9,7	12,1
3	**Dränleitung, PVC-U, DN125** Dränleitung; PVC-U-Vollsickerrohr; DN125; Vliesummantelt; inkl. Muffe						
	m	**€ brutto**	**5,1**	**7,3**	**10,1**	**13,3**	**15,9**
	KG 327	€ netto	4,3	6,2	8,5	11,2	13,4
4	**Dränleitung, PVC-U, DN150** Dränleitung; PVC-U-Vollsickerrohr; DN150; Vliesummantelt; inkl. Muffe						
	m	**€ brutto**	**5,2**	**10,0**	**13,2**	**16,2**	**17,0**
	KG 327	€ netto	4,4	8,4	11,1	13,7	14,2
5	**Formstück, Dränleitung, Bogen** Formstück Dränleitung, Bogen; PVC-U, Steckmuffe						
	St	**€ brutto**	**7,8**	**12,6**	**15,2**	**18,2**	**23,9**
	KG 327	€ netto	6,5	10,6	12,7	15,3	20,1
6	**Formstück, Dränleitung, Abzweig** Formstück Dränleitung, Bogen; PVC-U, Steckmuffe						
	St	**€ brutto**	**7,8**	**12,9**	**15,6**	**20,0**	**27,6**
	KG 327	€ netto	6,5	10,8	13,1	16,8	23,2
7	**Formstück, Dränleitung, Verschlussstück** Formstück Dränleitung, Verschlussstück; PVC-U, Steckmuffe						
	St	**€ brutto**	**3,2**	**5,8**	**6,5**	**12,6**	**21,0**
	KG 327	€ netto	2,7	4,9	5,4	10,6	17,6
8	**Anschluss, Dränleitung/Schacht** Anschluss Dränleitung an Sickerschacht; PVC-U-Rohr, Betonschacht; DN100-150, Schacht DN1500						
	St	**€ brutto**	**104**	**192**	**226**	**287**	**420**
	KG 327	€ netto	87	161	190	241	353
9	**Spülschacht PP, DN300** Spülrohr Dränleitung; PP-Rohr, PP-Abdeckung; DN300, Nutzhöhe 0,80m; inkl. Blindstopfen, Sandfang						
	St	**€ brutto**	**151**	**190**	**190**	**198**	**223**
	KG 327	€ netto	127	159	160	167	188

Kosten: Stand 3.Quartal 2016, Bundesdurchschnitt

Drän- und Versickerarbeiten — Preise €

Nr.	Kurztext / Stichworte Einheit / Kostengruppe		▶	▷	brutto ø netto ø	◁	◀
10	**Schachtaufsetzrohr, PP, DN315** Schachtaufsetzrohr, Kontrollschacht; PP; DN315						
	St	**€ brutto**	**42**	**71**	**80**	**98**	**159**
	KG 327	€ netto	36	59	67	82	133
11	**Sickerpackung, Kiessand, Leitungen** Sickerpackung; Kiessand; DN100/DN150; einbauen, verdichten; zwischen Fundamente						
	m³	**€ brutto**	**31**	**46**	**54**	**61**	**74**
	KG 327	€ netto	26	39	45	51	62
12	**Sickerpackung, Kies, Leitungen** Sickerpackung; Kies 8/16; DN100/DN150; einbauen, verdichten; zwischen Fundamente						
	m³	**€ brutto**	**28**	**42**	**47**	**52**	**69**
	KG 327	€ netto	24	35	39	44	58
13	**Filterschicht, Geotextil, Leitungen** Filterschicht; Geotextil; Leitungen						
	m	**€ brutto**	**3,5**	**4,3**	**4,8**	**5,5**	**6,1**
	KG 327	€ netto	2,9	3,6	4,0	4,6	5,1
14	**Filter-/Dränageschicht, Vlies/Noppenbahn, Wand** Schutz- und Dränageschicht; Noppenbahn mit Vlies und Gleitfolie; einbauen; Außenwand						
	m²	**€ brutto**	**7,6**	**11,4**	**13,0**	**18,1**	**24,6**
	KG 335	€ netto	6,4	9,6	10,9	15,2	20,7
15	**Sickerschicht, PS-Platten, Wand** Schutz- und Dränageschicht; Vlies, Polystyrol-Platten; Dicke 50/65mm; punktförmig kleben; Außenwand						
	m²	**€ brutto**	**12**	**13**	**13**	**13**	**14**
	KG 335	€ netto	9,9	10,8	11,3	11,3	12,1

Mauerarbeiten						Preise €
Nr.	Kurztext / Stichworte Einheit / Kostengruppe	▶	▷	brutto ø netto ø	◁	◀
1	**Fundamentmauerwerk abbrechen, entsorgen** Fundamentmauerwerk abbrechen; Mauerziegel; Bauschutt entsorgen					
	m^3 € brutto	**191**	**223**	**298**	**357**	**381**
	KG 394 € netto	160	188	250	300	320
2	**Streifenfundamente abbrechen, entsorgen** Streifenfundament abbrechen; Mauerwerk vermörtelt; Bauschutt entsorgen					
	m € brutto	**33**	**42**	**53**	**63**	**68**
	KG 394 € netto	28	35	44	53	58
3	**Kellerboden abbrechen, Ziegel** Kellerboden abbrechen; Ziegelsteine; Bauschutt entsorgen					
	m^2 € brutto	**11**	**18**	**23**	**27**	**36**
	KG 394 € netto	8,9	15,2	19,0	22,8	30,5
4	**Verblendmauerwerk, abbrechen** Verblendmauerwerk abbrechen; Mauerwerkssteine; Bauschutt entsorgen					
	m^2 € brutto	**47**	**37**	**47**	**56**	**59**
	KG 394 € netto	39	31	39	47	50
5	**Außenmauerwerk abbrechen, Ziegel 36,5cm** Außenwand abbrechen; Ziegelmauerwerk; Dicke 36,5cm; beidseitig verputzt; Bauschutt entsorgen					
	m^3 € brutto	**101**	**128**	**143**	**171**	**190**
	KG 394 € netto	85	108	120	144	160
6	**Ziegelpflaster abbrechen, Außenbereich** Ziegelpflaster abbrechen; außen; Bauschutt entsorgen					
	m^2 € brutto	**12**	**14**	**18**	**21**	**23**
	KG 394 € netto	9,9	11,9	14,8	17,8	19,3
7	**Innenwand abbrechen, Gipswandbauplatte, 10cm** Innenwand abbrechen; Gipswandbauplatte; Dicke 10cm; Bauschutt entsorgen					
	m^2 € brutto	**23**	**27**	**34**	**40**	**44**
	KG 394 € netto	20	23	28	34	37
8	**Innenmauerwerk abbrechen, Porenbeton, 17,5cm** Innenwand abbrechen; Porenbeton; Dicke bis 17,5cm; Bauschutt entsorgen					
	m^2 € brutto	**16**	**33**	**41**	**49**	**59**
	KG 394 € netto	13	28	34	41	49

Kosten: Stand 3.Quartal 2016, Bundesdurchschnitt

Mauerarbeiten — Preise €

Nr.	Kurztext / Stichworte Einheit / Kostengruppe		▶	▷	brutto ø netto ø	◁	◀
9	**Innenmauerwerk abbrechen, 11,5cm** Innenwand abbrechen; Mauerwerk, beidseitig verputzt; Dicke 11,5cm; Bauschutt entsorgen						
	m²	€ brutto	16	23	29	35	45
	KG 394	€ netto	13	20	25	30	38
10	**Innenmauerwerk abbrechen, 24cm** Innenwand abbrechen; Mauerwerk, beidseitig verputzt; Dicke bis 24cm; inkl. Sicherungsmaßnahmen; Bauschutt entsorgen						
	m²	€ brutto	17	32	40	47	55
	KG 394	€ netto	15	27	33	40	46
11	**Fachwerksausfachung abbrechen, Mauerwerk** Fachwerksausfachung abbrechen; Mauerwerk; Balken reinigen; Bauschutt entsorgen						
	m²	€ brutto	18	31	36	44	53
	KG 394	€ netto	15	26	30	37	44
12	**Deckengewölbe abbrechen, Steine** Deckengewölbe abbrechen; Steine; Dicke bis 25cm; inkl. Sicherungsmaßnahmen; verwendungsfähige Steine reinigen, lagern, Bauschutt entsorgen						
	m²	€ brutto	70	83	104	125	136
	KG 394	€ netto	59	70	88	105	114
13	**Sandfüllung ausbauen, Gewölbedecke** Sandfüllung ausbauen; Dicke i. M. 8cm; Bauschutt entsorgen						
	m²	€ brutto	7,0	11,8	14,7	17,6	21,1
	KG 394	€ netto	5,9	9,9	12,4	14,8	17,8
14	**Decke abbrechen, Kappendecke** Kappendecke abbrechen; Dicke bis 25cm; inkl. Sicherungsmaßnahmen; Bauschutt entsorgen						
	m²	€ brutto	45	60	75	91	149
	KG 394	€ netto	38	51	63	76	125
15	**Decke abbrechen, Ziegelhohlkörper** Decke abbrechen; Ziegelhohlkörper, Aufbeton; Dicke 21cm; inkl. Sicherungsmaßnahmen; Bauschutt entsorgen						
	m²	€ brutto	27	35	44	52	58
	KG 394	€ netto	23	29	37	44	49
16	**Decke abbrechen, Stb-Hohldielen** Decke abbrechen; Stb-Hohldielen, Aufbeton; Dicke 15cm; inkl. Sicherungsmaßnahmen; Bauschutt entsorgen						
	m²	€ brutto	32	38	47	55	60
	KG 394	€ netto	27	32	39	47	50

Mauerarbeiten						Preise €
Nr.	**Kurztext** / Stichworte			**brutto ø**		
	Einheit / Kostengruppe	▶	▷	netto ø	◁	◀
17	**Ziegelboden reinigen, Besen** Bodenfläche reinigen; Ziegelsteine; mit Stahlbesen abkehren; Bauschutt entsorgen					
	m2 € brutto	**7,4**	**9,6**	**12,0**	**14,4**	**15,6**
	KG 395 € netto	6,2	8,1	10,1	12,1	13,1
18	**Ziegelfassade reinigen, Wasser** Ziegelfassade reinigen; Wasser ohne Zusätze; Öffnungen vor der Reinigung schließen					
	m2 € brutto	**1,1**	**3,9**	**4,9**	**5,9**	**8,0**
	KG 395 € netto	0,9	3,3	4,1	4,9	6,7
19	**Klinkerfassade reinigen, absäuern** Klinkerfassade reinigen; absäuern, nachwaschen					
	m2 € brutto	**5,8**	**6,9**	**8,6**	**10,5**	**11,2**
	KG 395 € netto	4,9	5,8	7,3	8,9	9,4
20	**Klinkermauerwerk reinigen, Dampfstrahlen** Klinkermauerwerk reinigen; Dampfstrahlen; Reinigungs- und Restmaterial entsorgen					
	m2 € brutto	**5,1**	**9,7**	**12,1**	**14,8**	**16,5**
	KG 395 € netto	4,3	8,2	10,2	12,4	13,9
21	**Verblendmauerwerk reinigen, Rotationsverfahren** Verblendmauerwerk reinigen; Wirbelrotationsverfahren; Reinigungs- und Restmaterial entsorgen					
	m2 € brutto	**4,4**	**6,5**	**8,1**	**9,3**	**10,1**
	KG 395 € netto	3,7	5,4	6,8	7,8	8,5
22	**Verblendmauerwerk imprägnieren** Verblendmauerwerk imprägnieren; Sprühverfahren					
	m2 € brutto	**3,4**	**5,6**	**7,1**	**8,6**	**10,4**
	KG 395 € netto	2,8	4,7	6,0	7,2	8,7
23	**Verblendmauerwerk hydrophobieren** Verblendmauerwerk mit Verfugung; hydrophobieren					
	m2 € brutto	**5,1**	**8,1**	**10,1**	**12,1**	**17,6**
	KG 395 € netto	4,3	6,8	8,5	10,2	14,8
24	**Mauerwerk hydrophobieren, außen** Mauerwerk mit Verfugung; hydrophobieren; außen					
	m2 € brutto	**6,5**	**10,8**	**13,4**	**16,1**	**18,5**
	KG 395 € netto	5,5	9,0	11,3	13,6	15,6
25	**Mauerwerk vorbehandeln, Steinverfestiger** Mauerwerk vorbehandeln; Steinverfestiger, ohne hydrophobierende Zusätze					
	m2 € brutto	**6,8**	**11,1**	**14,3**	**17,1**	**18,8**
	KG 395 € netto	5,7	9,3	12,0	14,4	15,8

Kosten: Stand 3.Quartal 2016, Bundesdurchschnitt

Mauerarbeiten						Preise €
Nr.	**Kurztext** / Stichworte **Einheit** / Kostengruppe	►	▷	**brutto ø** netto ø	◁	◄
26	**Algenbeseitigung, Mauerwerk** Schimmel- und Algenbeseitigung Mauerwerk; chemisch behandeln, abbürsten; inkl. nachreinigen					
	m² **€ brutto**	**7,3**	**8,3**	**10,4**	**12,5**	**13,5**
	KG 395 € netto	6,1	7,0	8,7	10,5	11,3
27	**Graffiti-Schutz, Mauerwerk** Anti-Graffiti-Schutz; Mauerwerk; in mehreren Arbeitsgängen aufbringen					
	m² **€ brutto**	**14**	**21**	**25**	**31**	**40**
	KG 395 € netto	12	17	21	26	34
28	**Kellerfußboden, Rollschicht überarbeiten** Kellerfußboden ausbauen; Ziegelstein als Rollschicht; reinigen, lagern, wieder einbauen; inkl. Unebenheiten ausgleichen, verfugen					
	m² **€ brutto**	**19**	**22**	**27**	**32**	**35**
	KG 395 € netto	16	18	23	27	30
29	**Kellerfußboden, Klinkerbelag überarbeiten** Kellerfußboden ausbauen; Klinker; reinigen, lagern, wieder einbauen; inkl. Unebenheiten ausgleichen, verfugen					
	m² **€ brutto**	**16**	**19**	**24**	**29**	**30**
	KG 395 € netto	14	16	20	24	25
30	**Mauerwerksfugen erneuern, außen** Mauerwerksfugen erneuern, Teilbereiche; auskratzen, mit Fugenmörtel verfugen; außen; Bauschutt entsorgen					
	m² **€ brutto**	**17**	**22**	**29**	**36**	**48**
	KG 395 € netto	14	19	24	31	40
31	**Außenmauerwerk ausbessern, bis 25cm** Mauerwerk ausbessern; Ziegel; Dicke bis 25cm; einzelne Steine austauschen, inkl. Vorspritzen mit Zementmörtel; außen					
	m² **€ brutto**	**54**	**65**	**82**	**98**	**104**
	KG 395 € netto	45	55	69	83	87
32	**Außenmauerwerk ausbessern, bis 50cm** Mauerwerk ausbessern; Ziegel; Dicke bis 50cm; einzelne Steine austauschen, inkl. Vorspritzen mit Zementmörtel; außen					
	m² **€ brutto**	**99**	**127**	**149**	**176**	**187**
	KG 395 € netto	83	107	126	148	157
33	**Außenmauerwerk, Fehlstellen reparieren** Ziegelmauerwerk reparieren; Trasskalkmörtel; Ausbruchtiefe bis 30cm, MZ 12-2,0; vermauern, verfugen					
	m² **€ brutto**	**111**	**131**	**164**	**207**	**216**
	KG 395 € netto	94	110	138	174	182

Mauerarbeiten **Preise €**

Nr.	Kurztext / Stichworte Einheit / Kostengruppe		►	▷	brutto ø netto ø	◁	◄
34	**Schlitz herstellen, Mauerwerk, bxt=5x3cm** Schlitz nachträglich herstellen; Mauerwerk, verputzt; bis MZ 12N/mm2, Breite bis 5cm, Tiefe bis 3cm; Bauschutt entsorgen						
	m	**€ brutto**	**3,9**	**6,1**	**7,6**	**9,2**	**10,1**
	KG 394	€ netto	3,3	5,1	6,4	7,7	8,5
35	**Schlitz herstellen, Mauerwerk, bxt=10x5cm** Schlitz nachträglich herstellen; Mauerwerk, verputzt; bis MZ 12N/mm2, Breite bis 10cm, Tiefe bis 5cm; Bauschutt entsorgen						
	m	**€ brutto**	**4,8**	**8,7**	**10,3**	**12,3**	**12,8**
	KG 394	€ netto	4,0	7,3	8,6	10,3	10,7
36	**Schlitz herstellen, Mauerwerk, bxt=30x10cm** Schlitz nachträglich herstellen; Mauerwerk, verputzt; bis MZ 12N/mm2, Breite bis 30cm, Tiefe bis 10cm; Bauschutt entsorgen						
	m	**€ brutto**	**9,8**	**18,3**	**22,9**	**27,5**	**32,8**
	KG 394	€ netto	8,2	15,4	19,2	23,1	27,5
37	**Schlitz herstellen, Mauerwerk, bxt=30x15cm** Schlitz nachträglich herstellen; Mauerwerk, verputzt; bis MZ 12N/mm2, Breite bis 30cm, Tiefe bis 15cm; Bauschutt entsorgen						
	m	**€ brutto**	**11**	**29**	**34**	**41**	**45**
	KG 394	€ netto	8,9	24,4	28,7	34,4	37,8
38	**Schlitz schließen, WD, verputzen, bxt=30x15cm** Schlitz, schließen; Mauerwerk verputzt mit Dämmung; Breite bis 30cm, Tiefe bis 15cm; Anschluss verputzen; Bauschutt entsorgen						
	m	**€ brutto**	**19**	**25**	**30**	**36**	**45**
	KG 395	€ netto	16	21	25	30	38
39	**Schlitz schließen, WD, verputzen, bxt=10x5cm** Schlitz, schließen; Mauerwerk verputzt mit Dämmung; Breite bis 10cm, Tiefe bis 5cm; Anschluss verputzen; Bauschutt entsorgen						
	m	**€ brutto**	**5,6**	**10,2**	**12,8**	**15,3**	**19,9**
	KG 395	€ netto	4,7	8,6	10,7	12,9	16,7
40	**Schlitz schließen, verputzen, bxt=5x3cm** Schlitz, schließen; Mauerwerk verputzt; Breite bis 5cm, Tiefe bis 3cm; Anschluss verputzen; Bauschutt entsorgen						
	m	**€ brutto**	**3,3**	**4,8**	**6,0**	**7,2**	**9,9**
	KG 395	€ netto	2,8	4,0	5,0	6,1	8,4
41	**Schlitz schließen, verputzen, bxt=10x5cm** Schlitz, schließen; Mauerwerk verputzt; Breite bis 10cm, Tiefe bis 5cm; Anschluss verputzen; Bauschutt entsorgen						
	m	**€ brutto**	**5,1**	**7,8**	**9,8**	**11,7**	**16,0**
	KG 395	€ netto	4,3	6,6	8,2	9,8	13,5

Kosten: Stand 3.Quartal 2016, Bundesdurchschnitt

Mauerarbeiten | Preise €

Nr.	Kurztext / Stichworte Einheit / Kostengruppe		▶	▷	brutto ø netto ø	◁	◀
42	**Schlitz schließen, verputzen, bxt=30x10cm** Schlitz, schließen; Mauerwerk verputzt; Breite bis 30cm, Tiefe bis 10cm; Anschluss verputzen; Bauschutt entsorgen						
	m	**€ brutto**	**9,8**	**13,9**	**17,4**	**20,9**	**29,0**
	KG 395	€ netto	8,2	11,7	14,6	17,5	24,4
43	**Putzträger, Schlitz, Metall verzinkt** Putzträger; Rippenstreckmetall, verzinkt; über Schlitz						
	m²	**€ brutto**	**21**	**25**	**30**	**36**	**46**
	KG 395	€ netto	18	21	25	30	38
44	**Sturzauflager stemmen, bis 15cm** Sturzauflager stemmen; Auflagerfläche abgleichen; Länge bis 240mm, Höhe bis 220mm, Dicke bis 15cm; inkl. Abstütz- und Sicherungsmaßnahmen; Bauschutt entsorgen						
	St	**€ brutto**	**24**	**32**	**38**	**47**	**51**
	KG 395	€ netto	20	27	32	40	43
45	**Sturzauflager stemmen, bis 30cm** Sturzauflager stemmen; Auflagerfläche abgleichen; Länge bis 240mm, Höhe bis 220mm, Dicke bis 30cm; inkl. Abstütz- und Sicherungsmaßnahmen; Bauschutt entsorgen						
	St	**€ brutto**	**40**	**48**	**57**	**71**	**77**
	KG 395	€ netto	34	40	48	60	65
46	**Fensteröffnung ausbrechen, bis 40cm** Fensteröffnung ausbrechen; Ziegelmauerwerk; bis 1,00m², Dicke bis 40cm; inkl. Abstütz- und Sicherungsmaßnahmen; Bauschutt entsorgen						
	m²	**€ brutto**	**64**	**78**	**98**	**117**	**123**
	KG 394	€ netto	54	66	82	98	103
47	**Fensteröffnung ausbrechen, bis 60cm** Fensteröffnung ausbrechen; Ziegelmauerwerk; bis 1,50m², Dicke bis 60cm; inkl. Abstütz- und Sicherungsmaßnahmen; Bauschutt entsorgen						
	m²	**€ brutto**	**92**	**121**	**143**	**175**	**185**
	KG 394	€ netto	78	102	120	147	156
48	**Türöffnung ausbrechen, Mauerwerk bis 15cm** Türöffnung ausbrechen; Ziegelmauerwerk, beidseitig verputzt; bis 2,50m², Dicke bis 15cm; inkl. Abstütz- und Sicherungsmaßnahmen; Bauschutt entsorgen						
	m²	**€ brutto**	**33**	**53**	**62**	**74**	**109**
	KG 394	€ netto	27	44	52	62	91

Mauerarbeiten **Preise €**

Nr.	Kurztext / Stichworte Einheit / Kostengruppe		▶	▷	brutto ø netto ø	◁	◀
49	**Türöffnung ausbrechen, Mauerwerk bis 30cm** Türöffnung ausbrechen; Ziegelmauerwerk, verputzt; bis 2,50m², Dicke bis 30cm; inkl. Abstütz- und Sicherungsmaßnahmen; Bauschutt entsorgen						
	m²	**€ brutto**	**48**	**83**	**104**	**125**	**151**
	KG 394	€ netto	40	70	87	105	127
50	**Türöffnung ausbrechen, Mauerwerk bis 60cm** Türöffnung ausbrechen; Ziegelmauerwerk, beidseitig verputzt; bis 2,50m², Dicke bis 60cm; inkl. Abstütz- und Sicherungsmaßnahmen; Bauschutt entsorgen						
	m²	**€ brutto**	**104**	**116**	**145**	**174**	**210**
	KG 394	€ netto	87	97	122	146	177
51	**Fensteröffnung schließen, AW bis 30cm** Fensteröffnung schließen; Mauerziegeln; bis 1,00m², Dicke bis 30cm; inkl. verzahnen mit Mauerwerk						
	m²	**€ brutto**	**61**	**86**	**108**	**130**	**154**
	KG 395	€ netto	52	73	91	109	129
52	**Fensteröffnung schließen, AW bis 60cm** Fensteröffnung schließen; Mauerziegeln; bis 1,00m², Dicke bis 60cm; inkl. verzahnen mit Mauerwerk						
	m²	**€ brutto**	**103**	**134**	**158**	**189**	**231**
	KG 395	€ netto	86	113	132	159	195
53	**Türöffnung schließen, IW bis 15cm** Türöffnung schließen; Hochlochziegel; bis 1,00x2,10m, Dicke bis 15cm; innen; inkl. verzahnen mit Mauerwerk						
	m²	**€ brutto**	**49**	**56**	**70**	**84**	**93**
	KG 395	€ netto	41	47	59	71	78
54	**Türöffnung schließen, IW bis 30cm** Türöffnung schließen; Hochlochziegel; bis 1,00x2,10m, Dicke bis 30cm; innen; inkl. verzahnen mit Mauerwerk						
	m²	**€ brutto**	**65**	**82**	**103**	**123**	**143**
	KG 395	€ netto	55	69	86	103	120
55	**Wanddurchbruch, bis 100cm², 20cm** Wanddurchbruch nachträglich herstellen; Mz bis 12N/mm²; bis 100cm², Dicke bis 20cm; vorhandenen Putz schneiden; Bauschutt entsorgen						
	St	**€ brutto**	**9,8**	**13,9**	**17,3**	**20,8**	**28,8**
	KG 394	€ netto	8,2	11,6	14,6	17,5	24,2

Mauerarbeiten **Preise €**

Nr.	Kurztext / Stichworte Einheit / Kostengruppe		▶	▷	brutto ø netto ø	◁	◀
56	**Wanddurchbruch, bis 500cm², 20cm** Wanddurchbruch nachträglich herstellen; Mz bis 12N/mm²; 100-500cm², Dicke bis 20cm; vorhandenen Putz schneiden; Bauschutt entsorgen						
	St	**€ brutto**	**15**	**21**	**26**	**31**	**33**
	KG 394	€ netto	13	18	22	26	28
57	**Wanddurchbruch, bis 1.000cm², 20cm** Wanddurchbruch nachträglich herstellen; Mz bis 12N/mm²; 500-1.000cm², Dicke bis 20cm; vorhandenen Putz schneiden; Bauschutt entsorgen						
	St	**€ brutto**	**16**	**29**	**36**	**43**	**50**
	KG 394	€ netto	14	24	30	36	42
58	**Wanddurchbruch, bis 2.500cm², 20cm** Wanddurchbruch nachträglich herstellen; Mz bis 12N/mm²; 1.000-2.500cm², Dicke bis 20cm; vorhandenen Putz schneiden; Bauschutt entsorgen						
	St	**€ brutto**	**24**	**38**	**48**	**58**	**74**
	KG 394	€ netto	20	32	40	48	62
59	**Wanddurchbruch, bis 100cm², 40cm** Wanddurchbruch nachträglich herstellen; Mz bis 12N/mm²; bis 100cm², Dicke bis 40cm; vorhandenen Putz schneiden; Bauschutt entsorgen						
	St	**€ brutto**	**18**	**22**	**27**	**33**	**65**
	KG 394	€ netto	15	18	23	28	55
60	**Wanddurchbruch, bis 500cm², 40cm** Wanddurchbruch nachträglich herstellen; Mz bis 12N/mm²; 100-500cm², Dicke bis 40cm; vorhandenen Putz schneiden; Bauschutt entsorgen						
	St	**€ brutto**	**25**	**30**	**37**	**44**	**79**
	KG 394	€ netto	21	25	31	37	66
61	**Wanddurchbruch, bis 1.000cm², 40cm** Wanddurchbruch nachträglich herstellen; Mz bis 12N/mm²; 500-1.000cm², Dicke bis 40cm; vorhandenen Putz schneiden; Bauschutt entsorgen						
	St	**€ brutto**	**26**	**43**	**54**	**65**	**103**
	KG 394	€ netto	22	36	45	54	86

Mauerarbeiten | **Preise €**

Nr.	Kurztext / Stichworte Einheit / Kostengruppe		▶	▷	brutto ø netto ø	◁	◀
62	**Wanddurchbruch, bis 2.500cm², 40cm** Wanddurchbruch nachträglich herstellen; Mz bis 12N/mm²; 1.000-2.500cm², Dicke bis 40cm; vorhandenen Putz schneiden; Bauschutt entsorgen						
	St	**€ brutto**	**49**	**59**	**74**	**88**	**111**
	KG 394	€ netto	41	49	62	74	94
63	**Wanddurchbruch schließen, bis 100cm², 20cm** Wanddurchbruch schließen; Mörtel, Steinmaterial; bis 100cm², Dicke bis 20cm; bündig abgleichen; Bauschutt entsorgen						
	St	**€ brutto**	**11**	**17**	**21**	**25**	**31**
	KG 395	€ netto	9,4	14,0	17,5	21,0	25,9
64	**Wanddurchbruch schließen, bis 500cm², 20cm** Wanddurchbruch schließen; Mörtel, Steinmaterial; 100-500cm², Dicke bis 20cm; bündig abgleichen; Bauschutt entsorgen						
	St	**€ brutto**	**18**	**23**	**29**	**34**	**42**
	KG 395	€ netto	15	19	24	29	35
65	**Wanddurchbruch schließen, bis 1.000cm², 20cm** Wanddurchbruch schließen; Mörtel, Steinmaterial; 500-1.000cm², Dicke bis 20cm; bündig abgleichen; Bauschutt entsorgen						
	St	**€ brutto**	**26**	**36**	**46**	**55**	**74**
	KG 395	€ netto	22	31	38	46	62
66	**Wanddurchbruch schließen, bis 2.500cm², 20cm** Wanddurchbruch schließen; Mörtel, Steinmaterial; 1.000-2.500cm², Dicke bis 20cm; bündig abgleichen; Bauschutt entsorgen						
	St	**€ brutto**	**35**	**47**	**58**	**70**	**83**
	KG 395	€ netto	30	39	49	59	69
67	**Wanddurchbruch schließen, bis 100cm², 40cm** Wanddurchbruch schließen; Mörtel, Steinmaterial; 100cm², Dicke bis 40cm; bündig abgleichen; Bauschutt entsorgen						
	St	**€ brutto**	**18**	**26**	**33**	**39**	**50**
	KG 395	€ netto	15	22	27	33	42
68	**Wanddurchbruch schließen, bis 500cm², 40cm** Wanddurchbruch schließen; Mörtel, Steinmaterial; 100-500cm², Dicke bis 40cm; bündig abgleichen; Bauschutt entsorgen						
	St	**€ brutto**	**26**	**38**	**48**	**58**	**68**
	KG 395	€ netto	22	32	40	48	57

Mauerarbeiten **Preise €**

Nr.	**Kurztext** / Stichworte **Einheit** / Kostengruppe		▶	▷	**brutto ø** netto ø	◁	◀
69	**Wanddurchbruch schließen, bis 1.000cm², 40cm** Wanddurchbruch schließen; Mörtel, Steinmaterial; Größe 500-1.000cm², Dicke bis 40cm; bündig abgleichen; Bauschutt entsorgen						
	St	**€ brutto**	**36**	**49**	**62**	**74**	**94**
	KG 395	€ netto	30	42	52	62	79
70	**Wanddurchbruch schließen, bis 2.500cm², 40cm** Wanddurchbruch schließen; Mörtel, Steinmaterial; 1.000-2.500cm², Dicke bis 40cm; bündig abgleichen; Bauschutt entsorgen						
	St	**€ brutto**	**45**	**58**	**73**	**87**	**104**
	KG 395	€ netto	38	49	61	73	87
71	**Deckendurchbruch, bis 100cm², 20cm** Deckendurchbruch nachträglich herstellen; Ziegelhohlkörper; bis 100cm², Dicke bis 20cm; inkl. Deckenabstützung; nichttragender Bereich; Bauschutt entsorgen						
	St	**€ brutto**	**19**	**25**	**31**	**37**	**49**
	KG 394	€ netto	16	21	26	31	41
72	**Deckendurchbruch, bis 500cm², 20cm** Deckendurchbruch nachträglich herstellen; Ziegelhohlkörper; 100-500cm², Dicke bis 20cm; inkl. Deckenabstützung; nichttragender Bereich; Bauschutt entsorgen						
	St	**€ brutto**	**23**	**29**	**36**	**43**	**56**
	KG 394	€ netto	19	24	30	36	47
73	**Deckendurchbruch, bis 1000cm², 20cm** Deckendurchbruch nachträglich herstellen; Ziegelhohlkörper; 500-1000cm², Dicke bis 20cm; inkl. Deckenabstützung; nichttragender Bereich; Bauschutt entsorgen						
	St	**€ brutto**	**30**	**39**	**49**	**59**	**65**
	KG 394	€ netto	25	33	41	49	55
74	**Deckendurchbruch, bis 500cm², 30cm** Deckendurchbruch nachträglich herstellen; Ziegelhohlkörper; 100-500cm², Dicke bis 30cm; inkl. Deckenabstützung; nichttragender Bereich; Bauschutt entsorgen						
	St	**€ brutto**	**28**	**36**	**45**	**54**	**60**
	KG 394	€ netto	23	30	38	45	50
75	**Deckendurchbruch schließen, bis 100cm², 20cm** Deckendurchbruch schließen; Ziegeldecke; bis 100cm², Dicke bis 20cm; mit Mörtel und Schalung						
	St	**€ brutto**	**15**	**19**	**23**	**28**	**30**
	KG 395	€ netto	13	16	20	24	26

Mauerarbeiten **Preise €**

Nr.	Kurztext / Stichworte Einheit / Kostengruppe		►	▷	brutto ø netto ø	◁	◄
76	**Deckendurchbruch schließen, bis 500cm², 20cm** Deckendurchbruch schließen; Ziegeldecke; 100-500cm², Dicke bis 20cm; mit Mörtel und Schalung						
	St	**€ brutto**	**27**	**33**	**41**	**47**	**51**
	KG 395	€ netto	22	27	34	39	43
77	**Deckendurchbruch schließen, bis 1.000cm², 20cm** Deckendurchbruch schließen; Ziegeldecke; 500-1.000cm², Dicke bis 20cm; mit Mörtel und Schalung						
	St	**€ brutto**	**43**	**50**	**62**	**74**	**84**
	KG 395	€ netto	37	42	52	63	71
78	**Deckendurchbruch schließen, bis 500cm², 30cm** Deckendurchbruch schließen; Ziegeldecke; 100-500cm², Dicke bis 30cm; mit Mörtel und Schalung						
	St	**€ brutto**	**35**	**47**	**59**	**70**	**83**
	KG 395	€ netto	29	39	49	59	69
79	**Baustelleneinrichtung, Bohren/Sägen** Baustelleneinrichtung; Bohrer, Sägen; einrichten, vorhalten, abbauen						
	psch	**€ brutto**	**–**	**98**	**122**	**147**	**–**
	KG 399	€ netto	–	82	103	123	–
80	**Bohreinrichtung umsetzen** Bohreinrichtung umsetzen; geschossweise						
	psch	**€ brutto**	**–**	**44**	**55**	**66**	**–**
	KG 399	€ netto	–	37	46	55	–
81	**Mauerwerk schneiden, Wand, Mz bis 36cm** Mauerwerksschnitt herstellen; Ziegelwand; Tiefe bis 36cm; einseitig; Bauschutt entsorgen						
	m	**€ brutto**	**24**	**36**	**45**	**54**	**70**
	KG 394	€ netto	20	30	38	45	59
82	**Mauerwerk schneiden, Wand, KS bis 17,5cm** Mauerwerksschnitt herstellen; Kalksandstein; Tiefe bis 17,5cm; zweiseitig; Bauschutt entsorgen						
	m	**€ brutto**	**19**	**25**	**31**	**37**	**40**
	KG 394	€ netto	16	21	26	31	33
83	**Mauerwerk schneiden, Wand, KS bis 24cm** Mauerwerksschnitt herstellen; Kalksandstein; Tiefe bis 24cm; zweiseitig; Bauschutt entsorgen						
	m	**€ brutto**	**39**	**45**	**56**	**67**	**72**
	KG 394	€ netto	33	38	47	57	60

Kosten: Stand 3.Quartal 2016, Bundesdurchschnitt

Mauerarbeiten						Preise €
Nr.	**Kurztext** / Stichworte			**brutto ø**		
	Einheit / Kostengruppe	▶	▷	netto ø	◁	◀
84	**Kernbohrung, Mauerwerk, 10-50mm** Kernbohrung; Ziegelwand; Durchmesser 10-50mm; Diamantbohrkronen; Bauschutt entsorgen					
	m **€ brutto**	**70**	**89**	**112**	**134**	**158**
	KG 394 € netto	59	75	94	112	132
85	**Kernbohrung, Mauerwerk, 55-80mm** Kernbohrung; Ziegelwand; Durchmesser 55-80mm; Diamantbohrkronen; Bauschutt entsorgen					
	m **€ brutto**	**74**	**115**	**144**	**173**	**195**
	KG 394 € netto	62	97	121	145	164
86	**Kernbohrung, Mauerwerk, 85-110mm** Kernbohrung; Ziegelwand; Durchmesser 85-110mm; Diamantbohrkronen; Bauschutt entsorgen					
	m **€ brutto**	**103**	**124**	**155**	**187**	**213**
	KG 394 € netto	86	105	131	157	179
87	**Kernbohrung, Mauerwerk, 115-130mm** Kernbohrung; Ziegelwand; Durchmesser 115-130mm; Diamantbohrkronen; Bauschutt entsorgen					
	m **€ brutto**	**118**	**154**	**185**	**213**	**240**
	KG 394 € netto	99	129	155	179	202
88	**Kernbohrung, Mauerwerk, 130-150mm** Kernbohrung; Ziegelwand; Durchmesser 130-150mm; Diamantbohrkronen; Bauschutt entsorgen					
	m **€ brutto**	**128**	**161**	**194**	**233**	**251**
	KG 394 € netto	107	136	163	196	211
89	**Kernbohrung, Mauerwerk, 150-200mm** Kernbohrung; Ziegelwand; Durchmesser 150-200mm; Diamantbohrkronen; Bauschutt entsorgen					
	m **€ brutto**	**166**	**199**	**237**	**285**	**306**
	KG 394 € netto	140	168	199	239	257
90	**Innenwand, Hlz 11,5cm, nichttragend** Mauerwerk, nichttragend; Hochlochziegel; Dicke 11,50cm; innen; für Putzauftrag					
	m² **€ brutto**	**43**	**52**	**55**	**60**	**74**
	KG 342 € netto	36	44	46	50	62
91	**Innenwand, KS 11,5cm, nichttragend** Mauerwerk, nichttragend; Kalksandstein; Dicke 11,50cm; innen; für Putzauftrag					
	m² **€ brutto**	**48**	**59**	**63**	**78**	**107**
	KG 342 € netto	41	50	53	65	90

Mauerarbeiten **Preise €**

Nr.	Kurztext / Stichworte Einheit / Kostengruppe		▶	▷	brutto ø netto ø	◁	◀
92	**Innenwand, KS 17,5cm, tragend** Mauerwerk, tragend; Kalksandstein; Dicke 17,50cm; innen; für Putzauftrag						
	m²	€ brutto	**55**	**63**	**67**	**78**	**95**
	KG 341	€ netto	47	53	56	66	80
93	**Innenwand, KS 24cm, tragend** Mauerwerk, tragend; Kalksandstein; Dicke 24cm; innen; für Putzauftrag						
	m²	€ brutto	**59**	**73**	**78**	**85**	**112**
	KG 341	€ netto	50	61	65	72	94
94	**Innenwand, PP 11,5cm, nichttragend** Mauerwerk; Porenbetonstein; 11,5cm; nichttragend, Dünnbettmörtel; innen; für Dünnputzauftrag						
	m²	€ brutto	**40**	**45**	**48**	**51**	**56**
	KG 342	€ netto	33	38	40	43	47
95	**Innenwand, PP 24cm, tragend** Mauerwerk; Porenbeton-Planelement; Dicke 24cm; tragend, Dünnbettmörtel; innen; für Dünnputzauftrag						
	m²	€ brutto	**61**	**69**	**72**	**74**	**82**
	KG 341	€ netto	51	58	61	62	69
96	**Ausmauerung, Fachwerk 11,5cm** Ausmauerung; Hlz inkl. Maueranker; 240x115x113mm; NM III; Gebälkanschluss zwischen Sparren						
	m²	€ brutto	**58**	**81**	**92**	**112**	**155**
	KG 342	€ netto	49	68	77	95	130
97	**Außenwand, LHlz 36,5cm, tragend** Mauerwerk; Leichthochlochziegel 8/0,8; Dicke 36,50cm; NF-System, tragend; außen; Putzauftrag mit Dünnbettmörtel						
	m²	€ brutto	**101**	**120**	**128**	**146**	**171**
	KG 331	€ netto	85	101	108	123	144
98	**Außenwand, KS L-R 17,5cm, tragend** Außenwand, tragend; KS L-R, SFK 12, RDK 1,6; 12DF 373x175x248mm; NF-System, Dünnbettmörtel						
	m²	€ brutto	**53**	**63**	**67**	**75**	**95**
	KG 331	€ netto	44	53	56	63	80
99	**Außenwand, KS L-R 24cm, tragend** Außenwand, tragend; KS L-R, SFK 12, RDK 1,8; 4DF 240x240x248mm; NF-System, Dünnbettmörtel						
	m²	€ brutto	**59**	**75**	**82**	**91**	**110**
	KG 331	€ netto	50	63	69	76	92

Kosten: Stand 3.Quartal 2016, Bundesdurchschnitt

Mauerarbeiten — Preise €

Nr.	Kurztext / Stichworte Einheit / Kostengruppe		▶	▷	brutto ø netto ø	◁	◀
100	**Öffnung überdecken, Ziegelsturz** Fertigteilsturz; Ziegel; Dicke 115mm, Höhe 113mm; Öffnung überdecken						
	m	**€ brutto**	**17**	**26**	**28**	**36**	**51**
	KG 342	€ netto	15	22	23	30	43
101	**Öffnung überdecken; KS-Sturz, 17,5cm** Fertigteilsturz; Kalksandstein; Dicke 17,5cm; Öffnung überdecken						
	m	**€ brutto**	**19**	**31**	**35**	**46**	**66**
	KG 341	€ netto	16	26	29	39	56
102	**Öffnung überdecken, Betonsturz, 24cm** Fertigteilsturz; Stahlbeton; Dicke 240mm, Höhe 238mm; für bauseitiges Verputzen						
	m	**€ brutto**	**21**	**47**	**53**	**66**	**89**
	KG 341	€ netto	17	39	45	55	74
103	**Stundensatz Facharbeiter, Mauerarbeiten** Stundenlohnarbeiten, Vorarbeiter, Facharbeiter; Mauerarbeiten						
	h	**€ brutto**	**46**	**52**	**54**	**57**	**65**
		€ netto	39	44	45	48	55
104	**Stundensatz Werker / Helfer, Mauerarbeiten** Stundenlohnarbeiten Werker, Helfer; Mauerarbeiten						
	h	**€ brutto**	**39**	**46**	**49**	**51**	**56**
		€ netto	33	38	41	43	47

Betonarbeiten **Preise €**

Nr.	Kurztext / Stichworte Einheit / Kostengruppe	►	▷	brutto ø netto ø	◁	◄
1	**Fundament abbrechen, Stahlbeton** Fundament abbrechen; Stahlbeton; teilweise Handarbeit, inkl. Abstütz- und Sicherungsmaßnahmen; in Gebäuden; Bauschutt entsorgen					
	m³ **€ brutto**	**70**	**106**	**142**	**170**	**198**
	KG 394 € netto	59	89	119	143	167
2	**Bodenplatte abbrechen, Beton** Bodenplatte abbrechen; Beton, unbewehrt; Bauschutt entsorgen					
	m³ **€ brutto**	**80**	**111**	**148**	**178**	**219**
	KG 394 € netto	67	93	124	149	184
3	**Bodenplatte abbrechen, Stahlbeton** Bodenplatte abbrechen; Stahlbeton; Bauschutt entsorgen					
	m³ **€ brutto**	**105**	**161**	**201**	**242**	**269**
	KG 394 € netto	88	135	169	203	226
4	**Außentreppenstufen abbrechen, Beton** Außentreppenstufen abbrechen; Beton, inkl. Unterbau; Breite bis 2,00m; Bauschutt entsorgen					
	St **€ brutto**	**126**	**152**	**175**	**196**	**216**
	KG 594 € netto	106	128	147	165	181
5	**Kelleraußenwände abbrechen, Beton** Kelleraußenwand abbrechen; Beton, unbewehrt; inkl. Abstütz- und Sicherungsmaßnahmen; Bauschutt entsorgen					
	m³ **€ brutto**	**163**	**197**	**227**	**254**	**279**
	KG 394 € netto	137	166	191	214	235
6	**Kelleraußenwände abbrechen, Stahlbeton** Kelleraußenwand abbrechen; Stahlbeton; inkl. Abstütz- und Sicherungsmaßnahmen; Bauschutt entsorgen					
	m³ **€ brutto**	**178**	**215**	**248**	**277**	**305**
	KG 394 € netto	150	181	208	233	256
7	**Balkon abbrechen, Stb, bis 3,00x1,50m** Balkon abbrechen; Stahlbetonplatte, Stahlbetonbrüstung; Betonplatte 3,00x1,50m; inkl. Abstütz- und Sicherungsmaßnahmen; Bauschutt entsorgen					
	St **€ brutto**	**301**	**364**	**419**	**469**	**515**
	KG 394 € netto	253	306	352	394	433
8	**Außenwände abbrechen, Stahlbeton** Außenwand abbrechen; Stahlbeton; verschiedene Dicken; inkl. Abstütz- und Sicherungsmaßnahmen; Bauschutt entsorgen					
	m³ **€ brutto**	**174**	**210**	**242**	**270**	**297**
	KG 394 € netto	146	177	203	227	250

Kosten: Stand 3.Quartal 2016, Bundesdurchschnitt

Betonarbeiten **Preise €**

Nr.	Kurztext / Stichworte Einheit / Kostengruppe		▶	▷	brutto ø netto ø	◁	◀
9	**Innenwände abbrechen, Stb. bis 15cm** Innenwand abbrechen; Stahlbeton; Dicke bis 15cm; nichttragend, inkl. Abstütz- und Sicherungsmaßnahmen; Bauschutt entsorgen						
	m³	**€ brutto**	**159**	**192**	**221**	**247**	**272**
	KG 394	€ netto	134	162	186	208	228
10	**Innenwände abbrechen, Stb. bis 25cm** Innenwand abbrechen; Stahlbeton; Dicke bis 25cm; tragend, inkl. Abstütz- und Sicherungsmaßnahmen; Bauschutt entsorgen						
	m³	**€ brutto**	**177**	**213**	**245**	**275**	**302**
	KG 394	€ netto	148	179	206	231	253
11	**Türöffnung ausbrechen, Stb, 1,00x2,10m** Türöffnung ausbrechen; Stahlbeton; Größe 1,00x2,10m, Dicke bis 40cm; inkl. Abstütz- und Sicherungsmaßnahmen; Bauschutt entsorgen						
	St	**€ brutto**	**141**	**170**	**195**	**219**	**240**
	KG 394	€ netto	118	143	164	184	202
12	**Stahlbetonstützen abbrechen** Stahlbetonstützen abbrechen; inkl. Abstütz- und Sicherungsmaßnahmen; Bauschutt entsorgen						
	m³	**€ brutto**	**233**	**282**	**324**	**363**	**399**
	KG 394	€ netto	196	237	272	305	335
13	**Geschossdecke abbrechen, Stahlbeton 25cm** Geschossdecke abbrechen; Stahlbeton; Dicke bis 25cm; inkl. Abstütz- und Sicherungsmaßnahmen; Bauschutt entsorgen						
	m³	**€ brutto**	**172**	**214**	**246**	**283**	**320**
	KG 394	€ netto	145	180	207	238	269
14	**Geschossdecke abbrechen, Hohldielen 25cm** Geschossdecke abbrechen; Stahlbeton-Hohldielen; Dicke bis 25cm; inkl. Abstütz- und Sicherungsmaßnahmen; Bauschutt entsorgen						
	m²	**€ brutto**	**33**	**40**	**47**	**52**	**63**
	KG 394	€ netto	27	34	39	44	53
15	**Stürze/Unterzüge abbrechen, Stahlbeton** Stürze, Unterzüge abbrechen; Stahlbeton; inkl. Abstütz- und Sicherungsmaßnahmen; Bauschutt entsorgen						
	St	**€ brutto**	**239**	**288**	**332**	**371**	**408**
	KG 394	€ netto	201	242	279	312	343

Betonarbeiten **Preise €**

Nr.	Kurztext / Stichworte Einheit / Kostengruppe		▶	▷	brutto ø netto ø	◁	◀
16	**Stahlbetontreppe abbrechen** Stahlbetontreppe abbrechen, eingeschossig; Stufen 14St, Stg. 27/18cm, Breite bis 1,50m; inkl. Abstütz- und Sicherungsmaßnahmen; Bauschutt entsorgen						
	St	**€ brutto**	**472**	**570**	**655**	**734**	**793**
	KG 394	€ netto	397	479	551	617	666
17	**Wandschlitze, Beton, 10x5cm** Wandschlitz herstellen; Beton, unbewehrt; Größe bis 10x5cm; nach Leitungsverlegung wieder schließen; Bauschutt entsorgen						
	m	**€ brutto**	**24**	**30**	**34**	**38**	**42**
	KG 395	€ netto	20	25	29	32	35
18	**Wanddurchbrüche, Stb, 20x20cm, 24cm** Wanddurchbruch herstellen; Stahlbeton; Größe 20x20cm, Dicke bis 24cm; nach Leitungsverlegung wieder schließen; Bauschutt entsorgen						
	St	**€ brutto**	**57**	**69**	**80**	**89**	**98**
	KG 395	€ netto	48	58	67	75	82
19	**Deckendurchbruch, Stb, herstellen 30x10, 20cm** Deckendurchbruch nachträglich herstellen; Stahlbeton; Größe 30x10cm, Dicke bis 20cm; inkl. Abstütz- und Sicherungsmaßnahmen; Bauschutt entsorgen						
	St	**€ brutto**	**36**	**44**	**50**	**56**	**63**
	KG 395	€ netto	30	37	42	47	53
20	**Deckendurchbruch, Stb, herstellen 20x20, 20cm** Deckendurchbruch nachträglich herstellen; Stahlbeton; Größe bis 20x20cm, Dicke bis 20cm; inkl. Abstütz- und Sicherungsmaßnahmen; Bauschutt entsorgen						
	St	**€ brutto**	**37**	**45**	**52**	**58**	**65**
	KG 395	€ netto	31	38	44	49	55
21	**Deckendurchbruch, Stb, herstellen 50x20, 20cm** Deckendurchbruch nachträglich herstellen; Stahlbeton; Größe 50x20cm, Dicke bis 20cm; inkl. Abstütz- und Sicherungsmaßnahmen; Bauschutt entsorgen						
	St	**€ brutto**	**57**	**69**	**79**	**88**	**99**
	KG 395	€ netto	48	58	66	74	83
22	**Deckendurchbruch, Stb, schließen 30x10, 20cm** Deckendurchbruch schließen; Stahlbeton; Größe 30x10cm, Dicke bis 20cm; mit Beton schließen, Ränder angleichen; inkl. Schalung						
	St	**€ brutto**	**15**	**18**	**21**	**23**	**27**
	KG 395	€ netto	12	15	17	19	22

Kosten: Stand 3.Quartal 2016, Bundesdurchschnitt

Betonarbeiten — Preise €

Nr.	Kurztext / Stichworte Einheit / Kostengruppe		▶	▷	brutto ø netto ø	◁	◀
23	**Deckendurchbruch, Stb, schließen 20x20, 20cm** Deckendurchbruch schließen; Stahlbeton; Größe 20x20cm, Dicke bis 20cm; mit Beton schließen, Ränder angleichen; inkl. Schalung						
	St	**€ brutto**	**16**	**19**	**22**	**24**	**28**
	KG 395	€ netto	13	16	18	20	24
24	**Deckendurchbruch, Stb, schließen 50x20, 20cm** Deckendurchbruch schließen; Stahlbeton; Größe 50x20cm, Dicke bis 20cm; mit Beton schließen, Ränder angleichen; inkl. Schalung						
	St	**€ brutto**	**29**	**35**	**41**	**45**	**53**
	KG 395	€ netto	25	30	34	38	44
25	**Deckendurchbruch, Stb, schließen 50x50, 24cm** Deckendurchbruch schließen; Stahlbeton; Größe 50x50cm, Dicke bis 24cm; mit Beton schließen, Ränder angleichen; inkl. Schalung						
	St	**€ brutto**	**47**	**57**	**65**	**73**	**83**
	KG 395	€ netto	40	48	55	61	70
26	**Kernbohrung, Stb, Durchmesser 10-50mm** Kernbohrung; Stahlbetonbauteile; Durchmesser 10-50mm; Bauschutt entsorgen						
	m	**€ brutto**	**91**	**110**	**126**	**141**	**155**
	KG 399	€ netto	76	92	106	119	130
27	**Kernbohrung, Stb, Durchmesser 55-80mm** Kernbohrung; Stahlbetonbauteile; Durchmesser 55-80mm; Bauschutt entsorgen						
	m	**€ brutto**	**115**	**139**	**160**	**179**	**197**
	KG 399	€ netto	97	117	135	151	166
28	**Kernbohrung, Stb, Durchmesser 115-130mm** Kernbohrung; Stahlbetonbauteile; Durchmesser 115-130mm; Bauschutt entsorgen						
	m	**€ brutto**	**129**	**155**	**179**	**200**	**220**
	KG 399	€ netto	108	131	150	168	185
29	**Kernbohrung, Stb, Durchmesser 140-160mm** Kernbohrung; Stahlbetonbauteile; Durchmesser 140-160mm; Bauschutt entsorgen						
	m	**€ brutto**	**153**	**185**	**212**	**238**	**261**
	KG 399	€ netto	128	155	178	200	219

Betonarbeiten — **Preise €**

Nr.	Kurztext / Stichworte Einheit / Kostengruppe ▶		▷	brutto ø netto ø	◁	◀
30	**Kernbohrung, Stb, Durchmesser 170-180mm** Kernbohrung; Stahlbetonbauteile; Durchmesser 170-180mm; Bauschutt entsorgen					
	m	**€ brutto**	**167**	**202**	**232**	**260**	**285**
	KG 399	€ netto	140	169	195	218	240
31	**Kernbohrung, Stb, Durchmesser 200-220mm** Kernbohrung; Stahlbetonbauteile; Durchmesser 200-220mm; Bauschutt entsorgen					
	m	**€ brutto**	**191**	**231**	**265**	**297**	**326**
	KG 399	€ netto	160	194	223	250	274
32	**Kernbohrung, Stb, Durchmesser 230-250mm** Kernbohrung; Stahlbetonbauteile; Durchmesser 230-250mm; Bauschutt entsorgen					
	m	**€ brutto**	**213**	**258**	**296**	**332**	**364**
	KG 399	€ netto	179	217	249	279	306
33	**Kernbohrung, Stb, Durchmesser 280-300mm** Kernbohrung; Stahlbetonbauteile; Durchmesser 280-300mm; Bauschutt entsorgen					
	m	**€ brutto**	**242**	**293**	**337**	**377**	**414**
	KG 399	€ netto	204	246	283	317	348
34	**Kernbohrung, schräg, Mehrpreis** Kernbohrung Mehrpreis; schräg/senkrecht					
	St	**€ brutto**	**14**	**16**	**19**	**21**	**24**
	KG 399	€ netto	11	14	16	18	20
35	**Kernbohrung, Stahlschnitte, 16-28mm** Kernbohrung, Stahlschnitt; Durchmesser 16-28mm; Mehrpreis					
	St	**€ brutto**	**2,7**	**3,3**	**3,8**	**4,2**	**5,1**
	KG 399	€ netto	2,3	2,8	3,2	3,5	4,3
36	**Kernbohrung, Stahlschnitte** Kernbohrung, Stahlschnitt; Mehrpreis					
	cm2	**€ brutto**	**3,3**	**4,0**	**4,6**	**5,2**	**6,2**
	KG 399	€ netto	2,8	3,4	3,9	4,3	5,2
37	**Betonschneidearbeiten, bis 43cm** Betonschneidearbeiten; Stahlbeton; Tiefe bis 43cm; einseitig					
	m	**€ brutto**	**98**	**118**	**136**	**152**	**167**
	KG 399	€ netto	82	99	114	128	140
38	**Betonschneidearbeiten, bis 90cm** Betonschneidearbeiten; Stahlbeton; Tiefe bis 90cm; einseitig					
	m	**€ brutto**	**205**	**248**	**285**	**319**	**351**
	KG 399	€ netto	173	209	240	268	295

Kosten: Stand 3.Quartal 2016, Bundesdurchschnitt

Betonarbeiten — Preise €

Nr.	Kurztext / Stichworte Einheit / Kostengruppe		▶	▷	brutto ø netto ø	◁	◀
39	**Baustelleneinrichtung Bohr-/Sägearbeiten** Baustelleneinrichtung; Bohrer, Sägen; einrichten, vorhalten, abbauen						
	psch	**€ brutto**	**188**	**227**	**261**	**292**	**352**
	KG 399	€ netto	158	191	219	246	296
40	**Bohreinrichtung geschossweise umsetzen** Bohreinrichtung umsetzen; geschossweise						
	psch	**€ brutto**	**48**	**58**	**67**	**75**	**90**
	KG 399	€ netto	40	49	56	63	76
41	**Bohreinrichtung gebäudeweise umsetzen** Bohreinrichtung umsetzen; anderes Gebäude						
	psch	**€ brutto**	**66**	**80**	**92**	**103**	**129**
	KG 399	€ netto	56	67	77	87	108
42	**Unterzug C20/25, Stb, 20x40cm** Unterzug nachträglich einbauen; Stahlbeton, C20/25; bis 20x40cm; auf vorhandenen Auflager; Innenbereich						
	m	**€ brutto**	**20**	**24**	**28**	**31**	**36**
	KG 395	€ netto	17	21	24	26	31
43	**Überzug C20/25, Stb, 24x40cm** Überzug nachträglich einbauen; Stahlbeton, C20/25; bis 24x40cm; auf vorhandenen Auflager; Innenbereich						
	m	**€ brutto**	**23**	**28**	**32**	**36**	**42**
	KG 395	€ netto	20	24	27	31	35
44	**Kniestock C20/25, Stb, 24x35cm** Kniestock nachträglich herstellen; Stahlbeton, C20/25; bis 24x35; als Auflager für Dachstuhl; Innenbereich; inkl. Verankerung, Oberseite abschrägen						
	m	**€ brutto**	**26**	**31**	**36**	**40**	**46**
	KG 395	€ netto	22	26	30	34	39
45	**Ringanker C20/25, Stb, 24x24cm** Ringanker nachträglich einbauen; Stahlbeton, C20/25; bis 24x24cm						
	m	**€ brutto**	**26**	**32**	**37**	**41**	**48**
	KG 395	€ netto	22	27	31	35	40
46	**Deckendämmung, Mehrschichtplatte, MW 50** Deckendämmung nachträglich; Holzwolle-Leichtbauplatten, dreischichtig, WLG 085; Dicke 50mm; auf Unterseite anbringen, befestigen; Stahlbetondecke						
	m^2	**€ brutto**	**40**	**45**	**52**	**58**	**63**
	KG 353	€ netto	33	38	43	49	53

Betonarbeiten **Preise €**

Nr.	Kurztext / Stichworte Einheit / Kostengruppe	▶	▷	brutto ø netto ø	◁	◀
47	**Deckendämmung, Mehrschichtplatte, MW 100** Deckendämmung nachträglich; Holzwolle-Leichtbauplatten, dreischichtig, WLG 085; Dicke 100mm; auf Unterseite anbringen, befestigen; Stahlbetondecke					
	m² € brutto	**48**	**55**	**63**	**70**	**77**
	KG 353 € netto	41	46	53	59	65
48	**Deckendämmung, PS 60, geklebt** Deckendämmung nachträglich; Polystyrol-Hartschaumplatten, extrudiert, WLG 035; Dicke 60mm; auf Unterseite kleben; Stahlbetondecke					
	m² € brutto	**21**	**23**	**27**	**30**	**35**
	KG 353 € netto	17	20	22	25	29
49	**Deckendämmung, PS 100, geklebt** Deckendämmung nachträglich; Polystyrol-Hartschaumplatten, extrudiert, WLG 035; Dicke 100mm; auf Unterseite kleben; Stahlbetondecke					
	m² € brutto	**23**	**26**	**30**	**34**	**39**
	KG 353 € netto	20	22	25	28	33
50	**Deckendämmung, PS 140, geklebt** Deckendämmung nachträglich; Polystyrol-Hartschaumplatten, extrudiert, WLG035; Dicke 140mm; auf Unterseite kleben; Stahlbetondecke					
	m² € brutto	**25**	**29**	**33**	**37**	**43**
	KG 353 € netto	21	24	28	31	36
51	**Deckendämmung, PS 180, geklebt** Deckendämmung nachträglich; Polystyrol-Hartschaumplatten, extrudiert, WLG 035; Dicke 180mm; auf Unterseite kleben; Stahlbetondecke					
	m² € brutto	**28**	**32**	**37**	**41**	**48**
	KG 353 € netto	24	27	31	35	40
52	**Deckendämmung, PS 200, geklebt** Deckendämmung nachträglich; Polystyrol-Hartschaumplatten, extrudiert, WLG 035; Dicke 200mm; auf Unterseite kleben; Stahlbetondecke					
	m² € brutto	**30**	**34**	**39**	**44**	**51**
	KG 353 € netto	26	29	33	37	43

Kosten: Stand 3.Quartal 2016, Bundesdurchschnitt

Betonarbeiten | **Preise €**

Nr.	Kurztext / Stichworte Einheit / Kostengruppe		▶	▷	brutto ø netto ø	◁	◀
53	**Deckendämmung, GF+PIR 50** Deckendämmung nachträglich; Mehrschichtplatten Polyurethan, WLS 024, GF-Platten; Dicke 50mm; auf Unterseite kleben, GK-Platten punktuell befestigen; Stahlbetondecke						
	m²	**€ brutto**	**48**	**54**	**62**	**69**	**76**
	KG 353	€ netto	40	45	52	58	64
54	**Deckendämmung, GF+PIR 70** Deckendämmung nachträglich; Mehrschichtplatten Polyurethan, WLS 024, GF-Platten; Dicke 70mm; auf Unterseite kleben, GK-Platten punktuell befestigen; Stahlbetondecke						
	m²	**€ brutto**	**54**	**61**	**70**	**79**	**86**
	KG 353	€ netto	45	51	59	66	73
55	**Deckendämmung, GF+PIR 90** Deckendämmung nachträglich; Mehrschichtplatten Polyurethan, WLS 024, GF-Platten; Dicke 90mm; auf Unterseite kleben, GK-Platten punktuell befestigen; Stahlbetondecke						
	m²	**€ brutto**	**62**	**70**	**81**	**91**	**100**
	KG 353	€ netto	52	59	68	76	84
56	**Deckendämmung, PIR 60, Vlies** Deckendämmung nachträglich; Polyurethanplatten, Vliesoberfläche, WLS 027, GF-Platten; Dicke 60mm; auf Unterseite kleben, GK-Platten punktuell befestigen; Stahlbetondecke						
	m²	**€ brutto**	**31**	**35**	**40**	**45**	**52**
	KG 353	€ netto	26	29	34	38	44
57	**Deckendämmung, PIR 100, Vlies** Deckendämmung nachträglich; Polyurethanplatten, Vliesoberfläche, WLS 027, GF-Platten; Dicke 100mm; auf Unterseite kleben, GK-Platten punktuell befestigen; Stahlbetondecke						
	m²	**€ brutto**	**38**	**43**	**50**	**56**	**65**
	KG 353	€ netto	32	36	42	47	54
58	**Wanddämmung, Mineralplatten 10mm** Wanddämmung; Mineralplatten, WLG 045; Dicke 10mm, Dichte 115kg/m³; mit Leichtmörtel kleben; Betonwand, innen						
	m²	**€ brutto**	**24**	**27**	**31**	**35**	**40**
	KG 336	€ netto	20	23	26	29	34
59	**Wanddämmung, Mineralplatten 30mm** Wanddämmung; Mineralplatten, WLG 045; Dicke 30mm, Dichte 115kg/m³; mit Leichtmörtel kleben; Betonwand, innen						
	m²	**€ brutto**	**30**	**34**	**40**	**44**	**51**
	KG 336	€ netto	26	29	33	37	43

Betonarbeiten **Preise €**

Nr.	Kurztext / Stichworte Einheit / Kostengruppe		▶	▷	brutto ø netto ø	◁	◀
60	**Wanddämmung, Mineralplatten 50mm** Wanddämmung; Mineraldämmplatten, WLG 045; Mineralplatten, Dichte 115kg/m³; mit Leichtmörtel kleben; Betonwand, innen						
	m²	**€ brutto**	**33**	**37**	**43**	**48**	**55**
	KG 336	€ netto	28	31	36	40	47
61	**Wanddämmung, Mineralplatten 80mm** Wanddämmung; Mineralplatten, WLG 045; Dicke 80mm, Dichte 115kg/m³; mit Leichtmörtel kleben; Betonwand, innen						
	m²	**€ brutto**	**32**	**36**	**49**	**55**	**63**
	KG 336	€ netto	27	30	41	46	53
62	**Wanddämmung, Mineralplatten 100mm** Wanddämmung; Mineralplatten, WLG 045; Dicke 100mm, Dichte 115kg/m³; mit Leichtmörtel kleben; Betonwand, innen						
	m²	**€ brutto**	**41**	**46**	**53**	**60**	**69**
	KG 336	€ netto	35	39	45	50	58
63	**Leibungen, Mineralplatten** Leibungen dämmen; Mineralfaserplatten; Dicke 20mm, Tiefe bis 250mm; Fenster, Türen						
	m	**€ brutto**	**15**	**19**	**21**	**24**	**29**
	KG 336	€ netto	13	16	18	20	25
64	**Wanddämmung, GK-Bekleidung, MW 80** Wanddämmung; GK-Bekleidung, Mineralwolle, WLS 032, Dampfsperre; GK 12,5mm, MW Dicke 80mm; Metallprofile						
	m²	**€ brutto**	**32**	**36**	**41**	**46**	**54**
	KG 336	€ netto	27	30	35	39	45
65	**Wanddämmung, GK-Bekleidung, MW 100** Wanddämmung; GK-Bekleidung, Mineralwolle, WLS 032, Dampfsperre; GK 12,5mm, MW Dicke 100mm; Metallprofile						
	m²	**€ brutto**	**34**	**39**	**44**	**50**	**58**
	KG 336	€ netto	29	32	37	42	48
66	**Wanddämmung, WD-Putzsystem, 50mm** Wärmedämmputzsystem; Spritzputz, Dämmputz, WLG 070, Kratzputz; Gesamtdicke 50mm; Spritzputz voll deckend, abgezogen; Innenflächen Außenwand, Beton						
	m²	**€ brutto**	**42**	**47**	**54**	**61**	**70**
	KG 336	€ netto	35	40	46	51	58

Betonarbeiten **Preise €**

Nr.	Kurztext / Stichworte Einheit / Kostengruppe		▶	▷	brutto ø netto ø	◁	◀
67	**Wanddämmung, WD-Putzsystem, 75mm** Wärmedämmputzsystem; Spritzputz, Dämmputz, WLG 070, Kratzputz; Gesamtdicke 75mm; Spritzputz voll deckend, abgezogen; Innenflächen Außenwand, Beton						
	m²	**€ brutto**	**48**	**55**	**63**	**70**	**80**
	KG 336	€ netto	41	46	53	59	68
68	**Leibungen, WD-Putz 50mm** Wärmedämmputzsystem; Unterputz, Kratzputz; Gesamtdicke 50mm, Tiefe bis 250mm; Leibungen, innen						
	m	**€ brutto**	**16**	**18**	**21**	**24**	**28**
	KG 336	€ netto	14	16	18	20	23
69	**Leibungen, WD-Putz 75mm** Wärmedämmputzsystem; Unterputz, Kratzputz; Gesamtdicke 75mm, Tiefe bis 250mm; Leibungen, innen						
	m	**€ brutto**	**22**	**24**	**28**	**31**	**36**
	KG 336	€ netto	18	21	24	26	31
70	**Dachbodendämmung, MW 035, 100mm** Dachbodendämmung nachträglich; Mineralwolle-Dämmplatten, WLG 035, A1; Dicke 100mm; Betondecke						
	m²	**€ brutto**	**12**	**14**	**16**	**18**	**22**
	KG 363	€ netto	10	12	13	15	18
71	**Dachbodendämmung, MW 035, 200mm** Dachbodendämmung nachträglich; Mineralwolle-Dämmplatten, WLG 035, A1; Dicke 200mm; zweilagig, versetzt verlegen; Betondecke						
	m²	**€ brutto**	**23**	**25**	**29**	**33**	**38**
	KG 363	€ netto	19	21	25	28	32
72	**Dachbodendämmung, MW 035, 100mm, kaschiert** Dachbodendämmung nachträglich; Mineralwolle, kaschierte Oberfläche aus fadenverstärktem Glasvlies, WLG 035, A1; Dicke 100mm; als Unterlage begehbarer Platten; Betondecke						
	m²	**€ brutto**	**25**	**28**	**32**	**36**	**42**
	KG 363	€ netto	21	23	27	30	35
73	**Dachbodendämmung, MW 035, 200mm, kaschiert** Dachbodendämmung nachträglich; Mineralwolle, kaschierte Oberfläche aus fadenverstärktem Glasvlies, WLG 035, A1; Dicke 200mm; als Unterlage begehbarer Platten; Betondecke						
	m²	**€ brutto**	**48**	**54**	**62**	**70**	**77**
	KG 363	€ netto	40	46	52	59	65

Betonarbeiten **Preise €**

Nr.	Kurztext / Stichworte Einheit / Kostengruppe		▶	▷	brutto ø netto ø	◁	◀
74	**Dachbodendämmung, WF 045, 80mm** Dachbodendämmung nachträglich; Holzweichfaserelement, WLG 045, B2; Dicke 80mm; Betondecke						
	m²	**€ brutto**	**25**	**28**	**32**	**36**	**42**
	KG 363	€ netto	21	23	27	30	35
75	**Dachbodendämmung, EPS 040, 180mm** Dachbodendämmung nachträglich; Polystyrol-Hartschaum, expandiert, WLG 040, B1; Dicke 180mm; Betondecke						
	m²	**€ brutto**	**19**	**22**	**25**	**28**	**33**
	KG 363	€ netto	16	18	21	24	27
76	**Dachbodendämmung, PUR 024, 80mm, kaschiert** Dachbodendämmung nachträglich; Polyurethan-Hartschaum, Aluminiumkaschiert, WLS 024, B2; Dicke 80mm; einlagig, NF-System; Betondecke						
	m²	**€ brutto**	**37**	**42**	**49**	**55**	**63**
	KG 363	€ netto	31	36	41	46	53
77	**Dachbodendämmung, MW 040, 180mm, Spanplatte** Dachbodendämmung nachträglich; begehbare Verbundelemente aus Mineralwolle mit Spanplattenoberfläche, WLG 040, A2; Dämmdicke 180mm, Elementdicke 200mm; einlagig, Stöße verleimen; Beton-/Ziegelelementdecke						
	m²	**€ brutto**	**51**	**58**	**66**	**74**	**86**
	KG 363	€ netto	43	49	56	62	73
78	**Dachbodendämmung, EPS 040, 80mm, Spanplatte** Dachbodendämmung nachträglich; Verbundelemente Polystyrol-Hartschaum, expandiert, mit Spanplatte, WLG 040; Elementdicke 100mm; NF-System; Beton-/Ziegelelementdecke						
	m²	**€ brutto**	**37**	**42**	**48**	**54**	**63**
	KG 363	€ netto	31	35	41	45	53
79	**Dachbodendämmung, EPS 035, 100mm, Spanplatte** Dachbodendämmung nachträglich; Verbundelemente Polystyrol-Hartschaum, expandiert, mit Spanplatte, WLG 035, B1; Elementdicke 119mm; einlagig, NF-System; Betondecke						
	m²	**€ brutto**	**39**	**44**	**51**	**57**	**66**
	KG 363	€ netto	33	37	43	48	55
80	**Dachbodendämmung, EPS 032, 200mm, Spanplatte** Dachbodendämmung nachträglich; Verbundelemente Polystyrol-Hartschaum, expandiert, mit Spanplatte, WLS 032, B1; Elementdicke 219mm; NF-System; Betondecke						
	m²	**€ brutto**	**49**	**55**	**63**	**71**	**78**
	KG 363	€ netto	41	46	53	60	65

Kosten: Stand 3.Quartal 2016, Bundesdurchschnitt

Betonarbeiten **Preise €**

Nr.	Kurztext / Stichworte Einheit / Kostengruppe		▶	▷	brutto ø netto ø	◁	◀
81	**Dachbodendämmung, EPS 032, 240mm, Spanplatte** Dachbodendämmung nachträglich; Verbundelemente Polystyrol-Hartschaum, expandiert, mit Spanplatte, WLS 032, B1; Elementdicke 261mm; NF-System; Betondecke						
	m²	**€ brutto**	**53**	**60**	**69**	**77**	**85**
	KG 363	€ netto	45	50	58	65	71
82	**Dachbodendämmung, EPS 032, 260mm, Spanplatte** Dachbodendämmung nachträglich einbauen; Verbundelemente P olystyrol-Hartschaum, expandiert, mit Spanplatte, WLS 032, B1; Elementdicke 278mm; NF-System; Betondecke						
	m²	**€ brutto**	**56**	**63**	**73**	**81**	**89**
	KG 363	€ netto	47	53	61	68	75
83	**Dachbodendämmung, PUR 024, 80mm, Spanplatte** Dachbodendämmung nachträglich; Verbundelemente Polyurethan-Hartschaum, mit Spanplatte und integrierter Dampfsperre, WLS 024, B1; Elementdicke 136mm; einlagig, NF-System; Betondecke						
	m²	**€ brutto**	**54**	**61**	**70**	**79**	**86**
	KG 363	€ netto	45	51	59	66	73
84	**Dachbodendämmung, EPS 032,160mm, OSB-Platte** Dachbodendämmung nachträglich; Verbundelemente Polyurethan-Hartschaum, mit OSB-Platte, WLS 032, B1; Elementdecke 175mm; NF-System; Betondecke						
	m²	**€ brutto**	**43**	**48**	**55**	**62**	**71**
	KG 363	€ netto	36	40	46	52	59
85	**Dachbodendämmung, WF 045, 100mm, OSB-Platte** Dachbodendämmung nachträglich; Verbundelemente Holzweichfaser mit OSB-Platte, WLG 040, B2; Elementdicke 115mm; Betondecke						
	m²	**€ brutto**	**40**	**45**	**52**	**58**	**66**
	KG 363	€ netto	34	38	44	49	56
86	**Balkonflächen untersuchen** Balkonflächen untersuchen; abklopfen, Schadstellen markieren						
	m²	**€ brutto**	**2,3**	**2,8**	**3,2**	**3,6**	**4,2**
	KG 395	€ netto	2,0	2,4	2,7	3,0	3,5
87	**Fugendichtmasse entfernen** Fugendichtmasse entfernen; inkl. Hinterfüllmaterial; Breite bis 35mm; reinigen; Bauschutt entsorgen						
	m	**€ brutto**	**7,1**	**8,6**	**9,9**	**11,1**	**12,8**
	KG 395	€ netto	6,0	7,2	8,3	9,3	10,8

Betonarbeiten						Preise €
Nr.	**Kurztext** / Stichworte			**brutto ø**		
	Einheit / Kostengruppe	►	▷	netto ø	◁	◄
88	**Fugenbänder, komprimiert, entfernen** Fugendichtmasse entfernen; inkl. Hinterfüllmaterial; Breite bis 20mm; reinigen; Bauschutt entsorgen					
	m **€ brutto**	**3,5**	**4,2**	**4,8**	**5,4**	**6,2**
	KG 395 € netto	2,9	3,5	4,0	4,5	5,2
89	**Betonflächen reinigen** Betonfläche reinigen; groben Schmutz; für Verfugung; Bauschutt entsorgen					
	m² **€ brutto**	**0,6**	**0,7**	**0,8**	**0,9**	**1,1**
	KG 395 € netto	0,5	0,6	0,7	0,8	0,9
90	**Fugenflanken säubern** Fugenflanken säubern; vorheriger Füllmasse mit Trennschleifer, Lösungsmittel bearbeiten; Bauschutt entsorgen					
	m **€ brutto**	**2,2**	**2,7**	**3,1**	**3,5**	**4,2**
	KG 395 € netto	1,9	2,3	2,6	2,9	3,5
91	**Fugen aufschneiden** Fugenquerschnitt aufschneiden; Breite 10mm; abdichten mit Dichtmasse					
	m **€ brutto**	**9,0**	**10,9**	**12,5**	**14,0**	**16,9**
	KG 395 € netto	7,6	9,2	10,5	11,8	14,2
92	**Fugen, Kanten als Fase** Fugenausbildung; Schenkellänge mind. 10mm; Kante mit beidseitiger Fase					
	m **€ brutto**	**3,0**	**3,6**	**4,2**	**4,7**	**5,6**
	KG 395 € netto	2,5	3,0	3,5	3,9	4,7
93	**Fugenflanken spachteln** Fugenflanken spachteln; Zementmörtel, kunststoffmodifiziert; Tiefe bis 12cm; säubern, beidseitig, glätten					
	m **€ brutto**	**8,0**	**9,6**	**11,1**	**12,4**	**15,0**
	KG 395 € netto	6,7	8,1	9,3	10,4	12,6
94	**Fugenrand spachteln** Fugenrand spachteln; Zementmörtel, kunststoffmodifiziert; Breite bis 10cm; beidseitig, glätten					
	m **€ brutto**	**4,3**	**5,1**	**5,9**	**6,6**	**8,0**
	KG 395 € netto	3,6	4,3	5,0	5,6	6,7
95	**Fugenflanken, Korrosionsschutz** Fugenflanken beschichten; Tiefe 20-30mm; zum Korrosionsschutz					
	m **€ brutto**	**1,2**	**1,5**	**1,7**	**1,9**	**2,3**
	KG 395 € netto	1,0	1,2	1,4	1,6	1,9

Betonarbeiten **Preise €**

Nr.	Kurztext / Stichworte Einheit / Kostengruppe		▶	▷	brutto ø netto ø	◁	◀
96	**Fugen, elast. Abdichtung, verkleinern** Fugen, verkleinern; Reparaturmörtel; inkl. Schalung						
	m	**€ brutto**	**6,3**	**7,6**	**8,7**	**9,8**	**11,8**
	KG 395	€ netto	5,3	6,4	7,3	8,2	9,9
97	**Fugen, verkleinern** Fugen verkleinern, Teilflächen; Reparaturmörtel						
	m	**€ brutto**	**18**	**22**	**25**	**28**	**34**
	KG 395	€ netto	15	18	21	23	28
98	**Fugenflanken vorbereiten** Fugenflanken reinigen; von Anstrichen, Versiegelungen, Imprägnierungen; inkl. Untergrund auf Festigkeit prüfen						
	m	**€ brutto**	**1,9**	**2,3**	**2,7**	**3,0**	**3,6**
	KG 395	€ netto	1,6	2,0	2,2	2,5	3,0
99	**Fugenflanken vorstreichen** Fugenflanken voranstreichen; für Fugenabdichtung						
	m	**€ brutto**	**1,9**	**2,3**	**2,7**	**3,0**	**3,6**
	KG 395	€ netto	1,6	2,0	2,2	2,5	3,0
100	**Fugen hinterfüllen** Fugen hinterfüllen; Schaumstoff; Breite bis 35mm						
	m	**€ brutto**	**2,6**	**3,2**	**3,7**	**4,1**	**4,9**
	KG 395	€ netto	2,2	2,7	3,1	3,4	4,1
101	**Fugen, Folie einlegen** Fugenhaftung verhindern; Polyethylenfolie; einlegen						
	m	**€ brutto**	**1,0**	**1,2**	**1,3**	**1,5**	**1,8**
	KG 395	€ netto	0,8	1,0	1,1	1,3	1,5
102	**Fugenabdichtung, elastisch PUR, 20x10, 1K** Fugenabdichtung elastisch; PUR, einkomponentig; 20x10mm; inkl. glätten						
	m	**€ brutto**	**7,2**	**8,7**	**10,0**	**11,2**	**13,5**
	KG 395	€ netto	6,1	7,3	8,4	9,4	11,4
103	**Fugenabdichtung, elastisch PUR, 20x10, 2K** Fugenabdichtung elastisch; PUR, zweikomponentig; 20x10mm; inkl. glätten						
	m	**€ brutto**	**8,1**	**9,8**	**11,3**	**12,6**	**15,2**
	KG 395	€ netto	6,8	8,3	9,5	10,6	12,8
104	**Fugenabdichtung, elastisch PUR, 35x15, 2K** Fugenabdichtung elastisch; PUR, zweikomponentig; 35x15mm; inkl. glätten						
	m	**€ brutto**	**12**	**14**	**16**	**18**	**22**
	KG 395	€ netto	9,8	11,8	13,6	15,2	18,3

Betonarbeiten						Preise €
Nr.	**Kurztext** / Stichworte			**brutto ø**		
	Einheit / Kostengruppe	►	▷	netto ø	◁	◄
105	**Fugenabdichtung, Komprimierband, 20mm**					
	Fugenabdichtung; Komprimierband; Breite bis 20mm; zwischen Betonbauteilen					
	m **€ brutto**	**15**	**18**	**21**	**23**	**28**
	KG 395 € netto	13	15	17	19	24
106	**Fugenabdichtung abdecken, Alu, 30x50mm**					
	Fugenabdeckung; Aluminiumhohlprofil, eloxiert; Fugenbreite 30mm, Abdeckung 50mm; inkl. Unterkonstruktion mit Haltern					
	m **€ brutto**	**22**	**27**	**31**	**35**	**40**
	KG 395 € netto	19	23	26	29	34
107	**Fugenabdichtung abdecken, Alu, 40x70mm**					
	Fugenabdeckung; Aluminiumhohlprofil, eloxiert; Fugenbreite 40mm, Abdeckung 70mm; inkl. Unterkonstruktion mit Haltern					
	m **€ brutto**	**25**	**30**	**34**	**39**	**45**
	KG 395 € netto	21	25	29	32	38
108	**Unterfangung, Fundament**					
	Unterfangung, Fundament, Ortbeton; Stahlbeton C16/20, XC2/XF1; Dicke bis 0,50m; Höhe bis 1,50m; inkl. Schalung					
	m³ **€ brutto**	**261**	**478**	**552**	**561**	**1.127**
	KG 393 € netto	220	402	464	471	947
109	**Schalung, Fundament, verloren**					
	Schalung, Fundament; raue Schalung; verloren					
	m² **€ brutto**	**33**	**39**	**42**	**56**	**71**
	KG 322 € netto	28	33	35	47	60
110	**Schalung, Fundament, rau**					
	Schalung, Fundament; raue Schalung					
	m² **€ brutto**	**20**	**36**	**42**	**50**	**68**
	KG 322 € netto	16	30	35	42	57
111	**Fundament, Ortbeton, bewehrt**					
	Fundament, Ortbeton; Stahlbeton C25/30, XC2/XF1; Tiefe bis 1,00m					
	m³ **€ brutto**	**142**	**180**	**196**	**250**	**383**
	KG 322 € netto	119	151	165	210	322
112	**Fundament, Ortbeton, unbewehrt**					
	Fundament, Ortbeton; Beton C8/10, X0; unbewehrt					
	m³ **€ brutto**	**128**	**150**	**157**	**175**	**211**
	KG 322 € netto	108	126	132	147	178
113	**Fundament, Ortbeton, unbewehrt, Schalung**					
	Fundament, Ortbeton; Beton C25/30, XC2/XF1; unbewehrt; inkl. raue Schalung					
	m³ **€ brutto**	**133**	**232**	**269**	**309**	**421**
	KG 322 € netto	112	195	226	260	354

Betonarbeiten **Preise €**

Nr.	Kurztext / Stichworte Einheit / Kostengruppe		▶	▷	brutto ø netto ø	◁	◀
114	**Trennlage, PE-Folie** Trennlage; PE-Folie; Dicke 0,2mm; Stoßüberlappung 15cm						
	m²	**€ brutto**	**1,2**	**2,2**	**2,6**	**3,5**	**5,2**
	KG 326	€ netto	1,0	1,8	2,1	2,9	4,4
115	**Bodenplatte, Stahlbeton C25/30, bis 35cm** Bodenplatte, Ortbeton; Stahlbeton C25/30, XD1/XF1; Dicke 14/...../35cm						
	m³	**€ brutto**	**141**	**179**	**197**	**221**	**269**
	KG 324	€ netto	119	150	166	185	226
116	**Wand, Stahlbeton C25/30, 30cm, Schalung** Wand, Ortbeton; Stahlbeton C25/30, XC3/XF1; Dicke 30cm, Höhe bis 3,00m; nicht sichtbar; inkl. Schalung						
	m²	**€ brutto**	**128**	**139**	**144**	**147**	**158**
	KG 331	€ netto	108	117	121	124	133
117	**Decken, Beton C25/30, bis 24cm, Schalung** Decke, Ortbeton; Stahlbeton C25/30, XC1; Dicke 18-24cm; inkl. Schalung						
	m²	**€ brutto**	**71**	**85**	**87**	**93**	**108**
	KG 351	€ netto	60	71	73	79	90
118	**Betonstahlmatten, B500** Betonstahlmatten; B500A/B500B; inkl. Schneiden und Abstandssicherung						
	kg	**€ brutto**	**1,2**	**1,6**	**1,9**	**2,2**	**2,7**
	KG 351	€ netto	1,0	1,4	1,6	1,8	2,3
119	**Betonstabstahl, B500B** Betonstabstahl; B500B; inkl. erf. Nebenarbeiten						
	kg	**€ brutto**	**1,5**	**1,9**	**2,0**	**2,5**	**3,1**
	KG 351	€ netto	1,2	1,6	1,7	2,1	2,6
120	**Kleineisenteile, Baustahl S235JR** Kleineisenteile; Baustahl, S235JR; bis 30kg						
	kg	**€ brutto**	**1,3**	**5,2**	**7,1**	**9,2**	**14,0**
	KG 351	€ netto	1,1	4,4	6,0	7,8	11,8
121	**Stundensatz Facharbeiter, Betonbau** Stundenlohnarbeiten, Vorarbeiter, Facharbeiter; Betonbau						
	h	**€ brutto**	**42**	**49**	**53**	**54**	**58**
		€ netto	35	42	44	45	49

Natur-, Betonwerksteinarbeiten						Preise €
Nr.	Kurztext / Stichworte Einheit / Kostengruppe	▶	▷	brutto ø netto ø	◁	◀
1	**Natursteinbelag abbrechen, Mörtelbett** Plattenbelag, abbrechen; Naturwerkstein; Dicke 6cm; im Mörtelbett; Bauschutt entsorgen					
	m² € brutto	**9,3**	**13,2**	**16,5**	**19,8**	**33,0**
	KG 394 € netto	7,8	11,1	13,9	16,6	27,8
2	**Natursteinbelag abbrechen, Unterbeton** Plattenbelag, abbrechen; Naturwerkstein; Dicke 15cm; im Mörtelbett; Bauschutt entsorgen					
	m² € brutto	**21**	**26**	**33**	**39**	**43**
	KG 394 € netto	17	22	27	33	36
3	**Natursteinbelag aufnehmen/lagern** Plattenbelag aufnehmen; Naturwerkstein; reinigen, zur Wiederverwendung; lagern					
	m² € brutto	**19**	**23**	**28**	**34**	**36**
	KG 395 € netto	16	19	24	29	31
4	**Naturstein-Treppenbelag abbrechen** Plattenbelag, abbrechen; Naturwerkstein; Dicke 6cm, Breite bis 1,30m; im Mörtelbett; Treppe; Bauschutt entsorgen					
	m € brutto	**18**	**22**	**28**	**33**	**36**
	KG 394 € netto	15	19	23	28	30
5	**Trittstufe abbrechen, Naturstein** Trittstufe abbrechen; Naturwerkstein; Tiefe bis 30cm, Breite bis 1,30m; Auflagerfläche reinigen; Bauschutt entsorgen					
	St € brutto	**44**	**58**	**69**	**82**	**90**
	KG 394 € netto	37	48	58	69	76
6	**Sockelleiste ausbauen/lagern, Naturstein** Sockelleisten ausbauen; Naturwerkstein; Mörtelreste entfernen, reinigen, zur Wiederverwendung; lagern					
	m € brutto	**4,7**	**5,7**	**7,1**	**8,4**	**8,9**
	KG 394 € netto	4,0	4,8	6,0	7,0	7,4
7	**Sockelleiste abbrechen, Naturstein** Sockelleisten entfernen; Naturwerkstein; Bauschutt entsorgen					
	m € brutto	**4,6**	**5,4**	**6,7**	**8,1**	**8,5**
	KG 394 € netto	3,9	4,5	5,7	6,8	7,1
8	**Natursteinbekleidung abbrechen** Fassadenbekleidung abbrechen; Natursteinplatten; Dicke bis 50mm; Bauschutt entsorgen					
	m² € brutto	**26**	**33**	**41**	**49**	**53**
	KG 394 € netto	22	27	34	41	44

Natur-, Betonwerksteinarbeiten — **Preise €**

Nr.	Kurztext / Stichworte Einheit / Kostengruppe		▶	▷	brutto ø netto ø	◁	◀
9	**Fensterbank abbrechen, Naturstein außen** Fensterbank abbrechen, außen; Naturwerkstein; Dicke 3cm, Breite bis 30cm; Auflagerfläche neu vorbereiten; Bauschutt entsorgen						
	m	**€ brutto**	**8,6**	**10,9**	**12,8**	**14,9**	**15,9**
	KG 394	€ netto	7,2	9,2	10,8	12,5	13,4
10	**Fensterbank abbrechen, Naturstein, innen** Fensterbank abbrechen, innen; Naturwerkstein; Auflagerfläche neu vorbereiten; Bauschutt entsorgen						
	St	**€ brutto**	**11**	**15**	**18**	**22**	**29**
	KG 394	€ netto	8,8	12,4	15,5	18,3	24,6
11	**Natursteinblockstufen, ausbauen/lagern** Blockstufe ausbauen; Naturstein; Mörtelreste entfernen, reinigen, zur Wiederverwendung; Treppe; lagern						
	St	**€ brutto**	**36**	**41**	**52**	**62**	**65**
	KG 394	€ netto	30	35	44	52	55
12	**Betonwerksteinplatten abbrechen** Plattenbelag ausbauen; Betonwerkstein; bis 50x50x5cm; in Sand/-Splittbett; Bauschutt entsorgen						
	m²	**€ brutto**	**9,5**	**11,0**	**13,8**	**16,5**	**17,5**
	KG 394	€ netto	8,0	9,3	11,6	13,9	14,7
13	**Betonwerksteinbelag abbrechen** Bodenplatten mit Mörtelbett abbrechen; Betonwerkstein; Dicke bis 12cm; inkl. Estrich, Untergrund reinigen; Bauschutt entsorgen						
	m²	**€ brutto**	**13**	**18**	**22**	**26**	**28**
	KG 394	€ netto	11	15	19	22	24
14	**Betonwerksteinplatten aufnehmen, lagern** Plattenbelag aufnehmen; Betonwerkstein; 40x40x5cm; in Sandbett, zur Wiederverwendung reinigen; lagern						
	m²	**€ brutto**	**8,0**	**13,9**	**17,4**	**20,6**	**21,6**
	KG 394	€ netto	6,7	11,7	14,6	17,3	18,1
15	**Sockelbekleidung abbrechen, Betonwerkstein** Sockelbekleidung im Mörtelbett abbrechen; Betonwerkstein; Dicke bis 6cm; Untergrund reinigen; Bauschutt entsorgen						
	m²	**€ brutto**	**4,3**	**5,1**	**6,4**	**7,7**	**8,2**
	KG 394	€ netto	3,6	4,3	5,4	6,4	6,9
16	**Treppenbelag abbrechen, Betonwerkstein** Treppenbelag im Mörtelbett abbrechen; Betonwerkstein; Dicke bis 8cm, Stg. 17,5x28cm; Untergrund reinigen; Bauschutt entsorgen						
	m	**€ brutto**	**22**	**27**	**34**	**41**	**44**
	KG 394	€ netto	18	23	29	34	37

Natur-, Betonwerksteinarbeiten — Preise €

Nr.	Kurztext / Stichworte Einheit / Kostengruppe		▶	▷	brutto ø netto ø	◁	◀
17	**Außenbelag, Naturstein, kleinteiliges Pflaster** Pflasterdecke, Naturstein; GKL 1, trittsicher rau; 50x50x50mm, Fugenbreite 10mm; in Mörtel, in Reihen verlegen, Fugen verfüllen; Gehweg						
	m²	**€ brutto**	**71**	**116**	**143**	**189**	**245**
	KG 521	€ netto	60	97	120	159	206
18	**Terrassenbelag aufnehmen, Betonwerkstein** Terrassenbelag aufnehmen; Betonwerkstein; 40x40cm/40x80cm, Dicke 5cm; in Splittbett, reinigen; lagern						
	m²	**€ brutto**	**8,0**	**12,7**	**15,8**	**18,5**	**19,6**
	KG 394	€ netto	6,7	10,6	13,3	15,5	16,5
19	**Podestbelag abbrechen, Betonwerkstein** Podestplatte im Mörtelbett abbrechen; Betonwerkstein; Dicke 5cm; Untergrund reinigen; Bauschutt entsorgen						
	m²	**€ brutto**	**15**	**18**	**22**	**27**	**29**
	KG 394	€ netto	13	15	19	23	24
20	**Fensterbank abbrechen, Betonwerkstein, innen** Fensterbank abbrechen, innen; Betonwerkstein; Bauschutt entsorgen						
	m	**€ brutto**	**9,0**	**10,9**	**12,9**	**15,4**	**16,7**
	KG 394	€ netto	7,6	9,2	10,8	13,0	14,1
21	**Natursteinbelag reinigen** Plattenbelag reinigen; Naturstein; Wachs- und Schmutzschichten entfernen						
	m²	**€ brutto**	**7,1**	**8,6**	**10,8**	**12,9**	**13,4**
	KG 395	€ netto	6,0	7,2	9,0	10,9	11,3
22	**Natursteinflächen ausbessern** Natursteinfläche ausbessern; Sandstein; mit Restaurationsgrund unterlegen						
	m²	**€ brutto**	**16**	**20**	**24**	**29**	**31**
	KG 395	€ netto	14	16	21	24	26
23	**Natursteinoberflächen schleifen** Natursteinfläche nacharbeiten; ausgebesserte Stelle schleifen und angleichen						
	m²	**€ brutto**	**39**	**45**	**56**	**68**	**73**
	KG 395	€ netto	33	38	47	57	61
24	**Natursteinflächen festigen** Natursteinflächen festigen; Kieselsäureester						
	m²	**€ brutto**	**8,1**	**9,8**	**12,2**	**14,7**	**16,0**
	KG 395	€ netto	6,8	8,2	10,3	12,4	13,5

Natur-, Betonwerksteinarbeiten						Preise €
Nr.	**Kurztext** / Stichworte			brutto ø		
	Einheit / Kostengruppe	▶	▷	netto ø	◁	◀
25	**Sandsteinoberfläche scharrieren** Natursteinoberfläche bearbeiten; Sandstein; scharrieren, an Bestandsfläche anpassen					
	m² **€ brutto**	**72**	**80**	**98**	**117**	**127**
	KG 395 € netto	61	67	82	98	107
26	**Betonwerkstein schleifen** Betonwerkstein glätten; schleifen					
	m² **€ brutto**	**16**	**20**	**24**	**29**	**32**
	KG 395 € netto	14	16	21	25	27
27	**Außenbelag, Betonwerksteinplatten** Plattenbelag; Betonwerkstein; 30x30cm; in Splittbett verlegen, Fuge gefüllt; außen					
	m² **€ brutto**	**47**	**68**	**80**	**88**	**102**
	KG 520 € netto	39	57	67	74	86
28	**Außenbelag, Naturstein, Pflaster** Pflasterdecke, Naturstein; trittsicher rau; 160x160-220mm, Dicke 160mm, Fugenbreite 15mm; in Splittbett in Reihen verlegen; Parkplätze/Kraftfahrzeug-Nutzung					
	m² **€ brutto**	**76**	**110**	**128**	**134**	**155**
	KG 524 € netto	64	93	108	113	130
29	**Außenbelag, Pflasterstreifen** Pflasterstreifen, Naturstein; trittsicher rau; 160x160-220mm, Dicke 160mm. Fugenbreite 20mm; als Randstreifen in Beton versetzen					
	m **€ brutto**	**13**	**20**	**23**	**33**	**49**
	KG 524 € netto	11	17	19	28	41
30	**Mauerabdeckung, Natursteinplatten** Mauerabdeckung; Naturstein; 995x280mm, Dicke 30mm; im Zementmörtel verlegen; außen; inkl. Verfugung, Toleranzausgleich					
	m **€ brutto**	**76**	**92**	**107**	**109**	**125**
	KG 533 € netto	64	78	90	92	105
31	**Fensterbank, Betonwerkstein, innen** Fensterbank; Betonwerkstein, geschliffen/poliert; Breite 250mm, Dicke 50mm; im Mörtelbett verlegen; innen; inkl. Toleranzausgleich					
	m **€ brutto**	**28**	**45**	**51**	**59**	**84**
	KG 334 € netto	23	38	43	49	70
32	**Treppe, Blockstufe, Naturstein** Blockstufe, Naturstein; sägerau/geschliffen/poliert, scharfkantig/gefast; 1.200x350mm, Höhe 160mm; im Mörtelbett; Außenbereich, Stahlbetonuntergrund					
	m **€ brutto**	**116**	**176**	**201**	**252**	**342**
	KG 534 € netto	97	148	169	212	288

Natur-, Betonwerksteinarbeiten — Preise €

Nr.	Kurztext / Stichworte Einheit / Kostengruppe		▶	▷	brutto ø netto ø	◁	◀
33	**Treppe, Blockstufe, Betonwerkstein** Blockstufe, Betonwerkstein; Oberfläche gescheibt, rutschsicher R11; 1.200x350mm, Höhe 160mm; im Mörtelbett; Außenbereich, Stahlbetonuntergrund						
	m	**€ brutto**	**75**	**112**	**128**	**171**	**267**
	KG 534	€ netto	63	94	107	144	225
34	**Treppe, Winkelstufe, 1,00m** Winkelstufe; Naturstein/Betonwerkstein R11; 1.000x290x175mm, Dicke 40mm; im Mörtelbett; Außen-/Innenbereich						
	St	**€ brutto**	**86**	**136**	**140**	**164**	**209**
	KG 534	€ netto	72	115	117	137	176
35	**Treppenbelag, Tritt-/Setzstufe** Tritt- und Setzstufe; Naturstein; 100x29x17,5cm; im Zementmörtel verlegen; innen; inkl. Verfugung, Toleranzausgleich						
	m	**€ brutto**	**100**	**129**	**134**	**162**	**215**
	KG 352	€ netto	84	109	112	136	181
36	**Sockel, Natursteinplatten** Sockelplatte; Naturstein; 400x150mm, Dicke 10-15mm; im Dünnbettmörtel verlegen; innen; inkl. Verfugung						
	m	**€ brutto**	**11**	**22**	**25**	**30**	**39**
	KG 352	€ netto	9,6	18,3	21,1	25,2	33,1
37	**Innenbelag, Naturstein** Plattenbelag; Naturstein; 400x150mm, Dicke 15-20mm; im Mörtelbett verlegen; innen; inkl. Verfugung						
	m²	**€ brutto**	**113**	**165**	**187**	**200**	**259**
	KG 352	€ netto	95	139	157	168	218
38	**Innenbelag, Betonwerkstein** Plattenbelag; Betonwerkstein; im Mörtelbett verlegen; innen; inkl. Verfugung						
	m²	**€ brutto**	**69**	**89**	**94**	**116**	**159**
	KG 352	€ netto	58	75	79	98	133
39	**Ausklinkung, Plattenbelag** Ausklinkung; Plattenbelag; Boden-/ Wandbelag						
	St	**€ brutto**	**7,9**	**11,9**	**14,3**	**16,7**	**20,8**
	KG 352	€ netto	6,6	10,0	12,0	14,0	17,5
40	**Schrägschnitte, Plattenbelag** Schrägschnitt; Natursteinplatten; Boden-/ Wandbelag						
	m	**€ brutto**	**7,3**	**14,8**	**20,3**	**33,1**	**48,2**
	KG 352	€ netto	6,1	12,4	17,0	27,8	40,5

Kosten: Stand 3.Quartal 2016, Bundesdurchschnitt

Natur-, Betonwerksteinarbeiten							**Preise €**
Nr.	**Kurztext** / Stichworte				**brutto ø**		
	Einheit / Kostengruppe		▶	▷	netto ø	◁	◀
41	**Fries, Plattenbelag**						
	Fries; Natursteinplatten; Breite 280, Länge 500m, Dicke 20mm; im Dünnbettmörtel verlegen; innen; inkl. Verfugung						
	m	**€ brutto**	**17**	**36**	**45**	**55**	**77**
	KG 352	€ netto	14	30	38	46	65
42	**Trenn-/Anschlagschiene, Messing**						
	Trenn-/Anschlagschiene; Messing matt/glänzend; 40x40x4mm; innen; inkl. Toleranzausgleich						
	m	**€ brutto**	**8,2**	**29,1**	**33,3**	**37,2**	**47,5**
	KG 352	€ netto	6,9	24,5	28,0	31,3	39,9
43	**Fugenabdichtung, elastisch, Silikon**						
	Fuge elastisch; Silikon; Fugenhohlraum verfüllen, glätten; inkl. Flankenvorbehandlung						
	m	**€ brutto**	**3,8**	**6,6**	**7,7**	**9,4**	**13,9**
	KG 352	€ netto	3,2	5,6	6,5	7,9	11,7
44	**Trittschalldämmung, Randstreifen, MW**						
	Trittschalldämmung; Mineralwolle, A1, PE-Folie 0,4mm; Höhe 150mm; einlagig, dicht gestoßen; inkl. Randdämmstreifen						
	m^2	**€ brutto**	**6,5**	**9,9**	**11,1**	**13,0**	**17,8**
	KG 352	€ netto	5,5	8,3	9,3	10,9	14,9
45	**Erstreinigung, Bodenbelag**						
	Bodenbelag, Erstreinigung und -pflege; Natursteinbelag						
	m^2	**€ brutto**	**2,9**	**7,0**	**7,4**	**11,7**	**17,7**
	KG 352	€ netto	2,4	5,9	6,2	9,8	14,9
46	**Stundensatz Facharbeiter, Natursteinarbeiten**						
	Stundenlohnarbeiten, Vorarbeiter, Facharbeiter; Natur-, Betonwerksteinarbeiten						
	h	**€ brutto**	**48**	**55**	**58**	**61**	**67**
		€ netto	40	46	48	51	56
47	**Stundensatz Helfer, Natursteinarbeiten**						
	Stundenlohnarbeiten, Werker, Helfer; Natur-, Betonwerksteinarbeiten						
	h	**€ brutto**	**43**	**49**	**50**	**53**	**60**
		€ netto	36	41	42	45	51

Zimmer- und Holzbauarbeiten — Preise €

Nr.	Kurztext / Stichworte Einheit / Kostengruppe		▶	▷	brutto ø netto ø	◁	◀
1	**Schutzabdeckung, armierte Baufolie** Schutzabdeckung; Folie, armiert; an Gerüst/Konstruktionen sturmsicher anbringen						
	m²	**€ brutto**	**4,4**	**5,2**	**5,6**	**7,1**	**8,7**
	KG 397	€ netto	3,7	4,3	4,7	6,0	7,3
2	**Wandbekleidung entfernen, Holz** Wandbekleidung entfernen; Holz; Bauschutt entsorgen; inkl. Befestigung						
	m²	**€ brutto**	**6,0**	**7,6**	**9,6**	**11,7**	**19,3**
	KG 394	€ netto	5,0	6,4	8,0	9,8	16,2
3	**Deckenbekleidung entfernen, Holz** Deckenbekleidung entfernen; Holz; Bauschutt entsorgen; inkl. Unterkonstruktion						
	m²	**€ brutto**	**10**	**14**	**18**	**23**	**46**
	KG 394	€ netto	8,6	12,1	15,2	19,7	38,9
4	**Außenwandbekleidung entfernen, Holz** Wandbekleidung entfernen; Holz; Bauschutt entsorgen; außen; inkl. Unterkonstruktion						
	m²	**€ brutto**	**11**	**13**	**16**	**19**	**22**
	KG 394	€ netto	9,1	10,8	13,5	16,4	18,3
5	**Wanddämmung entfernen, MW** Wanddämmung entfernen; Mineralwolle; außen; Bauschutt entsorgen						
	m²	**€ brutto**	**4,1**	**6,6**	**8,2**	**9,9**	**11,8**
	KG 394	€ netto	3,5	5,5	6,9	8,3	9,9
6	**Zwischensparrendämmung entfernen, MW** Zwischensparrendämmung entfernen; Mineralwolle; Dicke bis 100mm; Bauschutt entsorgen						
	m²	**€ brutto**	**4,0**	**6,8**	**8,5**	**10,1**	**14,0**
	KG 394	€ netto	3,4	5,7	7,1	8,5	11,8
7	**Lattentrennwand demontieren** Lattentrennwand demontieren; Holz; Keller/Speicher; Bauschutt entsorgen						
	m²	**€ brutto**	**6,0**	**10,3**	**12,8**	**15,4**	**23,4**
	KG 394	€ netto	5,0	8,6	10,8	12,9	19,7
8	**Dachflächenfenster entfernen** Dachflächenfenster entfernen; Größe bis 2,00m²; Bauschutt entsorgen						
	St	**€ brutto**	**30**	**57**	**71**	**86**	**101**
	KG 394	€ netto	26	48	60	72	85
9	**Holzständerwand abbauen** Holzständerwand abbauen; ohne Beplankung; Bauschutt entsorgen						
	m²	**€ brutto**	**14**	**16**	**20**	**23**	**25**
	KG 394	€ netto	12	13	16	20	21

Kosten: Stand 3.Quartal 2016, Bundesdurchschnitt

Zimmer- und Holzbauarbeiten — **Preise €**

Nr.	**Kurztext** / Stichworte **Einheit** / Kostengruppe		▶	▷	**brutto ø** netto ø	◁	◀
10	**Holztreppe abbauen** Holztreppe abbauen; Höhe bis 3,00m, Breite bis 1,20m; inkl. Geländer und Handlauf; Bauschutt entsorgen						
	St	**€ brutto**	**104**	**137**	**171**	**205**	**335**
	KG 394	€ netto	87	115	143	172	282
11	**Bodeneinschubtreppe ausbauen** Bodeneinschubtreppe ausbauen; inkl. Deckenklappe und Zarge; Bauschutt entsorgen						
	St	**€ brutto**	**38**	**44**	**55**	**69**	**93**
	KG 394	€ netto	32	37	47	58	78
12	**Holztrittstufe entfernen** Holztrittstufe entfernen; Bauschutt entsorgen						
	m²	**€ brutto**	**13**	**15**	**19**	**23**	**25**
	KG 394	€ netto	11	13	16	19	21
13	**Holzleiter abbauen** Holzleiter abbauen; Dachraum; Bauschutt entsorgen						
	St	**€ brutto**	**7,1**	**8,4**	**10,5**	**12,7**	**13,4**
	KG 394	€ netto	5,9	7,1	8,9	10,6	11,3
14	**Holzhandlauf entfernen** Holzhandlauf entfernen; inkl. Halterung und Befestigung; Bauschutt entsorgen						
	m	**€ brutto**	**5,9**	**7,3**	**9,1**	**11,3**	**13,4**
	KG 394	€ netto	4,9	6,1	7,6	9,5	11,2
15	**Holzfußboden entfernen, Bodenbretter** Fußbodenbretter entfernen; Holz; inkl. Sockelleiste; Bauschutt entsorgen						
	m²	**€ brutto**	**5,9**	**7,8**	**9,7**	**11,7**	**20,4**
	KG 394	€ netto	4,9	6,5	8,2	9,8	17,1
16	**Holzfußboden entfernen, Bretter/Lagerhölzer** Fußbodenbretter auf Lagerhölzern entfernen; Holz; inkl. Sockelleiste; Bauschutt entsorgen						
	m²	**€ brutto**	**7,3**	**9,2**	**11,5**	**13,9**	**23,4**
	KG 394	€ netto	6,1	7,8	9,7	11,6	19,7
17	**Fußbodenbretter aufnehmen/lagern** Fußbodenbretter aufnehmen, lagern; inkl. entnageln und reinigen						
	m²	**€ brutto**	**8,1**	**10,8**	**13,5**	**16,3**	**23,0**
	KG 394	€ netto	6,8	9,1	11,4	13,7	19,3

Zimmer- und Holzbauarbeiten **Preise €**

Nr.	Kurztext / Stichworte Einheit / Kostengruppe	►	▷	brutto ø netto ø	◁	◄
18	**Spanplattenboden ausbauen** Spanplattenboden ausbauen; Dicke bis 25mm; inkl. Untergrund reinigen; Bauschutt entsorgen					
	m² € brutto	**9,6**	**14,4**	**18,0**	**21,6**	**30,2**
	KG 394 € netto	8,1	12,1	15,2	18,2	25,3
19	**Schüttung entfernen, Lagerhölzer** Schüttung entfernen; Höhe bis 7cm; zwischen Lagerhölzern; Bauschutt entsorgen					
	m² € brutto	**5,2**	**8,3**	**10,4**	**12,0**	**13,0**
	KG 394 € netto	4,3	7,0	8,7	10,1	10,9
20	**Schüttung entfernen, Holzbalkendecke** Schüttung entfernen; Höhe bis 15cm; aus Holzbalkendecke; Bauschutt entsorgen					
	m² € brutto	**7,9**	**14,8**	**18,5**	**22,2**	**27,6**
	KG 394 € netto	6,6	12,4	15,5	18,6	23,2
21	**Fehlboden entfernen** Fehlboden entfernen; Bauschutt entsorgen					
	m² € brutto	**7,8**	**9,7**	**12,2**	**14,6**	**21,5**
	KG 394 € netto	6,5	8,2	10,2	12,3	18,1
22	**Deckenbalken ausbauen** Deckenbalken ausbauen; Eiche/Nadelholz/.....; inkl. Abstützmaßnahmen; Bauschutt entsorgen					
	m € brutto	**5,6**	**8,4**	**10,5**	**12,7**	**18,5**
	KG 394 € netto	4,7	7,1	8,9	10,6	15,6
23	**Unterzug ausbauen, Holz** Unterzug ausbauen; Eiche/Nadelholz/.....; inkl. Abstützmaßnahmen; Bauschutt entsorgen					
	m € brutto	**8,2**	**9,3**	**11,6**	**14,0**	**16,4**
	KG 394 € netto	6,9	7,8	9,8	11,7	13,8
24	**Holzbalkendecke ausbauen** Holzbalkendecke ausbauen; Eiche/Nadelholz/.....; komplett; inkl. Sicherungsmaßnahmen; Bauschutt entsorgen					
	m² € brutto	**30**	**55**	**68**	**82**	**90**
	KG 394 € netto	25	46	57	69	76
25	**Dachstuhlhölzer ausbauen** Dachstuhlhölzer ausbauen; Eiche/Nadelholz/.....; inkl. Sicherungsmaßnahmen; Bauschutt entsorgen					
	m € brutto	**6,8**	**11,7**	**14,6**	**17,6**	**23,4**
	KG 394 € netto	5,7	9,8	12,3	14,8	19,7

Kosten: Stand 3.Quartal 2016, Bundesdurchschnitt

Zimmer- und Holzbauarbeiten — Preise €

Nr.	Kurztext / Stichworte Einheit / Kostengruppe		▶	▷	brutto ø netto ø	◁	◀
26	**Dachlattung entfernen**						
	Dachlattung entfernen; Weite 320-340mm; Bauschutt entsorgen						
	m²	**€ brutto**	**2,3**	**3,8**	**4,8**	**5,7**	**7,6**
	KG 394	€ netto	1,9	3,2	4,0	4,8	6,4
27	**Dachschalung/Dachpappe entfernen**						
	Dachschalung und Dachpappe entfernen; Bauschutt entsorgen						
	m²	**€ brutto**	**4,6**	**8,4**	**10,5**	**12,7**	**20,1**
	KG 394	€ netto	3,9	7,1	8,9	10,6	16,9
28	**Giebelgesims entfernen**						
	Giebelgesims entfernen; inkl. Ortgangbrett und Blechabdeckung; Bauschutt entsorgen						
	m	**€ brutto**	**4,6**	**5,4**	**6,7**	**8,0**	**8,5**
	KG 394	€ netto	3,9	4,5	5,7	6,7	7,1
29	**Sparren aufdoppeln**						
	Sparren aufdoppeln; mit Latte/Bohle; Querschnitt bis 5x14cm						
	m	**€ brutto**	**3,9**	**6,9**	**8,6**	**10,4**	**16,1**
	KG 395	€ netto	3,3	5,8	7,3	8,7	13,6
30	**Zwischensparrendämmung, MW 035, 100mm**						
	Zwischensparrendämmung DZ; Mineralwolle, WLG 035, A1; Dicke 100mm; einlagig, nachträglich von außen einbauen; zwischen Sparren und Konstruktion						
	m²	**€ brutto**	**13**	**15**	**18**	**22**	**25**
	KG 363	€ netto	11	12	15	19	21
31	**Zwischensparrendämmung, MW 035, 120mm**						
	Zwischensparrendämmung DZ; Mineralwolle, WLG 035, A1; Dicke 120mm; einlagig, nachträglich von außen einbauen; zwischen Sparren und Konstruktion						
	m²	**€ brutto**	**15**	**17**	**21**	**25**	**28**
	KG 363	€ netto	12	14	18	21	24
32	**Zwischensparrendämmung, MW 035, 140mm**						
	Zwischensparrendämmung DZ; Mineralwolle, WLG 035, A1; Dicke 140mm; einlagig, nachträglich von außen einbauen; zwischen Sparren und Konstruktion						
	m²	**€ brutto**	**16**	**19**	**23**	**28**	**31**
	KG 363	€ netto	14	16	20	24	26
33	**Zwischensparrendämmung, MW 032, 100mm**						
	Zwischensparrendämmung DZ; Mineralwolle, WLS 032, A1; Dicke 100mm; einlagig, nachträglich von außen einbauen; zwischen Sparren und Konstruktion						
	m²	**€ brutto**	**15**	**17**	**21**	**25**	**28**
	KG 363	€ netto	12	14	18	21	24

Zimmer- und Holzbauarbeiten — Preise €

Nr.	Kurztext / Stichworte Einheit / Kostengruppe		▶	▷	brutto ø netto ø	◁	◀
34	**Zwischensparrendämmung, MW 032, 120mm** Zwischensparrendämmung DZ; Mineralwolle, WLS 032, A1; Dicke 120mm; einlagig, nachträglich von außen einbauen; zwischen Sparren und Konstruktion						
	m²	**€ brutto**	**17**	**19**	**24**	**29**	**32**
	KG 363	€ netto	14	16	20	24	27
35	**Zwischensparrendämmung, MW 032, 140mm** Zwischensparrendämmung DZ; Mineralwolle, WLS 032, A1; Dicke 140mm; einlagig, nachträglich von außen einbauen; zwischen Sparren und Konstruktion						
	m²	**€ brutto**	**19**	**22**	**27**	**33**	**37**
	KG 363	€ netto	16	18	23	28	31
36	**Einblasdämmung, Zellulose 040, bis 140mm** Einblasdämmung; Zellulosefasern, WLG 040, E; Dicke bis 140mm; zwischen Sparren und Konstruktion						
	m²	**€ brutto**	**12**	**15**	**16**	**22**	**28**
	KG 363	€ netto	9,9	12,2	13,3	18,1	23,1
37	**Einblasdämmung, Zellulose 040, bis 200mm** Einblasdämmung; Zellulosefasern, WLG 040, E; Dicke bis 200mm; zwischen Sparren und Konstruktion						
	m²	**€ brutto**	**15**	**18**	**20**	**25**	**32**
	KG 363	€ netto	12	15	17	21	27
38	**Einblasdämmung, Zellulose 040, bis 240mm** Einblasdämmung; Zellulosefasern, WLG 040, E; Dicke bis 240mm; zwischen Sparren und Konstruktion						
	m²	**€ brutto**	**21**	**24**	**25**	**27**	**31**
	KG 363	€ netto	18	20	21	22	26
39	**MW-Dämmung, Spitzboden, 160mm** Wärmedämmung einbauen; Mineralwolle WLG 035, A1; Dicke 160mm; nicht begehbar; Spitzboden						
	m²	**€ brutto**	**11**	**13**	**15**	**18**	**19**
	KG 363	€ netto	9,3	10,9	12,8	15,2	16,2
40	**MW-Dämmung, Holzbalkendecke, 120mm** Wärmedämmung einbauen; Mineralwolle, WLG 035; Dicke 120mm; einbauen; zwischen Holzbalkendecke						
	m²	**€ brutto**	**14**	**16**	**19**	**23**	**25**
	KG 363	€ netto	11	14	16	19	21

Kosten: Stand 3.Quartal 2016, Bundesdurchschnitt

Zimmer- und Holzbauarbeiten — Preise €

Nr.	Kurztext / Stichworte Einheit / Kostengruppe		▶	▷	brutto ø netto ø	◁	◀
41	**MW/Spanplatte, Holzdecke, 240mm** Wärmedämmung/Spanplatte, DAD-dk, einbauen; Mineralwolle, WLG 035, A1, Spanplatte verleimt; Dicke MW 240mm, Spanplatte 21mm; Holzbalkendecke						
	m^2	**€ brutto**	**66**	**75**	**88**	**104**	**111**
	KG 363	€ netto	56	63	74	87	93
42	**Bauschnittholz C24, Nadelholz, trocken** Bauschnittholz; Nadelholz C24, S10TS, GKL 2; 6x12cm, Länge bis 8,00m; gehobelt, geschliffen						
	m^3	**€ brutto**	**371**	**448**	**482**	**564**	**795**
	KG 361	€ netto	312	377	405	474	668
43	**Konstruktionsvollholz S10, trocken, gehobelt** Konstruktionsvollholz; Nadelholz C24, S10, trocken; Breite 6-10cm, Höhe 6-30cm, Länge bis 6,00m; herzfrei, gehobelt, gefast						
	m^3	**€ brutto**	**448**	**563**	**616**	**705**	**867**
	KG 361	€ netto	377	473	518	593	729
44	**Brettschichtholz, GL24h, Nadelholz, gehobelt** Brettschichtholz; Nadelholz GL 24h; Breite 6-20cm, Höhe 16-20cm, Länge bis 12,00m; Sichtqualität, gehobelt						
	m^3	**€ brutto**	**756**	**870**	**917**	**975**	**1.116**
	KG 361	€ netto	635	731	770	819	937
45	**Abbinden/Aufstellen, Bauschnittholz, Dach** Abbinden und Aufstellen; Bauschnittholz; 6x12/10x18/20x30cm, Länge 8,00m; sichtbar/nicht sichtbar; Dachkonstruktion						
	m	**€ brutto**	**5,6**	**9,3**	**10,3**	**12,3**	**16,3**
	KG 361	€ netto	4,7	7,8	8,6	10,3	13,7
46	**Abbinden/Aufstellen, Konstruktionsvollholz, Decken** Abbinden und Aufstellen; Konstruktionsvollholz; 6x12/10x18/14x24cm, Länge bis 8,00m; sichtbar/nicht sichtbar; Deckenkonstruktion						
	m	**€ brutto**	**6,6**	**10,9**	**12,4**	**15,5**	**23,2**
	KG 361	€ netto	5,6	9,2	10,5	13,0	19,5
47	**Abbund, Kehl-/Gratsparren** Abbinden und Aufstellen; Bauschnittholz; 10x20-16x36cm, Länge bis 6,00m; sichtbar/nicht sichtbar; Bereich Kehl- und Gratbalken						
	m	**€ brutto**	**4,0**	**9,5**	**11,6**	**16,0**	**24,7**
	KG 361	€ netto	3,4	8,0	9,7	13,5	20,8
48	**Hobeln, Bauschnittholz** Bauschnittholz hobeln; allseitig						
	m	**€ brutto**	**1,6**	**3,4**	**4,0**	**5,5**	**9,5**
	KG 361	€ netto	1,3	2,8	3,3	4,7	7,9

Zimmer- und Holzbauarbeiten — Preise €

Nr.	Kurztext / Stichworte Einheit / Kostengruppe		▶	▷	brutto ø netto ø	◁	◀
49	**Schrägschnitte, Bauschnittholz** Bauschnittholz, Schrägschnitt						
	m	**€ brutto**	**3,1**	**6,3**	**7,8**	**10,0**	**14,5**
	KG 361	€ netto	2,6	5,3	6,6	8,4	12,1
50	**Holzschutz, Flächen, farblos** Holzschutz, chemisch; farblos; streichen; Prüfprädikat Iv, P, W						
	m²	**€ brutto**	**0,5**	**3,3**	**4,8**	**7,2**	**12,4**
	KG 361	€ netto	0,4	2,8	4,0	6,1	10,4
51	**Schalung, Nadelholz, gefast, gehobelt** Schalung, Dach; Nadelholz, S10; Breite 138mm; NF-Schalung, einseitig gehobelt; genagelt						
	m²	**€ brutto**	**18**	**29**	**32**	**42**	**63**
	KG 361	€ netto	15	24	27	35	53
52	**Schalung, Rauspund, genagelt** Schalung, Dach; Nadelholz; Dicke 20-27mm; Rauspundschalung, genagelt						
	m²	**€ brutto**	**13**	**20**	**23**	**29**	**42**
	KG 363	€ netto	11	17	19	24	35
53	**Schalung, OSB/4, Flachpressplatten** Schalung; OSB 4-Platte, ungeschliffen; Flachpressplatte; Trockenbereich; genagelt						
	m²	**€ brutto**	**22**	**26**	**28**	**30**	**34**
	KG 352	€ netto	19	22	23	25	28
54	**Schalung, Sperrholz, Feuchtebereich** Schalung; Baufurniersperrholz, Klasse 0/A; Nassbereich; verschraubt						
	m²	**€ brutto**	**29**	**41**	**46**	**53**	**65**
	KG 364	€ netto	24	34	39	44	54
55	**Schalung, Furnierschichtholzplatte** Bekleidung; Furnierschichtholzplatte, Klasse 1/2/3; Dicke 20-26mm; Sichtqualität; verschraubt/genagelt						
	m²	**€ brutto**	**36**	**45**	**48**	**62**	**84**
	KG 364	€ netto	30	38	41	52	71
56	**Schalung, Massivholzplatte** Bekleidung; Massivholzplatte, Klasse 1/2/3; Dicke 20/26mm; Sicht-/Nichtsichtqualität; Wand; genagelt/verschraubt						
	m²	**€ brutto**	**54**	**67**	**77**	**80**	**85**
	KG 335	€ netto	46	57	64	67	72

Kosten: Stand 3.Quartal 2016, Bundesdurchschnitt

Zimmer- und Holzbauarbeiten — Preise €

Nr.	Kurztext / Stichworte Einheit / Kostengruppe		▶	▷	brutto ø netto ø	◁	◀
57	**Blindboden, Nadelholz, einseitig gehobelt** Schalung, Blindboden; Nadelholz, S10; Dicke 19mm, Breite 100mm; einseitig gehobelt, unten sichtbar; zwischen Deckenbalken						
	m²	**€ brutto**	**19**	**26**	**30**	**33**	**43**
	KG 352	€ netto	16	22	25	27	36
58	**Kantholz, Nadelholz, S13, trocken, K** Kantholz; Nadelholz, S13, trocken K; 40x120mm; scharfkantig, allseitig gehobelt						
	m	**€ brutto**	**3,1**	**6,2**	**7,1**	**8,5**	**13,4**
	KG 335	€ netto	2,6	5,2	5,9	7,2	11,3
59	**Dampfbremse, feuchteadaptiv, sd-variabel** Dampfbremse; Dampfbremsbahn, feuchteadaptiv, Klasse E; Überlappend						
	m²	**€ brutto**	**3,5**	**7,4**	**9,5**	**13,7**	**18,9**
	KG 364	€ netto	3,0	6,2	8,0	11,6	15,9
60	**Abdichtungsanschluss verkleben, Dampfsperrbahn** Abdichtungsanschluss; Wind- /Dampf-Sperrbahn; verkleben an Dachfenster/Kehlen/Grate						
	m	**€ brutto**	**1,3**	**3,3**	**3,8**	**5,2**	**9,2**
	KG 363	€ netto	1,1	2,8	3,2	4,4	7,7
61	**Traglattung, Nadelholz, 30x50mm, trocken** Traglattung; Nadelholz, S10, trocken; 30x50mm						
	m	**€ brutto**	**1,7**	**2,5**	**2,7**	**3,5**	**5,0**
	KG 363	€ netto	1,5	2,1	2,3	2,9	4,2
62	**Traglattung, Nadelholz, 40x60mm, trocken** Lattung; Nadelholz, S10 trocken; 40x60mm						
	m	**€ brutto**	**1,6**	**2,4**	**2,7**	**3,9**	**5,8**
	KG 363	€ netto	1,3	2,1	2,3	3,3	4,8
63	**Dachlattung, Nadelholz, 30x50mm, trocken** Dachlattung; Nadelholz, S10 trocken; 30x50mm; sägerau; Dachdeckung						
	m²	**€ brutto**	**2,7**	**4,8**	**5,6**	**6,3**	**8,3**
	KG 363	€ netto	2,2	4,1	4,7	5,3	7,0
64	**Dachlattung, Nadelholz, 40x60mm, trocken** Dachlattung; Nadelholz, S10 trocken; 40x60mm; sägerau; Dachdeckung						
	m²	**€ brutto**	**4,3**	**6,6**	**7,3**	**8,7**	**11,9**
	KG 363	€ netto	3,6	5,6	6,1	7,3	10,0
65	**Wohndachfenster, bis 1,00m², Uw 1,4** Wohndachfenster, Klapp-Schwing-Fenster; Kiefer, Uw=1,4W/(m²K); 0,78x1,18m; inkl. Eindeck- und Dämmrahmen; Dach						
	St	**€ brutto**	**580**	**802**	**923**	**1.089**	**1.420**
	KG 362	€ netto	488	674	775	915	1.193

Zimmer- und Holzbauarbeiten						Preise €

Nr.	Kurztext / Stichworte Einheit / Kostengruppe		▶	▷ brutto ø netto ø	◁	◀
66	**Holztreppe, Wangentreppe** Treppe, Wangentreppe; Eiche; 15 Stufen, 175x280mm, Breite 800mm; einläufig, mit/ohne Setzstufe; zwischen Gebälk/Betondecke					
	St / KG 351	**€ brutto** / € netto	**2.004** / 1.684	**3.976** / 3.341	**5.060** / 4.253	**5.270** / 4.429	**7.795** / 6.550
67	**Holztreppe, Einschubtreppe** Einschubtreppe; Hartholz; Öffnung b=700mm, l=1400mm; zweiteilig, einseitiger Handlauf					
	St / KG 351	**€ brutto** / € netto	**494** / 415	**664** / 558	**724** / 608	**845** / 710	**1.099** / 923
68	**Windrispenband, 40x2mm** Windrispenband; 40x2mm; inkl. Befestigungsmaterial; Dachschalung					
	m / KG 361	**€ brutto** / € netto	**2,1** / 1,8	**4,4** / 3,7	**5,1** / 4,3	**6,0** / 5,0	**7,8** / 6,6
69	**Windrispenband, 60x3mm** Windrispenband; 60x3mm; inkl. Befestigungsmittel; Dachschalung					
	m / KG 361	**€ brutto** / € netto	**5,0** / 4,2	**6,5** / 5,5	**6,9** / 5,8	**7,2** / 6,1	**8,5** / 7,2
70	**Verankerung, Profilanker, Schwelle** Befestigungsmittel; Profilanker; Ankernägel 4x40mm					
	St / KG 361	**€ brutto** / € netto	**2,3** / 2,0	**4,7** / 3,9	**5,9** / 5,0	**8,2** / 6,9	**14,1** / 11,9
71	**Befestigung, Stabdübel, Edelstahl** Kleineisenteile; Stabdübel, Edelstahl; inkl. Bohrung					
	St / KG 361	**€ brutto** / € netto	**1,9** / 1,6	**7,5** / 6,3	**13,1** / 11,0	**15,2** / 12,8	**19,6** / 16,5
72	**Befestigung, Klebeanker, Edelstahl** Befestigungsmittel; Klebeanker, Edelstahl; M6/M8/M12					
	St / KG 361	**€ brutto** / € netto	**9,5** / 8,0	**13,4** / 11,2	**15,0** / 12,6	**16,0** / 13,4	**18,4** / 15,4
73	**Befestigung, Gewindestange** Kleineisenteile; Gewindestange; M12; inkl. Bohrung, Unterlegscheiben, Muttern					
	St / KG 361	**€ brutto** / € netto	**1,7** / 1,4	**6,5** / 5,4	**7,3** / 6,1	**9,7** / 8,1	**14,4** / 12,1
74	**Stundensatz Facharbeiter, Holzbau** Stundenlohnarbeiten, Vorarbeiter, Facharbeiter; Holzbau					
	h	**€ brutto** / € netto	**47** / 40	**53** / 44	**55** / 46	**58** / 49	**65** / 55

Kosten: Stand 3.Quartal 2016, Bundesdurchschnitt

Zimmer- und Holzbauarbeiten						**Preise €**
Nr.	**Kurztext** / Stichworte			**brutto ø**		
	Einheit / Kostengruppe	▶	▷	netto ø	◁	◀
75	**Stundensatz Helfer, Holzbau** Stundenlohnarbeiten, Werker, Helfer; Holzbau					
	h **€ brutto**	**24**	**35**	**41**	**43**	**50**
	€ netto	21	30	35	36	42

Abdichtungsarbeiten **Preise €**

Nr.	Kurztext / Stichworte Einheit / Kostengruppe		▶	▷	brutto ø netto ø	◁	◀
1	**Bodenabdichtung entfernen, Bitumen, 1-lagig** Bodenabdichtung abbrechen; Bitumenbahn; Rückstände beseitigen; Bauschutt entsorgen						
	m²	**€ brutto**	**11**	**14**	**18**	**21**	**23**
	KG 394	€ netto	9,6	11,9	14,9	17,9	19,0
2	**Bodenabdichtung entfernen, Bitumen, 2-lagig** Bodenabdichtung zweilagig, abbrechen; Bitumenbahn; Rückstände beseitigen; Bauschutt entsorgen						
	m²	**€ brutto**	**15**	**17**	**21**	**25**	**27**
	KG 394	€ netto	12	14	17	21	23
3	**Bitumenbeschichtung entfernen, Wand** Wandabdichtung entfernen; Bitumenbeschichtung; Rückstände beseitigen; Kelleraußenwand; Bauschutt entsorgen						
	m²	**€ brutto**	**9,3**	**13,2**	**16,5**	**19,8**	**23,4**
	KG 394	€ netto	7,8	11,1	13,9	16,7	19,7
4	**Bitumenbahnen entfernen, Wand** Wandabdichtung entfernen; Bitumenbahn; Rückstände beseitigen; Kelleraußenwand; Bauschutt entsorgen						
	m²	**€ brutto**	**12**	**18**	**23**	**26**	**29**
	KG 394	€ netto	9,9	15,3	19,1	22,0	24,7
5	**Schutzbahn entfernen, Wand** Schutzbahn entfernen; Kunststoff; Wandfläche, erdberührt						
	m²	**€ brutto**	**9,4**	**11,1**	**13,3**	**15,6**	**16,7**
	KG 394	€ netto	7,9	9,4	11,1	13,2	14,0
6	**Egalisierung, 5mm, Boden** Untergrund spachteln; Feinspachtel; Dicke bis 5mm; Boden egalisieren						
	m²	**€ brutto**	**9,9**	**16,5**	**19,6**	**23,2**	**22,8**
	KG 395	€ netto	8,3	13,9	16,5	19,5	19,1
7	**Egalisierung, 10mm, Boden** Untergrund spachteln; Feinspachtel; Dicke bis 10mm; Boden egalisieren						
	m²	**€ brutto**	**11**	**20**	**24**	**29**	**30**
	KG 395	€ netto	9,4	17,0	20,3	24,3	25,2
8	**Bodenflächen reinigen** Betonboden reinigen; haftungsmindernder Verunreinigungen und Schichten entfernen						
	m²	**€ brutto**	**0,9**	**1,7**	**2,0**	**2,4**	**4,9**
	KG 395	€ netto	0,7	1,4	1,7	2,0	4,1
9	**Bodenflächen schleifen/kugelstrahlen** Betonboden mechanisch reinigen; schleifen/kugelstrahlen						
	m²	**€ brutto**	**4,1**	**8,7**	**10,9**	**13,1**	**14,2**
	KG 395	€ netto	3,4	7,3	9,1	11,0	11,9

Kosten: Stand 3.Quartal 2016, Bundesdurchschnitt

Abdichtungsarbeiten — Preise €

Nr.	Kurztext / Stichworte Einheit / Kostengruppe		▶	▷	brutto ø netto ø	◁	◀
10	**Voranstrich, Bodenabdichtung** Bodenfläche Voranstrich; für Abdichtung						
	m²	**€ brutto**	**1,6**	**4,2**	**4,9**	**5,8**	**6,5**
	KG 326	€ netto	1,3	3,5	4,2	4,9	5,5
11	**Verstärkung, Dichtband, Ecken/Übergänge** Verstärkung, Ecken/Übergänge; Gewebeeinlage; für Abdichtung; Nasszelle						
	St	**€ brutto**	**2,5**	**3,0**	**3,6**	**4,3**	**4,7**
	KG 326	€ netto	2,1	2,6	3,0	3,6	4,0
12	**Bodenabdichtung, Bodenfeuchte, PMBC** Bodenabdichtung gegen Bodenfeuchte; kunststoffmodifizierte Bitumendickbeschichtung; Schichtdicke mind. 3mm; zwei Arbeitsgänge; Kellersohle, Beton						
	m²	**€ brutto**	**21**	**22**	**24**	**26**	**29**
	KG 326	€ netto	17	19	20	22	25
13	**Bodenabdichtung, Bodenfeuchte, MDS** Bodenabdichtung gegen Bodenfeuchte; Dichtungsschlämme, mineralisch, starr; Schichtdicke mind. 3mm; zwei Arbeitsgänge; Kellersohle, Beton						
	m²	**€ brutto**	**20**	**21**	**23**	**25**	**28**
	KG 326	€ netto	17	18	19	21	24
14	**Bodenabdichtung, Bodenfeuchte, MDS flexibel** Bodenabdichtung gegen Bodenfeuchte; Dichtungsschlämme, mineralisch, flexibel; Schichtdicke mind. 3mm; zwei Arbeitsgänge; Kellersohle, Beton						
	m²	**€ brutto**	**26**	**28**	**30**	**33**	**37**
	KG 326	€ netto	22	24	25	28	31
15	**Bodenabdichtung, Bodenfeuchte, PV200 DD** Bodenabdichtung gegen Bodenfeuchte; Bitumenbahn, PV200 DD; Kellersohle, Beton						
	m²	**€ brutto**	**20**	**21**	**22**	**25**	**28**
	KG 326	€ netto	16	18	19	21	23
16	**Bodenabdichtung, Bodenfeuchte, PYE G200S4** Bodenabdichtung gegen Bodenfeuchte; Bitumenbahn PYE G200 S4; Kellersohle, Beton						
	m²	**€ brutto**	**20**	**22**	**23**	**26**	**29**
	KG 326	€ netto	17	18	20	22	24

Abdichtungsarbeiten | **Preise €**

Nr.	Kurztext / Stichworte Einheit / Kostengruppe		▶	▷	brutto ø netto ø	◁	◀
17	**Bodenabdichtung, n.dr. Wasser, PMBC** Bodenabdichtung gegen nicht drückendes Wasser; kunststoff-modifizierte Bitumendickbeschichtung; Schichtdicke mind. 3mm; zwei Arbeitsgänge, mit Gewebeeinlage; Kellersohle, Beton						
	m²	**€ brutto**	**31**	**34**	**36**	**40**	**44**
	KG 326	€ netto	26	28	30	34	37
18	**Bodenabdichtung, n.dr. Wasser, MDS** Bodenabdichtung gegen Sickerwasser; Dichtschlämme, mineralisch, starr; Schichtdicke mind. 4mm; zwei Arbeitsgänge; Kellersohle, Beton; mäßige Beanspruchung						
	m²	**€ brutto**	**32**	**34**	**36**	**40**	**45**
	KG 326	€ netto	27	29	31	34	38
19	**Bodenabdichtung, n.dr. Wasser, MDS flexibel** Bodenabdichtung gegen Sickerwasser; Dichtschlämme, mineralisch, flexibel; Schichtdicke mind. 4mm; zwei Arbeitsgänge; Kellersohle, Beton						
	m²	**€ brutto**	**37**	**40**	**43**	**47**	**53**
	KG 326	€ netto	31	34	36	40	44
20	**Wandflächen reinigen, abbürsten** Wandfläche reinigen; Mauerwerk; Fugentiefe bis 2cm; Fugen auskratzen, abbürsten						
	m²	**€ brutto**	**3,8**	**8,1**	**10,1**	**11,7**	**12,7**
	KG 395	€ netto	3,2	6,8	8,5	9,8	10,7
21	**Wandflächen reinigen, Bestandteile** Wandflächen reinigen; lose Bestandteile, hohlliegende Schichten entfernen						
	m²	**€ brutto**	**3,0**	**6,1**	**7,6**	**9,2**	**10,9**
	KG 395	€ netto	2,5	5,1	6,4	7,7	9,1
22	**Wandflächen reinigen, Stoffe** Wandflächen reinigen; haftungsmindernde Stoffe entfernen						
	m²	**€ brutto**	**2,5**	**8,4**	**10,5**	**12,6**	**17,1**
	KG 395	€ netto	2,1	7,1	8,8	10,6	14,4
23	**Abdichtungsflächen feinreinigen** Abdichtungsfläche reinigen; abkehren, absaugen						
	m²	**€ brutto**	**3,0**	**3,7**	**4,6**	**5,5**	**6,0**
	KG 395	€ netto	2,5	3,1	3,8	4,6	5,0
24	**Druckwasserstrahlen, Kelleraußenwand** Druckwasserstrahlen, Außenwand; entfernen loser Teile, Schichten; Kelleraußenwand						
	m²	**€ brutto**	**11**	**12**	**15**	**18**	**19**
	KG 395	€ netto	9,0	10,2	12,7	15,3	16,3

Kosten: Stand 3.Quartal 2016, Bundesdurchschnitt

Abdichtungsarbeiten **Preise €**

Nr.	Kurztext / Stichworte Einheit / Kostengruppe		▶	▷	brutto ø netto ø	◁	◀
25	**Untergrund egalisieren, Kellerwand** Wandflächen egalisieren; Spachtel, schwindkompensierend, schnellabbindend; Fehlstellen schließen; Kelleraußenwand						
	m²	**€ brutto**	**11**	**13**	**16**	**19**	**20**
	KG 395	€ netto	9,5	10,6	13,2	15,8	16,6
26	**Ausgleichsputz, Außenabdichtung** Ausgleichsputz; Zementmörtel; Tragschicht für Abdichtung; Kelleraußenwand; inkl. Spritzbewurf						
	m²	**€ brutto**	**12**	**14**	**18**	**21**	**26**
	KG 395	€ netto	10	12	15	18	22
27	**Zwischenschicht, Übergang, MDS** Zwischenschicht gegen Rückdurchfeuchtung; Dichtungsschlämme, mineralisch; Breite bis 30cm; Wand/Sohle und Fundamentbereich						
	m	**€ brutto**	**4,9**	**5,8**	**7,3**	**8,5**	**9,3**
	KG 326	€ netto	4,1	4,9	6,1	7,1	7,8
28	**Hohlkehle, vorgefertigt** Hohlkehle, vorgefertigt; Polystyrol, expandiert; Schenkellänge 10cm; zwischen Fundament und Kellerwand						
	m	**€ brutto**	**10**	**12**	**14**	**17**	**19**
	KG 326	€ netto	8,7	9,7	12,1	14,5	15,7
29	**Hohlkehle, Mörtel** Hohlkehle; Mörtel; Schenkellänge 10cm; zwischen Fundament und Kellerwand; inkl. Voranstrich						
	m	**€ brutto**	**6,9**	**7,7**	**9,6**	**11,5**	**13,5**
	KG 326	€ netto	5,8	6,4	8,0	9,7	11,4
30	**Hohlkehle abdichten, Schlämme** Hohlkehle abdichten; Dichtungsschlämme, zementgebunden; über Ausrundungen bilden und in Flächenabdichtung einbinden						
	m	**€ brutto**	**7,3**	**8,4**	**10,4**	**12,1**	**13,2**
	KG 326	€ netto	6,1	7,0	8,8	10,2	11,1
31	**Hohlkehle abdichten, bituminös** Hohlkehle abdichten; Bitumen-Dickbeschichtung; über Ausrundungen bilden und in Flächenabdichtung einbinden						
	m	**€ brutto**	**5,5**	**8,1**	**10,1**	**12,0**	**12,7**
	KG 326	€ netto	4,6	6,8	8,5	10,0	10,6
32	**Kanten fasen, Abdichtung** Kanten fasen, nachträglich; für Abdichtung						
	m	**€ brutto**	**2,0**	**2,2**	**2,8**	**3,3**	**3,5**
	KG 326	€ netto	1,7	1,9	2,3	2,8	3,0

Abdichtungsarbeiten **Preise €**

Nr.	Kurztext / Stichworte Einheit / Kostengruppe		▶	▷	brutto ø netto ø	◁	◀
33	**Verstärkung, Kanten, Metallband** Kanten/Ecken verstärken; Metallriffelband; Breite 30cm; gegen Beschädigung						
	m KG 326	€ brutto € netto	**7,3** 6,1	**8,4** 7,0	**10,4** 8,8	**12,5** 10,5	**13,6** 11,4
34	**Wandflächen verfestigen** Wandfläche verfestigen; nass in nass, mind. zwei Arbeitsgänge						
	m² KG 335	€ brutto € netto	**7,7** 6,5	**8,7** 7,3	**10,8** 9,1	**13,0** 10,9	**14,1** 11,8
35	**Voranstrich, Wandabdichtung** Voranstrich Wand; für Abdichtung; Kellerwand						
	m² KG 335	€ brutto € netto	**2,5** 2,1	**2,9** 2,4	**3,6** 3,0	**4,2** 3,6	**4,6** 3,8
36	**Spritzbewurf, volldeckend** Spritzbewurf; Zementmörtel; volldeckend als Haftvermittler; Wandfläche						
	m² KG 335	€ brutto € netto	**10** 8,5	**12** 10,1	**15** 12,6	**18** 14,9	**19** 16,0
37	**Sperrputz, Altbauabdichtung** Sperrputz; Zementmörtel; zwei Lagen auftragen, glatt abreiben; Wandfläche						
	m² KG 335	€ brutto € netto	**18** 15	**30** 25	**35** 29	**42** 35	**49** 41
38	**Zwischenschicht, Rückdurchfeuchtung, MDS** Zwischenschicht gegen Rückdurchfeuchtung; Dichtungsschlämme, mineralisch; aufbringen; Wandfläche						
	m² KG 335	€ brutto € netto	**18** 15	**20** 17	**25** 21	**30** 25	**32** 27
39	**Wandabdichtung, Bodenfeuchte, MDS** Wandabdichtung gegen Bodenfeuchte, nicht stauendes Sickerwasser; Dichtungsschlämme, zementgebunden, starr; Schichtdicke mind. 2mm; zwei Arbeitsgänge; Außenwand, erdberührt						
	m² KG 335	€ brutto € netto	**19** 16	**21** 17	**22** 19	**24** 21	**27** 23
40	**Wandabdichtung, Bodenfeuchte, MDS flexibel** Wandabdichtung gegen Bodenfeuchte, nicht stauendes Sickerwasser; Dichtungsschlämme, zementgebunden, flexibel; Schichtdicke mind. 2mm; zwei Arbeitsgänge; Außenwand, erdberührt						
	m² KG 335	€ brutto € netto	**23** 20	**25** 21	**27** 23	**30** 25	**33** 28

Kosten: Stand 3.Quartal 2016, Bundesdurchschnitt

Abdichtungsarbeiten — Preise €

Nr.	Kurztext / Stichworte Einheit / Kostengruppe		▶	▷	brutto ø netto ø	◁	◀
41	**Wandabdichtung, Bodenfeuchte, PMBC** Wandabdichtung gegen Bodenfeuchte, nicht stauendes Sickerwasser; Bitumendickbeschichtung, kunststoffmodifiziert; Schichtdicke mind. 3mm; zwei Arbeitsgänge; Außenwand, erdberührt						
	m²	**€ brutto**	**21**	**23**	**25**	**27**	**30**
	KG 335	€ netto	18	19	21	23	25
42	**Wandabdichtung, Sickerwasser, MDS** Wandabdichtung gegen aufstauendes Sickerwasser; Dichtungsschlämme, zementgebunden, starr; Schichtdicke mind. 3mm; zwei Arbeitsgänge; Außenwand, erdberührt						
	m²	**€ brutto**	**26**	**28**	**30**	**33**	**36**
	KG 335	€ netto	22	23	25	28	31
43	**Wandabdichtung, Sickerwasser, MDS flexibel** Wandabdichtung gegen aufstauendes Sickerwasser; Dichtungsschlämme, zementgebunden, flexibel; Schichtdicke mind. 3mm; zwei Arbeitsgänge; Außenwand, erdberührt						
	m²	**€ brutto**	**30**	**33**	**35**	**39**	**43**
	KG 335	€ netto	26	28	29	33	36
44	**Wandabdichtung, Sickerwasser, PMBC** Wandabdichtung gegen aufstauendes Sickerwasser; Bitumendickbeschichtung, kunststoffmodifiziert; Schichtdicke mind. 4mm; zwei Arbeitsgänge mit Gewebeeinlage; Außenwand, erdberührt						
	m²	**€ brutto**	**30**	**33**	**35**	**39**	**43**
	KG 335	€ netto	25	27	29	32	36
45	**Wandabdichtung, Sickerwasser, KSP** Wandabdichtung gegen aufstauendes Sickerwasser; Bitumenbahn PYE KTG KSP 2,8; vollflächig kleben, schweißen; Kelleraußenwand						
	m²	**€ brutto**	**22**	**23**	**25**	**27**	**30**
	KG 335	€ netto	18	20	21	23	26
46	**Wandabdichtung, dr. Wasser, MDS** Wandabdichtung gegen von außen drückendes Wasser; Dichtungsschlämme, zementgebunden, starr; Schichtdicke mind. 3mm; zwei Arbeitsgänge; Außenwand, erdberührt						
	m²	**€ brutto**	**28**	**30**	**32**	**36**	**39**
	KG 335	€ netto	23	25	27	30	33
47	**Wandabdichtung, dr. Wasser, 2xPV200S5** Wandabdichtung gegen von außen drückendes Wasser; Bitumen-Schweißbahn PV 200 S5; zweilagig; Kelleraußenwand						
	m²	**€ brutto**	**29**	**31**	**33**	**37**	**41**
	KG 335	€ netto	24	26	28	31	34

Abdichtungsarbeiten **Preise €**

Nr.	Kurztext / Stichworte Einheit / Kostengruppe		▶	▷	brutto ø netto ø	◁	◀
48	**Innenabdichtung, Wand, Schlämme** Wandabdichtung gegen von außen angreifende Wasserbeanspruchung; Dichtungsschlämme, mineralisch; Schichtdicke 3mm; zwei Arbeitsgänge, inkl. Grundierung; Kellerinnenwand						
	m²	**€ brutto**	**28**	**30**	**32**	**35**	**39**
	KG 336	€ netto	23	25	27	30	33
49	**Fugenabdichtung, Wand, Feuchte, Dichtmasse** Abdichtung über Fuge; Dichtungsmasse, elastisch; Breite 15mm; inkl. Vorbereitung, Hinterfüllprofil; Wand, erdberührt						
	m	**€ brutto**	**8,7**	**9,7**	**11,1**	**12,4**	**13,7**
	KG 326	€ netto	7,3	8,1	9,4	10,4	11,5
50	**Fugenabdichtung, Wand, Feuchte, Fugenband** Abdichtung über Fuge; Fugenband, elastisch; Wand, erdberührt						
	m	**€ brutto**	**21**	**24**	**27**	**30**	**34**
	KG 326	€ netto	18	20	23	26	28
51	**Fugenabdichtung, Wand, Feuchte, Kunststoffbahn** Abdichtung über Fuge; Streifen aus Kunststoff-Dichtungsbahn; in Bitumen-Dickbeschichtung einbetten; Außenwand, erdberührt						
	m	**€ brutto**	**15**	**17**	**20**	**22**	**24**
	KG 326	€ netto	13	14	16	18	20
52	**Fugenabdichtung, Bodenfeuchte, Schweißbahn** Abdichtung über Fuge; Bitumen-Schweißbahn PYE-PV 200 S4; Breite 300mm; Abdichtung mit streifen über Fuge verstärken; Bodenplatte						
	m	**€ brutto**	**21**	**24**	**27**	**30**	**34**
	KG 326	€ netto	18	20	23	25	28
53	**Bewegungsfuge, Bodenfeuchte, KSP-Streifen** Abdichtung über Bewegungsfuge; Polymerbitumenbahn, selbstklebend; Breite 300mm; Abdichtung verstärken, Streifen über Fuge; Bodenplatte						
	m	**€ brutto**	**14**	**16**	**18**	**20**	**23**
	KG 326	€ netto	12	13	16	17	19
54	**Fugenabdichtung, Wand, Sickerwasser, Schweißbahn** Abdichtung über Fuge; Bitumen-Schweißbahn PYE-PV 200 S5; Breite 300mm; Abdichtung verstärken, Streifen über Fuge; Bodenplatte						
	m	**€ brutto**	**18**	**20**	**23**	**26**	**29**
	KG 326	€ netto	15	17	20	22	24

Kosten: Stand 3.Quartal 2016, Bundesdurchschnitt

Abdichtungsarbeiten **Preise €**

Nr.	Kurztext / Stichworte Einheit / Kostengruppe		▶	▷	brutto ø netto ø	◁	◀
55	**Bewegungsfuge, dr. Wasser, Kupferband** Abdichtung über Bewegungsfuge gegen von außen drückendes Wasser/Stauendes Sickerwasser; Kupferband, geriffelt; Breite 300mm, Dicke 0,2mm; Abdichtung verstärken, Streifen über Fuge						
	m	**€ brutto**	**21**	**23**	**27**	**30**	**33**
	KG 326	€ netto	17	19	22	25	27
56	**Bewegungsfuge, dr. Wasser, Kunststoffbahn** Abdichtung über Bewegungsfuge gegen von außen drückendes Wasser/Stauendes Sickerwasser; Kunststoffbahn; Breite 300mm, Dicke 0,2mm; Abdichtung verstärken, Streifen über Fuge						
	m	**€ brutto**	**18**	**20**	**23**	**25**	**28**
	KG 326	€ netto	15	17	19	21	24
57	**Bewegungsfuge, dr. Wasser, Kupferband/Bitumen** Abdichtung über Bewegungsfuge gegen von außen drückendes Wasser/Stauendes Sickerwasser; Kupferband CU-DHP,01, geriffelt, Bitumen-Schweißbahn G 200 S4; Breite 300mm; Abdichtung verstärken, Streifen über Fuge						
	m	**€ brutto**	**24**	**27**	**31**	**35**	**39**
	KG 326	€ netto	21	23	26	29	32
58	**Bewegungsfuge, dr. Wasser, 4-stegiges Fugenband** Abdichtung über Bewegungsfuge gegen von außen drückendes Wasser/Stauendes Sickerwasser; Fugenband, 4-stegig verschweißt, Kunststoffbahn; Kunststoffbahn lose verlegen; Terrasse/Tiefgarage						
	m	**€ brutto**	**28**	**31**	**36**	**40**	**44**
	KG 326	€ netto	23	26	30	33	37
59	**Bewegungsfuge, dr. Wasser, Los-Festflansch** Abdichtung über Bewegungsfuge bei drückendem Wasser; Los-Festflansch; doppelte Ausführung						
	m	**€ brutto**	**34**	**38**	**43**	**48**	**53**
	KG 326	€ netto	28	32	36	40	45
60	**Durchdringung andichten, bituminös** Durchdringungen abdichten; Bitumendickbeschichtung; hohlkehlenartig						
	m	**€ brutto**	**22**	**25**	**29**	**32**	**35**
	KG 326	€ netto	19	21	24	27	30
61	**Rückläufiger Stoß, drückendes Wasser** Rückläufiger Stoß gegen drückendes Wasser abdichten; Schutzkappe aus Metallriffelband; Außenwand/Sohlanschluss						
	m	**€ brutto**	**22**	**24**	**28**	**31**	**34**
	KG 326	€ netto	18	20	23	26	29

Abdichtungsarbeiten | **Preise €**

Nr.	Kurztext / Stichworte Einheit / Kostengruppe		▶	▷	brutto ø netto ø	◁	◀
62	**Abschluss Klebeflansch, Schutzblech** Abschluss Bitumenbahnabdichtung; Schutzblech mit Klebeflansch, Kappstreifen; Einbauhöhe über 15cm, Flansch 18cm; als Winkelkonstruktion herstellen, Oberkante abdichten						
	m	**€ brutto**	**12**	**13**	**15**	**16**	**18**
	KG 326	€ netto	9,7	10,8	12,4	13,8	15,3
63	**Abschluss, Klemmprofil** Abschluss Bitumenbahnenabdichtung; Klemmprofil; Einbauhöhe über 15cm; Oberkante Abdichtung; Wandflächen						
	m	**€ brutto**	**12**	**13**	**15**	**17**	**19**
	KG 326	€ netto	10	11	13	14	16
64	**Abschluss Kunststoffbahn, Schutzblech** Abschluss Kunststoffbahnabdichtung; Schutzblech/Profilblech, kunststoffbeschichtet; Einbauhöhe über 15cm						
	m	**€ brutto**	**10**	**11**	**13**	**14**	**16**
	KG 326	€ netto	8,5	9,5	10,9	12,1	13,4
65	**Perimeterdämmung, XPS 60mm, verputzt** Perimeterdämmung; Polystyrol-Hartschaumplatten, extrudiert; Dicke 60mm; mit Stufenfalz, inkl. Putz mit Putzträger aufbringen, Eckausbildung; Kelleraußenwand						
	m²	**€ brutto**	**43**	**48**	**55**	**61**	**68**
	KG 335	€ netto	36	40	46	51	57
66	**Perimeterdämmung, XPS 120mm** Perimeterdämmung; Polystyrol-Hartschaumplatten, extrudiert, WLG 035; Dicke 120mm; mit Stufenfalz; Kelleraußenwand						
	m²	**€ brutto**	**30**	**32**	**34**	**38**	**42**
	KG 335	€ netto	25	27	29	32	35
67	**Perimeterdämmung, XPS 140mm** Perimeterdämmung; Polystyrol-Hartschaumplatten, extrudiert, WLG 035; Dicke 140mm; mit Stufenfalz; Kelleraußenwand						
	m²	**€ brutto**	**37**	**40**	**42**	**47**	**52**
	KG 335	€ netto	31	33	36	39	44
68	**Perimeterdämmung, XPS 180mm** Perimeterdämmung; Polystyrol-Hartschaumplatten, extrudiert, WLG 035; Dicke 180mm, 2-lagig; mit Stufenfalz; Kelleraußenwand						
	m²	**€ brutto**	**47**	**51**	**54**	**60**	**67**
	KG 335	€ netto	40	43	46	51	56

Kosten: Stand 3.Quartal 2016, Bundesdurchschnitt

Abdichtungsarbeiten — Preise €

Nr.	Kurztext / Stichworte Einheit / Kostengruppe		▶	▷	brutto ø netto ø	◁	◀
69	**Perimeterdämmung, XPS 220mm** Perimeterdämmung; Polystyrol-Hartschaumplatten, extrudiert, WLG 035; Dicke 220mm, 2-lagig; mit Stufenfalz; Kelleraußenwand						
	m²	**€ brutto**	**57**	**62**	**66**	**73**	**81**
	KG 335	€ netto	48	52	55	61	68
70	**Perimeterdämmung, CG, 120mm** Perimeterdämmung; Schaumglasplatten, WLG 040; Dicke 120mm; punktförmig kleben, Stöße versetzen; Kelleraußenwand						
	m²	**€ brutto**	**67**	**72**	**77**	**86**	**96**
	KG 335	€ netto	56	61	65	72	81
71	**Perimeterdämmung, CG, 140mm** Perimeterdämmung; Schaumglasplatten, WLG 040; Dicke 140mm; punktförmig kleben, Stöße versetzen; Kelleraußenwand						
	m²	**€ brutto**	**72**	**78**	**83**	**92**	**104**
	KG 335	€ netto	61	66	70	77	87
72	**Perimeterdämmung, CG, 160mm** Perimeterdämmung; Schaumglasplatten, WLG 040; Dicke 160mm; punktförmig kleben, Stöße versetzen; Kelleraußenwand						
	m²	**€ brutto**	**79**	**86**	**91**	**101**	**114**
	KG 335	€ netto	67	72	77	85	96
73	**Perimeterdämmung, CG, 200mm** Perimeterdämmung; Schaumglasplatten, WLG 040; Dicke 200mm; punktförmig kleben, Stöße versetzen; Kelleraußenwand						
	m²	**€ brutto**	**90**	**97**	**104**	**115**	**130**
	KG 335	€ netto	76	82	87	97	109
74	**Sickerschicht, Kunststoffnoppenbahn** Sickerschicht; Kunststoffnoppenbahn; inkl. Eckausbildung, herstellen Randabschlüsse und Durchdringungen; Kelleraußenwand						
	m²	**€ brutto**	**13**	**14**	**16**	**18**	**21**
	KG 335	€ netto	11	11	14	15	18
75	**Sickerplatten, Kelleraußenwände** Sickerplatte; EPS-Kugeln, bitumengebunden; inkl. Eckausbildung, herstellen Randabschlüsse und Durchdringungen; Kelleraußenwand						
	m²	**€ brutto**	**19**	**21**	**24**	**27**	**30**
	KG 335	€ netto	16	18	20	23	25
76	**Filtervlies, Schutzschicht** Schutzschicht der Sickerplatte; Filtervliesmatten; senkrecht vor Sickerplatten verlegen						
	m²	**€ brutto**	**4,9**	**5,4**	**6,3**	**6,9**	**8,1**
	KG 335	€ netto	4,1	4,6	5,3	5,8	6,8

Abdichtungsarbeiten **Preise €**

Nr.	Kurztext / Stichworte Einheit / Kostengruppe	▶	▷	brutto ø netto ø	◁	◀
77	**Sickerschicht, Kunststoffnoppenbahn/Vlies** Sickerschicht; Kunststoffnoppenbahn mit Vlies; inkl. Eckausbildung, herstellen Randabschlüsse und Durchdringungen; Kelleraußenwand					
	m² **€ brutto**	**15**	**17**	**20**	**22**	**26**
	KG 335 € netto	13	14	17	19	22
78	**Stundensatz Helfer, Abdichtungsarbeiten** Stundenlohnarbeiten Werker, Helfer und Gleichgestellte; Abdichtungsarbeiten					
	h **€ brutto**	**37**	**41**	**45**	**46**	**51**
	€ netto	31	35	38	39	42
79	**Stundensatz Facharbeiter, Abdichtungsarbeit** Stundenlohnarbeiten, Facharbeiter; Abdichtungsarbeiten					
	h **€ brutto**	**43**	**48**	**50**	**51**	**57**
	€ netto	36	41	42	43	48

Dachdeckungsarbeiten — Preise €

Nr.	Kurztext / Stichworte Einheit / Kostengruppe		▶	▷	brutto ø netto ø	◁	◀
1	**Dachdeckung entfernen** Dachdeckung entfernen; Ziegel, Betonstein; Bauschutt entsorgen						
	m²	**€ brutto**	**5,4**	**8,8**	**10,8**	**12,6**	**14,6**
	KG 394	€ netto	4,5	7,4	9,0	10,6	12,3
2	**Dachdeckung entfernen, lagern** Dachdeckung aufnehmen; zur Wiederverwendung; lagern						
	m²	**€ brutto**	**7,7**	**12,5**	**15,6**	**18,1**	**19,6**
	KG 395	€ netto	6,4	10,5	13,1	15,2	16,5
3	**Schieferdeckung, entfernen, lagern** Schieferdeckung aufnehmen; zur Wiederverwendung; lagern						
	m²	**€ brutto**	**13**	**16**	**20**	**24**	**25**
	KG 395	€ netto	11	13	17	20	21
4	**Faserzement-Wellplattendeckung entfernen** Wellplattendeckung entfernen; Faserzement, nicht asbesthaltig; Bauschutt entsorgen						
	m²	**€ brutto**	**6,4**	**8,3**	**9,2**	**11,0**	**17,3**
	KG 394	€ netto	5,4	7,0	7,7	9,3	14,5
5	**Asbestzementdeckung, entsorgen** Asbestzement-Plattendeckung entsorgen						
	t	**€ brutto**	**98**	**134**	**141**	**164**	**236**
	KG 394	€ netto	83	113	119	138	198
6	**Asbestzement-Deckung entfernen** Faserzement-Plattendeckung entfernen; asbesthaltig; Bauschutt sammeln						
	m²	**€ brutto**	**10**	**15**	**17**	**19**	**24**
	KG 394	€ netto	8,8	12,2	14,1	16,1	19,9
7	**Formziegel abbrechen, gemörtelt** First- und Grateindeckung abbrechen; Formziegel eingemörtelt; Bauschutt entsorgen						
	m	**€ brutto**	**2,6**	**5,1**	**6,4**	**7,7**	**12,9**
	KG 394	€ netto	2,2	4,3	5,4	6,4	10,8
8	**Dachlattung entfernen** Dachlattung entfernen; Lattenweite: 320-340mm; Bauschutt entsorgen						
	m²	**€ brutto**	**1,5**	**2,4**	**2,8**	**3,4**	**3,6**
	KG 394	€ netto	1,3	2,0	2,4	2,9	3,0
9	**Bitumenbahn abbrechen, 1-lagig** Bitumenbahn abbrechen; einlagig auf Holzschalung; Bauschutt entsorgen						
	m²	**€ brutto**	**3,6**	**7,0**	**8,8**	**10,6**	**17,3**
	KG 394	€ netto	3,0	5,9	7,4	8,9	14,5

Kosten: Stand 3.Quartal 2016, Bundesdurchschnitt

Dachdeckungsarbeiten — Preise €

Nr.	Kurztext / Stichworte Einheit / Kostengruppe		▶	▷	brutto ø netto ø	◁	◀
10	**Bitumenbahn entfernen, 2-lagig** Bitumenbahn entfernen; zweilagig auf Holzschalung; Bauschutt entsorgen						
	m²	**€ brutto**	**4,1**	**9,7**	**12,1**	**14,5**	**19,3**
	KG 394	€ netto	3,5	8,1	10,2	12,2	16,2
11	**Dachschalung abbrechen** Dachschalung abbrechen; Bauschutt entsorgen						
	m²	**€ brutto**	**7,8**	**11,9**	**14,9**	**17,9**	**24,8**
	KG 394	€ netto	6,5	10,0	12,5	15,0	20,8
12	**Ortgangbrett abbrechen** Ortgangbrett abbrechen; Bauschutt entsorgen						
	m²	**€ brutto**	**3,9**	**6,7**	**8,4**	**10,1**	**12,1**
	KG 394	€ netto	3,3	5,7	7,1	8,5	10,2
13	**Blechteile abbrechen, bis Z 600** Blechteile abbrechen; bis Z 600; Dach; Bauschutt entsorgen						
	m	**€ brutto**	**1,1**	**2,9**	**3,6**	**4,3**	**7,3**
	KG 394	€ netto	0,9	2,4	3,0	3,6	6,1
14	**Schneefanggitter abbrechen** Schneefanggitter abbrechen; Bauschutt entsorgen						
	m	**€ brutto**	**0,8**	**2,3**	**2,9**	**3,1**	**6,8**
	KG 394	€ netto	0,6	1,9	2,4	2,6	5,7
15	**Blitzableiter abbrechen** Blitzableiter abbrechen; inkl. Befestigung; Bauschutt entsorgen						
	m	**€ brutto**	**0,8**	**1,1**	**1,4**	**1,6**	**2,3**
	KG 394	€ netto	0,7	0,9	1,1	1,4	2,0
16	**Lüftungsrohr abbrechen** Be- oder Entlüftungsrohr abbrechen; Dach; Bauschutt entsorgen						
	St	**€ brutto**	**1,5**	**6,7**	**8,4**	**10,1**	**20,0**
	KG 394	€ netto	1,3	5,7	7,1	8,5	16,8
17	**Laufrost abbrechen** Laufrost abbrechen; inkl. Stützen; Dach; Bauschutt entsorgen						
	m	**€ brutto**	**1,9**	**4,2**	**5,3**	**6,3**	**9,3**
	KG 394	€ netto	1,6	3,5	4,4	5,3	7,8
18	**Dachfenster abbrechen** Dachfenster abbrechen; inkl. Blechrahmen und Flügel; Bauschutt entsorgen						
	St	**€ brutto**	**26**	**51**	**64**	**77**	**86**
	KG 394	€ netto	22	43	54	64	73

Dachdeckungsarbeiten						Preise €
Nr.	**Kurztext** / Stichworte **Einheit** / Kostengruppe	►	▷	**brutto ø** netto ø	◁	◄
19	**Dachluke abbrechen** Dachluke abbrechen; Bauschutt entsorgen					
	St **€ brutto**	**11**	**18**	**23**	**27**	**39**
	KG 394 € netto	9,1	15,4	19,2	23,1	32,6
20	**Unterspannbahn abbrechen** Unterspannbahn abbrechen; Bauschutt entsorgen					
	m² **€ brutto**	**1,8**	**3,9**	**4,9**	**5,4**	**5,9**
	KG 394 € netto	1,5	3,3	4,1	4,5	4,9
21	**Betondachsteine umdecken** Betondachsteine aufnehmen; wiedereindecken mit Ergänzungen; Bauschutt entsorgen					
	m² **€ brutto**	**12**	**21**	**24**	**29**	**34**
	KG 395 € netto	10	17	21	25	29
22	**Biberschwanzdeckung ausbessern** Biberschwanzeindeckung ausbessern; Teilflächen bis 1,00m²; Bauschutt entsorgen					
	m² **€ brutto**	**21**	**25**	**30**	**36**	**37**
	KG 395 € netto	17	21	25	30	31
23	**Biberschwanzdeckung umdecken** Biberschwanzeindeckung; aufnehmen, wiedereindecken mit Ergänzungen; Bauschutt entsorgen					
	m² **€ brutto**	**22**	**31**	**37**	**45**	**47**
	KG 395 € netto	18	26	31	38	40
24	**Flachdachpfannendeckung ausbessern** Flachdachpfannendeckung; bis 1,00m²; ausbessern; Bauschutt entsorgen					
	m² **€ brutto**	**18**	**23**	**27**	**31**	**33**
	KG 395 € netto	15	19	22	26	28
25	**Flachdachpfannendeckung umdecken** Flachdachpfannendeckung; aufnehmen, wiedereindecken mit Ergänzungen; Bauschutt entsorgen					
	m² **€ brutto**	**12**	**19**	**23**	**28**	**34**
	KG 395 € netto	9,8	15,6	19,5	23,4	28,2
26	**Betondachsteindeckung ausbessern** Betondachsteindeckung ausbessern; bis 1,00m²; Bauschutt entsorgen					
	m² **€ brutto**	**14**	**16**	**20**	**24**	**26**
	KG 395 € netto	12	14	17	21	22
27	**Dachziegelaustausch, einzeln** Dachziegel austauschen; einzeln; Bauschutt entsorgen					
	St **€ brutto**	**2,8**	**3,2**	**4,1**	**4,9**	**7,8**
	KG 395 € netto	2,3	2,7	3,4	4,1	6,5

Kosten: Stand 3.Quartal 2016, Bundesdurchschnitt

Dachdeckungsarbeiten **Preise €**

Nr.	Kurztext / Stichworte Einheit / Kostengruppe		▶	▷	brutto ø netto ø	◁	◀
28	**Dachsteinaustausch, einzeln** Dachstein austauschen; einzeln; Bauschutt entsorgen						
	St	**€ brutto**	**2,7**	**3,0**	**3,8**	**4,6**	**4,9**
	KG 395	€ netto	2,2	2,6	3,2	3,8	4,1
29	**Zwischensparrendämmung, MW 035, 100mm** Zwischensparrendämmung DZ; Mineralwolle WLG 035, A1; Dicke 100mm; einlagig, nachträglich von außen einbauen						
	m²	**€ brutto**	**13**	**15**	**18**	**22**	**25**
	KG 363	€ netto	11	12	15	19	21
30	**Zwischensparrendämmung, MW 035, 120mm** Zwischensparrendämmung DZ; Mineralwolle WLG 035, A1; Dicke 120mm; einlagig, nachträglich von außen einbauen						
	m²	**€ brutto**	**15**	**17**	**21**	**25**	**28**
	KG 363	€ netto	12	14	18	21	24
31	**Zwischensparrendämmung, MW 035, 140mm** Zwischensparrendämmung DZ; Mineralwolle WLG 035, A1; Dicke 140mm; einlagig, nachträglich von außen einbauen						
	m²	**€ brutto**	**16**	**19**	**23**	**28**	**31**
	KG 363	€ netto	14	16	20	24	26
32	**Zwischensparrendämmung, MW 032, 100mm** Zwischensparrendämmung DZ; Mineralwolle WLS 032, A1; Dicke 100mm; einlagig, nachträglich von außen einbauen						
	m²	**€ brutto**	**15**	**17**	**21**	**25**	**28**
	KG 363	€ netto	12	14	18	21	24
33	**Zwischensparrendämmung, MW 032, 120mm** Zwischensparrendämmung DZ; Mineralwolle WLS 032, A1; Dicke 120mm; einlagig, nachträglich von außen einbauen						
	m²	**€ brutto**	**17**	**19**	**24**	**29**	**32**
	KG 363	€ netto	14	16	20	24	27
34	**Zwischensparrendämmung, MW 032, 140mm** Zwischensparrendämmung DZ; Mineralwolle WLS 032, A1; Dicke 140mm; einlagig, nachträglich von außen einbauen						
	m²	**€ brutto**	**19**	**22**	**27**	**33**	**37**
	KG 363	€ netto	16	18	23	28	31
35	**Aufdachdämmung, MW 035, 60mm, kaschiert** Aufdachdämmung DAD; Mineralwolle-Platten WLG 035, A1, diffusionsoffen kaschiert; Dicke 60mm; verkleben, Nagelband; auf Dachschalung						
	m²	**€ brutto**	**28**	**26**	**33**	**38**	**41**
	KG 363	€ netto	24	21	28	32	35

Dachdeckungsarbeiten **Preise €**

Nr.	Kurztext / Stichworte Einheit / Kostengruppe	►	▷	brutto ø netto ø	◁	◄
36	**Aufdachdämmung, MW 035, 80mm, kaschiert** Aufdachdämmung DAD; Mineralwolle-Platten WLG 035, A1, diffusionsoffen kaschiert; Dicke 80mm; verkleben, Nagelband; auf Dachschalung					
	m^2 € brutto	**30**	**27**	**36**	**41**	**44**
	KG 363 € netto	25	23	30	34	37
37	**Aufdachdämmung, MW 035, 100mm, kaschiert** Aufdachdämmung DAD; Mineralwolle-Platten WLG 035, A1, diffusionsoffen kaschiert; Dicke 100mm; verkleben, Nagelband; auf Dachschalung					
	m^2 € brutto	**34**	**31**	**40**	**46**	**50**
	KG 363 € netto	29	26	34	39	42
38	**Aufdachdämmung, MW 035, 120mm, kaschiert** Aufdachdämmung DAD; Mineralwolle-Platten WLG 035, A1, diffusionsoffen kaschiert; Dicke 120mm; verkleben, Nagelband; auf Dachschalung					
	m^2 € brutto	**38**	**34**	**45**	**52**	**56**
	KG 363 € netto	32	29	38	43	47
39	**Aufdachdämmung, MW 035, 140mm, kaschiert** Aufdachdämmung DAD; Mineralwolle-Platten WLG 035, A1, diffusionsoffen kaschiert; Dicke 140mm; verkleben, Nagelband; auf Dachschalung					
	m^2 € brutto	**42**	**38**	**50**	**57**	**62**
	KG 363 € netto	36	32	42	48	52
40	**Aufdachdämmung, MW 035, 160mm, kaschiert** Aufdachdämmung DAD; Mineralwolle-Platten WLG 035, A1, diffusionsoffen kaschiert; Dicke 160mm; verkleben, Nagelband; auf Dachschalung					
	m^2 € brutto	**47**	**42**	**55**	**63**	**69**
	KG 363 € netto	39	36	46	53	58
41	**Aufdachdämmung, MW 035, 180mm, kaschiert** Aufdachdämmung DAD; Mineralwolle-Platten WLG 035, A1, diffusionsoffen kaschiert; Dicke 180mm; verkleben, Nagelband; auf Dachschalung					
	m^2 € brutto	**51**	**46**	**60**	**69**	**75**
	KG 363 € netto	43	39	50	58	63

Dachdeckungsarbeiten							**Preise €**
Nr.	**Kurztext** / Stichworte **Einheit** / Kostengruppe		▶	▷	**brutto ø** netto ø	◁	◀
42	**Aufdachdämmung, MW 035, 200mm, kaschiert** Aufdachdämmung DAD; Mineralwolle-Platten WLG 035, A1, diffusionsoffen kaschiert; Dicke 200mm; verkleben, Nagelband; auf Dachschalung						
	m2	**€ brutto**	**55**	**50**	**65**	**75**	**81**
	KG 363	€ netto	46	42	55	63	68
43	**Aufsparrendämmung PUR 028, 80mm, Vlies kaschiert** Aufsparrendämmung DAD; Polyurethan-Hartschaumplatten WLS 028, E, beidseitig mit Mineralvlies kaschiert, inkl. Unterdeckbahn; Dicke 80mm; NF-System, kleben, Nageldichtband; Dach						
	m2	**€ brutto**	**31**	**28**	**36**	**42**	**45**
	KG 363	€ netto	26	23	30	35	38
44	**Aufsparrendämmung PUR 028, 100mm, Vlies kaschiert** Aufsparrendämmung DAD; Polyurethan-Hartschaumplatten WLS 028, E, beidseitig mit Mineralvlies kaschiert, inkl. Unterdeckbahn; Dicke 100mm; NF-System, kleben, Nageldichtband; Dach						
	m2	**€ brutto**	**33**	**30**	**39**	**45**	**48**
	KG 363	€ netto	28	25	33	37	41
45	**Aufsparrendämmung PUR 027, 120mm, Vlies kaschiert** Aufsparrendämmung DAD; Polyurethan-Hartschaumplatten WLS 027, E, beidseitig mit Mineralvlies kaschiert, inkl. Unterdeckbahn; Dicke 120mm; NF-System, kleben, Nageldichtband; Dach						
	m2	**€ brutto**	**47**	**43**	**55**	**64**	**69**
	KG 363	€ netto	39	36	46	53	58
46	**Aufsparrendämmung PUR 027, 140mm, Vlies kaschiert** Aufsparrendämmung DAD; Polyurethan-Hartschaumplatten WLS 027, E, beidseitig mit Mineralvlies kaschiert, inkl. Unterdeckbahn; Dicke 140mm; NF-System, kleben, Nageldichtband; Dach						
	m2	**€ brutto**	**46**	**51**	**60**	**69**	**75**
	KG 363	€ netto	39	43	51	58	63
47	**Aufsparrendämmung PUR 027, 160mm, Vlies kaschiert** Aufsparrendämmung DAD; Polyurethan-Hartschaumplatten WLS 027, E, beidseitig mit Mineralvlies kaschiert, inkl. Unterdeckbahn; Dicke 160mm; NF-System, kleben, Nageldichtband; Dach						
	m2	**€ brutto**	**51**	**56**	**66**	**76**	**82**
	KG 363	€ netto	43	47	55	64	69

Dachdeckungsarbeiten						Preise €
Nr.	**Kurztext** / Stichworte **Einheit** / Kostengruppe	►	▷	**brutto ø** netto ø	◁	◄
48	**Aufsparrendämmung PUR 027, 180mm, Vlies kaschiert** Aufsparrendämmung DAD; Polyurethan-Hartschaumplatten WLS 027, E, beidseitig mit Mineralvlies kaschiert, inkl. Unterdeckbahn; Dicke 180mm; NF-System, kleben, Nageldichtband; Dach					
	m² € brutto	**54**	**60**	**71**	**81**	**88**
	KG 363 € netto	46	50	59	68	74
49	**Aufsparrendämmung PIR 024, 120mm, Alu kaschiert** Aufsparrendämmung DAD; PIR-Hartschaumplatten WLS 024, E, beidseitig mit Aluminium kaschiert, inkl. Unterdeckbahn; Dicke 120mm; NF-System, kleben, Nageldichtband; Dach					
	m² € brutto	**46**	**51**	**60**	**69**	**75**
	KG 363 € netto	39	43	51	58	63
50	**Aufsparrendämmung PIR 024, 140mm, Alu kaschiert** Aufsparrendämmung DAD; PUR/PIR-Hartschaum-Platten WLS 024, B2, beidseitig mit Aluminium kaschiert, inkl. Unterdeckbahn; Dicke 140mm; NF-System, kleben, Nageldichtband; Dach					
	m² € brutto	**53**	**59**	**69**	**79**	**86**
	KG 363 € netto	45	49	58	67	72
51	**Aufsparrendämmung PIR 024, 160mm, Alu kaschiert** Aufsparrendämmung DAD; PUR/PIR-Hartschaumplatten WLS 024, E, beidseitig mit Aluminium kaschiert, inkl. Unterdeckbahn; Dicke 160mm; NF-System, kleben, Nageldichtband; Dach					
	m² € brutto	**61**	**68**	**79**	**91**	**99**
	KG 363 € netto	51	57	67	77	83
52	**Aufdachdämmung, EPS 032, 100mm, kaschiert** Aufdachdämmung DAD; Polystyrol-Hartschaumplatten WLS 032, B1, diffusionsoffen kaschiert; Dicke 100mm; verkleben, Nagelband; Dach					
	m² € brutto	**25**	**28**	**33**	**38**	**41**
	KG 363 € netto	21	23	27	32	34
53	**Aufdachdämmung, EPS 032, 120mm, kaschiert** Aufdachdämmung DAD; Polystyrol-Hartschaum-Platten WLS 032, B1, diffusionsoffen kaschiert; Dicke 120mm; verkleben, Nagelband; Dach					
	m² € brutto	**29**	**32**	**37**	**43**	**46**
	KG 363 € netto	24	27	31	36	39
54	**Aufdachdämmung, EPS 032, 140mm, kaschiert** Aufdachdämmung DAD; Polystyrol-Hartschaumplatten WLS 032, B1, diffusionsoffen kaschiert; Dicke 140mm; verkleben, Nagelband; Dach					
	m² € brutto	**30**	**33**	**39**	**45**	**49**
	KG 363 € netto	25	28	33	38	41

Kosten: Stand 3.Quartal 2016, Bundesdurchschnitt

Dachdeckungsarbeiten **Preise €**

Nr.	Kurztext / Stichworte Einheit / Kostengruppe		▶	▷	brutto ø netto ø	◁	◀
55	**Aufdachdämmung, EPS 032, 160mm, kaschiert** Aufdachdämmung DAD; Polystyrol-Hartschaumplatten WLS 032, B1, diffusionsoffen kaschiert; Dicke 160mm; verkleben, Nagelband; Dach						
	m²	**€ brutto**	**33**	**37**	**43**	**50**	**54**
	KG 363	€ netto	28	31	36	42	45
56	**Aufdachdämmung, EPS 032, 180mm, kaschiert** Aufdachdämmung DAD; Polystyrol-Hartschaumplatten WLS 032, B1, diffusionsoffen kaschiert; Dicke 180mm; verkleben, Nagelband; Dach						
	m²	**€ brutto**	**36**	**40**	**47**	**54**	**59**
	KG 363	€ netto	30	33	39	45	49
57	**Aufdachdämmung, EPS 032, 200mm, kaschiert** Aufdachdämmung DAD; Polystyrol-Hartschaumplatten WLS 032, B1, diffusionsoffen kaschiert; Dicke 200mm; verkleben, Nagelband; Dach						
	m²	**€ brutto**	**38**	**42**	**49**	**57**	**61**
	KG 363	€ netto	32	35	41	48	52
58	**Aufdachdämmung, WF 043, 60mm, kaschiert** Aufdachdämmung DAD; Holzfaserplatten WLS 043, B2; Dicke 60mm; NF-System, kleben; Dach						
	m²	**€ brutto**	**22**	**24**	**29**	**33**	**36**
	KG 363	€ netto	18	20	24	28	30
59	**Aufdachdämmung, WF 043, 80mm, kaschiert** Aufdachdämmung DAD; Holzfaserplatten WLS 043, B2; Dicke 80mm; NF-System, kleben; Dach						
	m²	**€ brutto**	**25**	**28**	**33**	**38**	**41**
	KG 363	€ netto	21	24	28	32	35
60	**Aufdachdämmung, WF 043, 100mm, kaschiert** Aufdachdämmung DAD; Holzfaserplatten WLS 043, B2; Dicke 100mm; NF-System, kleben; Dach						
	m²	**€ brutto**	**29**	**32**	**38**	**44**	**47**
	KG 363	€ netto	25	27	32	37	40
61	**Aufdachdämmung, WF 043, 120mm, kaschiert** Aufdachdämmung DAD; Holzfaserplatten WLS 043, B2; Dicke 120mm; NF-System, kleben; Dach						
	m²	**€ brutto**	**31**	**34**	**40**	**46**	**50**
	KG 363	€ netto	26	29	34	39	42
62	**Vordeckung, Bitumenbahn V13** Vordeckung; Bitumenbahn V13; mechanisch befestigen, inkl. Lattung; Dach						
	m²	**€ brutto**	**2,4**	**4,5**	**5,4**	**5,8**	**7,2**
	KG 363	€ netto	2,0	3,8	4,6	4,8	6,0

Dachdeckungsarbeiten						Preise €
Nr.	**Kurztext** / Stichworte			**brutto ø**		
	Einheit / Kostengruppe	►	▷	netto ø	◁	◄
63	**Vordeckung, Stehfalzdeckung**					
	Vordeckung; Glasvlies; für Metalleinfassung; Dach					
	m²	**€ brutto**	**2,8**	**4,7**	**6,0**	**6,2**	**7,1**
	KG 363	€ netto	2,3	4,0	5,0	5,2	6,0
64	**Dampfbremse, Unterspannbahn, feuchtevariabel**					
	Dampfbremse; Polyethylenfolie; überlappend verlegen; inkl. aufgehende, begrenzende Bauteile					
	m²	**€ brutto**	**3,7**	**5,6**	**6,4**	**9,5**	**16,1**
	KG 363	€ netto	3,1	4,7	5,4	8,0	13,5
65	**Anschluss, Unterspannbahn, Klebeband**					
	Abdichtungsabschluss; Klebeband; an Unterspannbahn; Dachfenster/Kehle/Grat; inkl. Nebenarbeiten					
	m	**€ brutto**	**0,8**	**3,6**	**4,0**	**5,1**	**7,7**
	KG 363	€ netto	0,7	3,1	3,4	4,3	6,5
66	**Dampfbremse, sd bis 2,3m**					
	Dampfbremse; Dampfbremsbahn, sd bis 2,30m; überlappend verlegen					
	m²	**€ brutto**	**5,1**	**6,6**	**7,6**	**8,1**	**10,0**
	KG 363	€ netto	4,3	5,6	6,4	6,8	8,4
67	**Unterdeckung, WF, regensicher, 18-20mm**					
	Vordeckung, regensicher; Holzfaserplatte WF; Dicke 18-20mm; mit Dichtbändern verkleben/Nut-Feder-Profil					
	m²	**€ brutto**	**14**	**19**	**23**	**24**	**29**
	KG 363	€ netto	12	16	19	20	24
68	**Unterspannbahn, belüftetes Dach**					
	Unterdach, Unterspannbahn; frei hinterlüftet, überlappend					
	m²	**€ brutto**	**3,8**	**5,3**	**6,5**	**6,9**	**7,7**
	KG 363	€ netto	3,2	4,5	5,4	5,8	6,5
69	**Anschluss, Dampfsperre/-bremse, Klebeband**					
	Abdichtungsabschluss; Klebeband; an Wind-/Dampfsperrbahn; Dachfenster/Kehle/Grat; inkl. Nebenarbeiten					
	m	**€ brutto**	**1,2**	**5,7**	**8,0**	**9,9**	**17,5**
	KG 363	€ netto	1,0	4,8	6,7	8,3	14,7
70	**Konterlattung, trocken, 30x50mm, Dach**					
	Konterlattung; Nadelholz, S10, trocken; 30x50mm; gehobelt/sägerau; Dachfläche; verschraubt/genagelt					
	m	**€ brutto**	**1,5**	**1,9**	**2,1**	**2,4**	**3,1**
	KG 363	€ netto	1,3	1,6	1,8	2,0	2,6

Kosten: Stand 3.Quartal 2016, Bundesdurchschnitt

Dachdeckungsarbeiten — Preise €

Nr.	Kurztext / Stichworte Einheit / Kostengruppe		▶	▷	brutto ø netto ø	◁	◀
71	**Konterlattung, trocken, 40x60mm, Dach** Konterlattung; Nadelholz, S10, trocken; 40x60mm; gehobelt/sägerau; Dachfläche; verschraubt/genagelt						
	m	**€ brutto**	**1,7**	**2,8**	**3,3**	**4,2**	**5,8**
	KG 363	€ netto	1,5	2,3	2,8	3,5	4,8
72	**Konterlattung, trocken, 30x50mm, Dach** Konterlattung; Nadelholz, S10, trocken; 30x50mm; gehobelt/sägerau; Dachfläche; verschraubt/genagelt						
	m²	**€ brutto**	**1,7**	**3,0**	**3,5**	**5,8**	**9,3**
	KG 363	€ netto	1,4	2,5	2,9	4,9	7,8
73	**Konterlattung, trocken, 40x60mm, Dach** Konterlattung; Nadelholz, S10, trocken; 40x60mm; gehobelt/sägerau; Dachfläche; verschraubt/genagelt						
	m²	**€ brutto**	**2,7**	**4,9**	**6,5**	**7,2**	**9,3**
	KG 363	€ netto	2,2	4,1	5,5	6,1	7,8
74	**Dachlattung, trocken, 30x50mm, Falzziegel/Beton** Dachlattung; Nadelholz, S10, trocken; 30x50mm; sägerau; verschraubt/genagelt						
	m²	**€ brutto**	**2,6**	**5,1**	**6,3**	**7,4**	**9,8**
	KG 363	€ netto	2,2	4,3	5,3	6,2	8,2
75	**Dachlattung, trocken, 40x60mm, Falzziegel/Beton** Dachlattung; Nadelholz, S10, trocken; 40x60mm; sägerau; verschraubt/genagelt						
	m²	**€ brutto**	**5,8**	**8,0**	**8,9**	**13,0**	**18,9**
	KG 363	€ netto	4,9	6,7	7,5	10,9	15,9
76	**Dachlattung, trocken, 30x50mm, Biberschwanzdeckung** Dachlattung; Nadelholz, S10, trocken; 30x50mm; sägerau; verschraubt/genagelt						
	m²	**€ brutto**	**5,5**	**9,2**	**10,6**	**11,9**	**14,7**
	KG 363	€ netto	4,6	7,7	8,9	10,0	12,4
77	**Dachlattung, trocken, 40x60mm, Biberschwanzdeckung** Dachlattung; Nadelholz, S10, trocken; 40x60mm; sägerau; für Doppeldeckung/für Kronendeckung; verschraubt/genagelt						
	m²	**€ brutto**	**13**	**14**	**14**	**15**	**16**
	KG 363	€ netto	11	12	12	12	13
78	**Nagelabdichtung, Konterlattung** Nageldichtstreifen; Elastomerbitumenstreifen; Breite 60mm; selbstklebend; Konterlattung						
	m	**€ brutto**	**1,3**	**1,7**	**3,3**	**5,7**	**7,0**
	KG 363	€ netto	1,1	1,4	2,8	4,8	5,9

Dachdeckungsarbeiten | **Preise €**

Nr.	Kurztext / Stichworte Einheit / Kostengruppe		▶	▷	brutto ø netto ø	◁	◀
79	**Dachschalung, Nadelholz, Rauspund 24mm** Dachschalung; Nadelholz; Dicke 24mm, Breite 120-160mm; Rauspund, mechanisch befestigen; inkl. chemischem Holzschutz						
	m²	**€ brutto**	**15**	**21**	**24**	**29**	**37**
	KG 363	€ netto	13	18	21	25	31
80	**Dachschalung, Nadelholz, Rauspund 28mm** Dachschalung; Nadelholz; Dicke 28mm, Breite 120-160mm; Rauspund, mechanisch befestigen; inkl. chemischem Holzschutz						
	m²	**€ brutto**	**18**	**22**	**25**	**31**	**37**
	KG 363	€ netto	15	19	21	26	31
81	**Dachschalung, Holzspanplatte P5, 25mm** Dachschalung; Holzspanplatte P5; Dicke 22-25mm; NF-Profil, mechanisch befestigen						
	m²	**€ brutto**	**18**	**25**	**28**	**33**	**43**
	KG 363	€ netto	15	21	23	28	36
82	**Schalung, OSB/3 Feuchtebereich, 25mm** Schalung; OSB 3-Platte, ungeschliffen/geschliffen; Dicke 22-25mm; Flachpressplatte						
	m²	**€ brutto**	**19**	**24**	**25**	**27**	**30**
	KG 352	€ netto	16	20	21	22	25
83	**Traufbohle, Nadelholz, bis 60x240mm** Traufbohle; Nadelholz, S10; Höhe 20-60mm, Breite 160-240mm; befestigen mit Nägeln; inkl. Höhenausgleich						
	m	**€ brutto**	**5,0**	**8,3**	**10,1**	**12,1**	**15,8**
	KG 363	€ netto	4,2	7,0	8,5	10,1	13,2
84	**Kantholz, Nadelholz S10 trocken, 60x120mm, scharfkantig** Kantholz; Nadelholz, S10, trocken; 60x120mm; scharfkantig, gehobelt						
	m	**€ brutto**	**8,0**	**11,0**	**11,0**	**12,1**	**13,5**
	KG 361	€ netto	6,7	9,2	9,3	10,1	11,3
85	**Trauf-/Ortgangschalung, NF-Profil, 24/28mm, gehobelt** Schalung Traufe/Ortgang; Nadelholz, gehobelt; Dicke 24/28mm; imprägniert, Nut-Federschalung; inkl. chemischem Holzschutz						
	m²	**€ brutto**	**18**	**26**	**29**	**36**	**46**
	KG 363	€ netto	15	22	25	30	39
86	**Ortgangbrett, Windbrett, bis 28mm, gehobelt** Ortgangbrett; Nadelholz; Dicke 24/28mm; gehobelt						
	m	**€ brutto**	**10**	**17**	**20**	**24**	**38**
	KG 363	€ netto	8,5	14,0	16,6	20,4	31,9

Kosten: Stand 3.Quartal 2016, Bundesdurchschnitt

Dachdeckungsarbeiten **Preise €**

Nr.	Kurztext / Stichworte Einheit / Kostengruppe		▶	▷	brutto ø netto ø	◁	◀
87	**Zuluft-/Insektenschutzgitter, Traufe** Insektenschutzgitter; Breite 166mm; dreifach gekantet; inkl. Befestigungsmittel						
	m	**€ brutto**	**2,5**	**5,6**	**6,8**	**8,6**	**12,9**
	KG 363	€ netto	2,1	4,7	5,7	7,2	10,8
88	**Zahnleiste, Nadelholz, gehobelt** Ortgangbrett, Zahnleiste; Nadelholz; Dicke 30mm; gehobelt						
	m	**€ brutto**	**15**	**29**	**34**	**40**	**52**
	KG 363	€ netto	12	24	29	34	44
89	**Dachdeckung, Falzziegel, Ton** Dachdeckung, Falzziegel; Ton, feinrau/glasiert; trocken verlegen/geklammert						
	m²	**€ brutto**	**23**	**28**	**30**	**33**	**38**
	KG 363	€ netto	19	23	25	27	32
90	**Dachdeckung, Biberschwanz-/Flachziegel** Dachdeckung, Biberschwanz; Tonziegel, glatt/gerillt, feinrau/glasiert; Kronen-/Doppeldeckung						
	m²	**€ brutto**	**31**	**42**	**48**	**53**	**63**
	KG 363	€ netto	26	36	40	45	53
91	**Dachdeckung, Dachsteine** Dachdeckung Dachstein; feinrau/glasiert; trocken verlegt/geklammert						
	m²	**€ brutto**	**19**	**23**	**26**	**29**	**36**
	KG 363	€ netto	16	20	22	25	31
92	**Dachdeckung, Faserzement, Wellplatte** Dachdeckung, Faserzement; Wellplatte, A1; Holz/Stahl Unterkonstruktion						
	m²	**€ brutto**	**21**	**35**	**41**	**53**	**73**
	KG 363	€ netto	18	29	34	45	61
93	**Dachdeckung, Schiefer** Dachdeckung, Dachplatten; Schiefer; Neigung 50-55°; Deutsche Deckung/Rechteckdeckung						
	m²	**€ brutto**	**69**	**78**	**80**	**82**	**92**
	KG 363	€ netto	58	65	67	69	78
94	**Ortgang, Ziegeldeckung, Formziegel** Ortgangdeckung; Ziegel, feinrau/glasiert; Doppelwulstziegel						
	m	**€ brutto**	**26**	**35**	**39**	**50**	**78**
	KG 363	€ netto	22	29	33	42	65

Dachdeckungsarbeiten **Preise €**

Nr.	Kurztext / Stichworte Einheit / Kostengruppe	►	▷	brutto ø netto ø	◁	◄
95	**Ortgang, Biberschwanzdeckung, Formziegel** Ortgangdeckung, Biberschwanz; Ziegel, glatt/gerillt, feinrau/glasiert; Kronen-/Doppeldeckung					
	m € brutto	**16**	**31**	**36**	**38**	**45**
	KG 363 € netto	14	26	30	32	37
96	**Ortgang, Dachsteindeckung, Formziegel** Ortgangdeckung; Dachstein, feinrau/glasiert; Dachneigung 30-35°; trocken verlegt, geklammert					
	m € brutto	**28**	**40**	**42**	**47**	**58**
	KG 363 € netto	23	34	35	39	49
97	**Firstanschluss, Ziegeldeckung, Formziegel** Firstanschluss; Biberschwanz/Flachziegel; Länge 260mm; geklammert					
	m € brutto	**11**	**19**	**21**	**26**	**33**
	KG 363 € netto	9,2	15,9	18,0	21,5	28,0
98	**First, Firstziegel, mörtellos, inkl. Lüfter** Firstdeckung, trocken; Falzziegel; geklammert; bauseitiger/ liefernde Firstlatte; inkl. Lüfterelement					
	m € brutto	**32**	**45**	**49**	**55**	**68**
	KG 363 € netto	26	38	42	47	57
99	**First, Firstziegel, vermörtelt, inkl. Lüfter** Firstdeckung, gemörtelt; Falzziegel; bauseitiger/liefernder Firstlatte; inkl. Anfängerziegel					
	m € brutto	**44**	**52**	**57**	**61**	**75**
	KG 363 € netto	37	44	48	52	63
100	**First, Firststein, geklammert, Dachstein** Firstdeckung, trocken; Betondachstein; geklammert; bauseitiger/ liefernder Firstlatte; inkl. Lüfterelement					
	m € brutto	**38**	**49**	**54**	**60**	**71**
	KG 363 € netto	32	41	45	51	59
101	**Pultdachabschluss, Abschlussziegel** Abschlussdeckung; Ortgangziegel; geklammert/geschraubt; Pultdach					
	m € brutto	**38**	**58**	**65**	**71**	**99**
	KG 363 € netto	32	49	55	59	83
102	**Pultdachanschluss, Metallblech Z333** Abschlussausbildung; Metallblech; Zuschnitt 333mm; dreifach gekantet, mechanisch befestigen; Pultdach					
	m € brutto	**18**	**38**	**43**	**47**	**58**
	KG 363 € netto	15	32	36	39	49

Kosten: Stand 3.Quartal 2016, Bundesdurchschnitt

Dachdeckungsarbeiten **Preise €**

Nr.	Kurztext / Stichworte Einheit / Kostengruppe		▶	▷	brutto ø netto ø	◁	◀
103	**Grateindeckung, Ziegel, mörtellos** Gratdeckung trocken verlegt; Falzziegel; geklammert, auf vorhandener/liefernder Gratlatte; inkl. Lüfterelement						
	m	**€ brutto**	**42**	**49**	**52**	**59**	**71**
	KG 363	€ netto	36	41	44	50	60
104	**Grateindeckung, Ziegel, vermörtelt** Gratdeckung, gemörtelt; Falzziegel; auf vorhandener/zu liefernder Gratlatte						
	m	**€ brutto**	**36**	**53**	**62**	**84**	**117**
	KG 363	€ netto	31	45	52	71	99
105	**Dunstrohr-Durchgangsziegel, DN100** Dunstrohr; Durchgangsziegel; DN100; inkl. Anschlussarbeiten						
	St	**€ brutto**	**60**	**106**	**123**	**156**	**224**
	KG 363	€ netto	50	89	103	131	188
106	**Dunstrohr-Durchgangsformstück, DN100** Dunstrohr; Durchgangsformstück Kunststoff/PVC; DN100; inkl. Abdeckhaube						
	St	**€ brutto**	**37**	**70**	**80**	**98**	**134**
	KG 363	€ netto	31	59	67	82	112
107	**Lüfterziegel, trocken verlegt** Dachlüftung; Lüfterziegel; trocken verlegt, geklammert; inkl. Insektenschutzgitter						
	St	**€ brutto**	**8,3**	**15,4**	**18,6**	**22,5**	**28,9**
	KG 363	€ netto	7,0	12,9	15,7	18,9	24,3
108	**Leitungsdurchgang, Formziegel** Antennenanschluss; Formstückziegel; inkl. Anschlussarbeiten						
	St	**€ brutto**	**31**	**67**	**81**	**114**	**178**
	KG 363	€ netto	26	56	68	96	150
109	**Tonziegel, Reserve** Reserveziegel; Ton						
	St	**€ brutto**	**0,7**	**4,5**	**6,8**	**9,2**	**13,3**
	KG 363	€ netto	0,6	3,8	5,7	7,7	11,2
110	**Ziegel beidecken, Dachdeckung** Beidecken; Flachfalzziegel; Zuschneiden/Beischroten; Dachfenster, Kehlen, Kamin, Dachgauben						
	m	**€ brutto**	**4,3**	**13,8**	**16,5**	**24,5**	**45,4**
	KG 363	€ netto	3,6	11,6	13,9	20,6	38,2

Dachdeckungsarbeiten | **Preise €**

Nr.	Kurztext / Stichworte Einheit / Kostengruppe		►	▷	brutto ø netto ø	◁	◄
111	**Verklammerung, Dachdeckung** Verklammerung; korrosionsgeschütztes, nichtrostendes Material; sturmsicher; Dachdeckung						
	m²	**€ brutto**	**0,9**	**3,6**	**4,8**	**8,2**	**15,4**
	KG 363	€ netto	0,8	3,0	4,1	6,9	12,9
112	**Schornstein-Einfassung, Blech** Schornsteinverwahrung; Alu/Titanzink/Kupfer/Edelstahl; 400x600mm						
	St	**€ brutto**	**74**	**150**	**173**	**224**	**324**
	KG 363	€ netto	62	126	145	188	272
113	**Dachfenster/Dachausstieg, ESG, 490x760mm** Dachausstieg; Einscheiben-Sicherheitsglas; 490x760mm; 180° Öffnungswinkel und Schwingfunktion; inkl. Eindeckrahmen						
	St	**€ brutto**	**163**	**302**	**378**	**557**	**827**
	KG 362	€ netto	137	254	318	468	695
114	**Wohndachfenster, bis 1,50m²** Wohnraumdachfenster; Kiefer, Isolierverglasung; A bis 1,50 m², Blendrahmen 1,14x1,60m/1,34x1,40m; Klapp-Schwing-Fenster; inkl. Eindeckrahmen						
	St	**€ brutto**	**489**	**790**	**911**	**1.055**	**1.539**
	KG 362	€ netto	411	664	765	887	1.293
115	**Stundensatz Facharbeiter, Dachdeckung** Stundenlohnarbeiten, Vorarbeiter, Facharbeiter; Dachdeckung						
	h	**€ brutto**	**44**	**53**	**57**	**61**	**71**
		€ netto	37	45	48	52	60

Dachabdichtungsarbeiten **Preise €**

Nr.	Kurztext / Stichworte Einheit / Kostengruppe		▶	▷	brutto ø netto ø	◁	◀
1	**Lüftungsrohr entfernen** Be- oder Entlüftungsrohr entfernen; Bauschutt entsorgen						
	St	**€ brutto**	**5,1**	**8,6**	**10,8**	**13,0**	**23,8**
	KG 394	€ netto	4,3	7,3	9,1	10,9	20,0
2	**Kiesschüttung entfernen** Kiesschüttung entfernen; Dicke bis 30mm, auf Dachabdichtung; Bauschutt entsorgen						
	m²	**€ brutto**	**5,8**	**7,6**	**8,9**	**10,7**	**16,3**
	KG 394	€ netto	4,8	6,3	7,5	9,0	13,7
3	**Kiesschicht säubern** Kiesschicht säubern; Dicke bis 30cm; Dachfläche						
	m²	**€ brutto**	**20**	**25**	**31**	**36**	**40**
	KG 394	€ netto	17	21	26	31	33
4	**Kiesschüttung entfernen, wiederaufbringen** Kiesschüttung aufnehmen; Dicke bis 30cm; lagern, wiederauftragen; Dachfläche						
	m²	**€ brutto**	**27**	**33**	**38**	**44**	**47**
	KG 394	€ netto	23	28	32	37	40
5	**Dachplattenbelag entfernen** Plattenbelag, im Splittbett, entfernen; Dach; Bauschutt entsorgen						
	m²	**€ brutto**	**10**	**12**	**15**	**18**	**19**
	KG 394	€ netto	8,7	10,4	12,4	14,9	16,2
6	**Bitumenabdichtung abbrechen, 1-lagig** Dachabdichtung abbrechen; Bitumenbahn, einlagig; Massivdecke; Bauschutt entsorgen						
	m²	**€ brutto**	**5,1**	**7,5**	**8,8**	**10,5**	**13,0**
	KG 394	€ netto	4,3	6,3	7,4	8,9	10,9
7	**Bitumenabdichtung abbrechen, 2-lagig** Dachabdichtung abbrechen; Bitumenbahn, zweilagig; Massivdecke; Bauschutt entsorgen						
	m²	**€ brutto**	**6,0**	**11,4**	**14,3**	**17,1**	**20,8**
	KG 394	€ netto	5,0	9,6	12,0	14,4	17,5
8	**Bitumenabdichtung/Dämmung abbrechen** Dachabdichtung abbrechen; Bitumenbahn, zweilagig; inkl. Wärmedämmung; Massivdecke; Bauschutt entsorgen						
	m²	**€ brutto**	**9,0**	**14,6**	**18,2**	**21,8**	**25,9**
	KG 394	€ netto	7,6	12,2	15,3	18,3	21,8
9	**Trennlage entfernen** Trennlage entfernen; Bauschutt entsorgen						
	m²	**€ brutto**	**2,0**	**2,4**	**3,0**	**3,6**	**4,0**
	KG 394	€ netto	1,7	2,0	2,6	3,1	3,3

Kosten: Stand 3.Quartal 2016, Bundesdurchschnitt

Dachabdichtungsarbeiten **Preise €**

Nr.	Kurztext / Stichworte Einheit / Kostengruppe		▶	▷	brutto ø netto ø	◁	◀
10	**Rieselschutzmatte abbrechen** Rieselschutzmatte abbrechen; Bauschutt entsorgen						
	m²	**€ brutto**	**4,6**	**5,6**	**6,9**	**8,1**	**8,6**
	KG 394	€ netto	3,9	4,7	5,8	6,8	7,3
11	**Dachablauf abbrechen** Dachablauf abbrechen; DN120; Bauschutt entsorgen						
	St	**€ brutto**	**8,1**	**13,0**	**16,3**	**19,5**	**25,0**
	KG 394	€ netto	6,8	10,9	13,7	16,4	21,0
12	**Dachrandabschluss entfernen** Dachrandabschluss entfernen; Metall; Bauschutt entsorgen						
	m	**€ brutto**	**2,6**	**4,6**	**5,8**	**6,9**	**11,0**
	KG 394	€ netto	2,2	3,9	4,8	5,8	9,3
13	**Lichtkuppel entfernen, Flachdach** Lichtkuppel entfernen; Größe 150x150cm; inkl. Bohlenkranz; Bauschutt entsorgen						
	St	**€ brutto**	**66**	**73**	**86**	**101**	**106**
	KG 394	€ netto	56	61	72	85	89
14	**Antennenhalterung entfernen** Antennenhalterung entfernen; inkl. Befestigung; Bauschutt entsorgen						
	St	**€ brutto**	**8,2**	**9,2**	**11,5**	**13,8**	**15,0**
	KG 494	€ netto	6,9	7,8	9,7	11,6	12,6
15	**Blitzableiter entfernen** Blitzanleiter entfernen; inkl. Befestigung; Bauschutt entsorgen						
	m	**€ brutto**	**0,8**	**1,7**	**2,1**	**2,6**	**3,9**
	KG 494	€ netto	0,6	1,4	1,8	2,1	3,3
16	**Dachabdichtung ausbessern** Dachabdichtung ausbessern; Bitumendachbahn; Teilflächen; Bauschutt entsorgen						
	m²	**€ brutto**	**11**	**14**	**18**	**22**	**26**
	KG 395	€ netto	9,1	12,1	15,2	18,2	22,1
17	**Dachfläche reinigen** Dachfläche reinigen; grobe Verschmutzungen, festsitzende Mörtelreste; Bauschutt entsorgen						
	m²	**€ brutto**	**0,5**	**1,0**	**1,2**	**1,5**	**2,2**
	KG 363	€ netto	0,4	0,8	1,0	1,2	1,9
18	**Voranstrich, Dampfsperre, inkl. Reinigung** Voranstrich Dampfsperre; vollflächig aufbringen; Betonfläche; inkl. Reinigung						
	m²	**€ brutto**	**1,4**	**2,5**	**2,9**	**3,6**	**5,4**
	KG 363	€ netto	1,2	2,1	2,4	3,0	4,6

Dachabdichtungsarbeiten **Preise €**

Nr.	Kurztext / Stichworte Einheit / Kostengruppe		▶	▷	brutto ø netto ø	◁	◀
19	**Voranstrich, Dampfsperre** Voranstrich; Haftgrund als Bitumen-Voranstrich/Bitumen-Emulsion; vollflächig aufbringen; Betonfläche						
	m²	**€ brutto**	**1,1**	**2,1**	**2,4**	**3,3**	**4,8**
	KG 363	€ netto	0,9	1,8	2,0	2,8	4,0
20	**Trennlage, V13, auf Holz** Trennlage/Vordeckung; Bitumen-Dachdichtungsbahn V13; mechanisch befestigen						
	m²	**€ brutto**	**2,9**	**4,4**	**5,0**	**7,1**	**11,6**
	KG 363	€ netto	2,5	3,7	4,2	6,0	9,7
21	**Trennlage, G200 DD, auf Holz** Trennlage/Unterdeckung; Bitumen-Dachdichtungsbahn G200 DD; überlappend verlegen, mechanisch befestigen; Flachdach						
	m²	**€ brutto**	**7,2**	**9,2**	**10,0**	**10,3**	**12,4**
	KG 363	€ netto	6,1	7,8	8,4	8,7	10,4
22	**Dampfsperre, V60 S4 Al01, auf Beton** Dampfsperre; Bitumen-Schweißbahn V60 S4 Al01; verkleben; Betonbodenfläche						
	m²	**€ brutto**	**8,3**	**10,7**	**11,6**	**14,9**	**21,0**
	KG 363	€ netto	7,0	9,0	9,8	12,5	17,7
23	**Dampfsperre, Polyolefin-Kunststoffbahn** Dampfsperre; Kunststoffdichtbahn; lose verlegen, Stöße verschweißen; Betonbodenfläche						
	m²	**€ brutto**	**2,8**	**4,2**	**5,4**	**6,3**	**8,4**
	KG 363	€ netto	2,3	3,5	4,5	5,3	7,0
24	**Dampfsperre hochführen, aufgehende Bauteile** Dampfsperre, Anschluss; hochführen bis OK Dämmung; Wände/Brüstungen						
	m	**€ brutto**	**1,6**	**3,4**	**4,4**	**5,0**	**6,2**
	KG 363	€ netto	1,3	2,9	3,7	4,2	5,2
25	**Wärmedämmung, DAA, PUR 025, bis 120mm, Alu kaschiert** Wärmedämmung; Polystyrol-Hartschaum, expandiert, WLG 025, B1; Dicke bis 120mm; einlagig, dicht gestoßen, mit PU verkleben; Dach						
	m²	**€ brutto**	**27**	**33**	**41**	**51**	**55**
	KG 363	€ netto	23	28	34	43	46
26	**Wärmedämmung, DAA, PUR 025, bis 120mm** Wärmedämmung DAA; Polyurethan-Hartschaum, WLG 025, E; Dicke bis 120mm; einlagig, dicht gestoßen, mit PU verkleben; Dach						
	m²	**€ brutto**	**17**	**24**	**27**	**29**	**35**
	KG 363	€ netto	14	21	22	25	30

Dachabdichtungsarbeiten							Preise €
Nr.	**Kurztext** / Stichworte				**brutto ø**		
	Einheit / Kostengruppe		▶	▷	netto ø	◁	◀
27	**Wärmedämmung, DAA, EPS 035, bis 140mm**						
	Wärmedämmung; Polystyrol-Hartschaum, expandiert, WLG 035, B1; Dicke bis 140mm; einlagig, dicht gestoßen, mit PU verkleben; Dach						
	m²	**€ brutto**	**17**	**24**	**26**	**31**	**40**
	KG 363	€ netto	15	20	22	26	33
28	**Wärmedämmung, DAA, CG, bis 140mm**						
	Wärmedämmung; Schaumglas WLG 045, A1; Dicke bis 140mm; einlagig, dicht gestoßen, vollflächig verkleben; Dach; inkl. Deckaufstrich						
	m²	**€ brutto**	**30**	**60**	**72**	**87**	**117**
	KG 363	€ netto	26	50	60	73	98
29	**Gefälledämmung DAA, EPS, i.M. bis 160mm**						
	Gefälledämmung; Polystyrol-Hartschaum, expandiert, WLG 035, B1; Dicke i.M.bis 160mm; einlagig, dicht gestoßen, verkleben; Dach						
	m²	**€ brutto**	**26**	**32**	**35**	**39**	**46**
	KG 363	€ netto	22	27	30	32	39
30	**Gefälledämmung DAA, PUR, i.M. bis 160mm**						
	Gefälledämmung; Polyurethan-Hartschaum, WLG 025, E; Dicke i.M. 160mm; einlagig, dicht gestoßen, verkleben; Dach						
	m²	**€ brutto**	**33**	**43**	**47**	**50**	**59**
	KG 363	€ netto	28	36	40	42	50
31	**Übergang, Dämmkeile, Hartschaum, 60x60mm**						
	Übergang, Dämmkeil; Hartschaum; 45°, 60x60mm; einkleben						
	m	**€ brutto**	**1,2**	**2,7**	**3,4**	**5,2**	**9,3**
	KG 363	€ netto	1,0	2,3	2,9	4,4	7,8
32	**Unterkonstruktion, Kanthölzer, bis 100x60mm**						
	Unterkonstruktion, Kantholz; Nadelholz, S10TS, imprägniert; 60-100x60mm; Holzschutz Iv, P, W, ST						
	m	**€ brutto**	**6,2**	**8,9**	**9,4**	**10,0**	**11,2**
	KG 363	€ netto	5,2	7,5	7,9	8,4	9,4
33	**Unterkonstruktion, Holzbohlen, 40x120mm**						
	Unterkonstruktion, Holzbohlen; Nadelholz, S10, trocken, imprägniert; mechanisch befestigen; Holzschutz Iv, P, W, St.						
	m	**€ brutto**	**9,4**	**13,4**	**15,7**	**19,6**	**26,6**
	KG 363	€ netto	7,9	11,2	13,2	16,5	22,4
34	**Fugenabdichtung, Silikon**						
	Fugenabdichtung; Silikon; inkl. Flankenbehandlung, Hinterlegung Fugenhohlräume						
	m	**€ brutto**	**1,7**	**4,8**	**5,9**	**7,2**	**9,8**
	KG 363	€ netto	1,4	4,0	5,0	6,0	8,2

Dachabdichtungsarbeiten **Preise €**

Nr.	Kurztext / Stichworte Einheit / Kostengruppe	▶	▷	brutto ø netto ø	◁	◀
35	**Bewegungsfuge, Typ I/II** Bewegungsfuge; Typ I/II; Flachdachaufbau					
	m **€ brutto**	**18**	**30**	**35**	**41**	**63**
	KG 363 € netto	15	25	29	34	53
36	**Dachabdichtung PYE PV250 S5, obere Lage** Dachabdichtung, obere Lage; Polymerbitumen-Schweißbahn PYE PV250 S5; extensiv/intensiv genutzte Dächer					
	m² **€ brutto**	**9,0**	**12,5**	**13,8**	**16,7**	**24,2**
	KG 363 € netto	7,6	10,5	11,6	14,0	20,3
37	**Dachabdichtung PYE PV 200 S5 Cu01, obere Lage, Wurzelschutz** Dachabdichtung, obere Lage mit Wurzelschutz; Polymerbitumen-Schweißbahn PYE PV 200 S5 Cu01; überlappend, vollflächig verschweißen; Flachdach					
	m² **€ brutto**	**10,0**	**20,4**	**23,7**	**25,5**	**32,6**
	KG 363 € netto	8,4	17,2	19,9	21,4	27,4
38	**Dachabdichtung zweilagig, Polymerbitumen-Schweißbahnen** Dachabdichtung, zweilagig; Polymerbitumen-Schweißbahn PYE-G 200 S4/S5 Cu01; vollflächig verschweißen					
	m² **€ brutto**	**21**	**26**	**27**	**33**	**38**
	KG 363 € netto	18	22	23	28	32
39	**Wandanschluss, gedämmt, zweilagige Abdichtung** Wandanschluss, gedämmt; EPS-Dämmstoffkeile, WLG 035; 60x60mm; mechanische Befestigung					
	m **€ brutto**	**10**	**25**	**31**	**43**	**66**
	KG 363 € netto	8,5	21,0	25,7	35,7	55,6
40	**Dachabdichtung, Kunststoffbahn, einlagig, Wurzelschutz** Dachabdichtung mit Wurzelschutz; PVC-P Kunststoffbahn mit Glasvlies; Dicke 2,4mm; einlagig, verschweißen					
	m² **€ brutto**	**19**	**25**	**28**	**32**	**41**
	KG 363 € netto	16	21	23	27	35
41	**Flüssigabdichtung, Wandanschluss** Abdichtungsbeschichtung, flüssig; Polyurethanharz mit Vliesarmierung; punktförmig/linear					
	m **€ brutto**	**27**	**45**	**50**	**72**	**106**
	KG 363 € netto	23	38	42	60	89
42	**Flüssigabdichtung, Dach, PU-Harz/Vlies** Abdichtungsbeschichtung, flüssig; Polyurethanharz mit Vliesarmierung; punktförmig/linear					
	m² **€ brutto**	**74**	**85**	**106**	**138**	**149**
	KG 363 € netto	62	71	89	116	125

Kosten: Stand 3.Quartal 2016, Bundesdurchschnitt

Dachabdichtungsarbeiten — Preise €

Nr.	Kurztext / Stichworte Einheit / Kostengruppe		▶	▷	brutto ø netto ø	◁	◀
43	**Sanierungsabdichtung, PV300, Loch-Folie, PP-Vlies** Sanierungsabdichtung; Polymerbitumen mit Vlieseinlage PV300, oberseitig beschiefert, unterseitig mit Lochfolie und PP-Vlies kaschiert; Flachdach						
	m²	**€ brutto**	**22**	**28**	**32**	**38**	**40**
	KG 363	€ netto	19	23	27	32	34
44	**Sanierungsabdichtung, PV180, vlieskaschiert** Sanierungsabdichtung; Polymerbitumen mit Vlieseinlage PV180, unterseitig mit PP-Vlies kaschiert; Flachdach						
	m²	**€ brutto**	**16**	**21**	**24**	**28**	**30**
	KG 363	€ netto	14	17	20	24	25
45	**Stundensatz Facharbeiter, Dachdichtung** Stundenlohnarbeiten, Vorarbeiter, Facharbeiter; Dachabdichtungsarbeiten						
	h	**€ brutto**	**46**	**54**	**57**	**59**	**64**
		€ netto	39	45	48	50	54
46	**Stundensatz Helfer, Dachdichtung** Stundenlohnarbeiten, Werker, Helfer; Dachabdichtungsarbeiten						
	h	**€ brutto**	**40**	**45**	**48**	**51**	**57**
		€ netto	33	38	40	43	48

Klempnerarbeiten						Preise €
Nr.	Kurztext / Stichworte Einheit / Kostengruppe	▶	▷	brutto ø netto ø	◁	◀
1	**Schneefanggitter entfernen** Schneefanggitter entfernen; inkl. Befestigung; Bauschutt entsorgen					
	m **€ brutto**	**2,4**	**3,7**	**4,3**	**5,3**	**9,1**
	KG 394 € netto	2,1	3,1	3,6	4,5	7,7
2	**Dachrinne vorgehängt, entfernen** Dachrinne, vorgehängt, demontieren; inkl. Rinnenhaken; Bauschutt entsorgen					
	m **€ brutto**	**1,7**	**3,0**	**3,8**	**4,7**	**6,4**
	KG 394 € netto	1,4	2,5	3,2	3,9	5,4
3	**Kastenrinne entfernen** Kastenrinne, innenliegend, demontieren; inkl. Rinnenhaken; Bauschutt entsorgen					
	m **€ brutto**	**2,8**	**4,2**	**5,3**	**6,5**	**8,5**
	KG 394 € netto	2,3	3,5	4,5	5,5	7,1
4	**Rinneneinhangstutzen entfernen** Rinneneinhangstutzen entfernen; Bauschutt entsorgen					
	St **€ brutto**	**1,0**	**1,2**	**1,5**	**1,8**	**2,0**
	KG 394 € netto	0,8	1,0	1,3	1,6	1,6
5	**Fallrohr entfernen** Fallrohr entfernen; inkl. Befestigung und Verbindung zur Dachrinne; Bauschutt entsorgen					
	m **€ brutto**	**1,4**	**2,8**	**3,6**	**4,4**	**6,1**
	KG 394 € netto	1,2	2,4	3,0	3,7	5,1
6	**Standrohr abschneiden** Standrohr abschneiden; Gusseisen; DN100; Bauschutt entsorgen					
	St **€ brutto**	**3,5**	**8,0**	**10,1**	**12,5**	**22,9**
	KG 394 € netto	2,9	6,7	8,5	10,5	19,2
7	**Traufblech entfernen** Traufblech entfernen; Breite bis 500mm; Bauschutt entsorgen					
	m **€ brutto**	**1,8**	**2,1**	**2,6**	**3,2**	**6,4**
	KG 394 € netto	1,5	1,7	2,2	2,7	5,4
8	**Winkelkehle entfernen** Windkehle entfernen; Blech; Bauschutt entsorgen					
	m **€ brutto**	**2,0**	**3,2**	**4,0**	**4,9**	**7,3**
	KG 394 € netto	1,7	2,7	3,4	4,1	6,1
9	**Verwahrung entfernen** Verwahrung entfernen; Bauschutt entsorgen					
	m **€ brutto**	**2,6**	**4,1**	**5,1**	**6,3**	**9,9**
	KG 394 € netto	2,2	3,4	4,3	5,3	8,3

Klempnerarbeiten **Preise €**

Nr.	Kurztext / Stichworte Einheit / Kostengruppe	▶	▷	brutto ø netto ø	◁	◀
10	**Ortgangverblechung entfernen** Ortgangverblechung entfernen; inkl. Windleiste, Blechabdeckung; Bauschutt entsorgen					
	m **€ brutto**	**2,3**	**3,8**	**4,8**	**5,8**	**9,8**
	KG 394 € netto	1,9	3,2	4,0	4,9	8,2
11	**Wandanschlussprofil entfernen** Wandanschlussprofil entfernen; inkl. Befestigungsmittel; Bauschutt entsorgen					
	m **€ brutto**	**4,0**	**7,4**	**9,4**	**11,5**	**14,6**
	KG 394 € netto	3,4	6,2	7,9	9,7	12,3
12	**Fensterblech entfernen** Fensterblech entfernen; inkl. Befestigungsmittel; Bauschutt entsorgen					
	m **€ brutto**	**2,1**	**3,5**	**4,4**	**5,4**	**8,5**
	KG 394 € netto	1,8	2,9	3,7	4,5	7,1
13	**Blechabdeckung entfernen** Blechabdeckung entfernen; Breite bis 600mm; Bauschutt entsorgen					
	m **€ brutto**	**2,4**	**5,0**	**6,3**	**7,8**	**11,1**
	KG 394 € netto	2,0	4,2	5,3	6,5	9,4
14	**Schornsteinverblechung entfernen** Schornsteinverblechung entfernen; Bauschutt entsorgen					
	m² **€ brutto**	**9,8**	**15,3**	**19,4**	**23,9**	**34,8**
	KG 394 € netto	8,3	12,9	16,3	20,0	29,2
15	**Schornsteinabdeckung entfernen** Schornsteinabdeckung entfernen; Blech; Bauschutt entsorgen					
	St **€ brutto**	**6,8**	**8,4**	**10,6**	**12,4**	**13,3**
	KG 394 € netto	5,7	7,1	8,9	10,5	11,2
16	**Gaubenverblechung entfernen** Gaubenverblechung entfernen; inkl. Anschlüsse; Bauschutt entsorgen					
	m² **€ brutto**	**5,3**	**9,3**	**11,8**	**14,5**	**23,0**
	KG 394 € netto	4,4	7,8	9,9	12,2	19,3
17	**Blech-Dachdeckung entfernen** Dacheindeckung entfernen; Metallblech; auf Holzschalung; Bauschutt entsorgen					
	m² **€ brutto**	**5,5**	**12,7**	**16,0**	**19,7**	**28,4**
	KG 394 € netto	4,6	10,6	13,5	16,6	23,9
18	**Blechbekleidung entfernen** Blechbekleidung entfernen; Außenwand; Bauschutt entsorgen					
	m² **€ brutto**	**12**	**14**	**18**	**21**	**23**
	KG 394 € netto	10	12	15	18	20

Klempnerarbeiten **Preise €**

Nr.	Kurztext / Stichworte Einheit / Kostengruppe		▶	▷ brutto ø netto ø		◁	◀
19	**Trennlage entfernen** Trennlage entfernen; Blechdach; Bauschutt entsorgen						
	m² KG 394	**€ brutto** € netto	**2,2** 1,8	**2,7** 2,2	**3,4** 2,8	**4,1** 3,4	**4,3** 3,6
20	**Antenne demontieren** Antenne abbauen; inkl. Halterung und Befestigungsmittel; lagern						
	St KG 394	**€ brutto** € netto	**8,6** 7,2	**14,4** 12,1	**18,3** 15,3	**21,6** 18,1	**23,6** 19,8
21	**Blitzableiter entfernen** Blitzableiter entfernen; Bauschutt entsorgen						
	m KG 394	**€ brutto** € netto	**0,8** 0,6	**1,3** 1,1	**1,7** 1,4	**2,1** 1,7	**3,5** 2,9
22	**Schneefanggitter, Kupfer** Schneefanggitter; Kupfer; Höhe 200mm; Steildach						
	m KG 369	**€ brutto** € netto	**46** 39	**57** 48	**63** 53	**72** 61	**92** 77
23	**Schneefanggitter, Metall** Schneefanggitter; verzinkter Stahl; Höhe 200mm; Steildach						
	m KG 369	**€ brutto** € netto	**17** 14	**31** 26	**36** 30	**54** 45	**82** 69
24	**Schneefangrohr, Rundprofil** Schneefangrohr; Aluminiumrohr 32x2mm/Kupferrohr 33x2mm/Rundholzprofil 80mm; mit Walzblei abdichten						
	m KG 369	**€ brutto** € netto	**23** 19	**32** 27	**38** 32	**40** 33	**44** 37
25	**Schneefangrohr, Stehfalzdeckung** Schneefangrohr; Aluminumrohr 32x2mm/Kupferrohr 33x2/Rundholzprofil 80mm; Holz 80mm; auf Stehfalzdeckung						
	m KG 369	**€ brutto** € netto	**22** 18	**35** 29	**36** 30	**40** 34	**47** 40
26	**Dachdeckung, Doppelstehfalz, Kupfer** Stehfalzdeckung Doppelfalz; Kupfer, vorbewittert; inkl. Befestigungsmittel; Dach						
	m² KG 363	**€ brutto** € netto	**65** 55	**99** 83	**116** 98	**135** 113	**166** 139
27	**Dachdeckung, Doppelstehfalz, Titanzink** Stehfalzdeckung Doppelfalz; Titanzink, vorbewittert; inkl. Befestigungsmittel; Dach						
	m² KG 363	**€ brutto** € netto	**55** 46	**85** 72	**103** 86	**118** 99	**150** 126

Kosten: Stand 3.Quartal 2016, Bundesdurchschnitt

Klempnerarbeiten **Preise €**

Nr.	Kurztext / Stichworte Einheit / Kostengruppe		▶	▷	brutto ø netto ø	◁	◀
28	**Trennlage, Blechflächen, V13** Vordeckung/Trennlage/Notdeckung; Bitumen-Dachdichtungsbahn V13, besandet; genagelt; Holzschalung						
	m²	**€ brutto**	**3,7**	**5,8**	**6,6**	**8,2**	**10,9**
	KG 363	€ netto	3,1	4,8	5,5	6,9	9,1
29	**Walzbleianschluss, Blechstreifen** Walzbleianschluss; Anschlusshöhe 150mm; aufgehende Bauteile; inkl. verzinkter Kappleiste						
	m²	**€ brutto**	**23**	**37**	**41**	**45**	**61**
	KG 363	€ netto	19	31	35	38	51
30	**Schornsteinbekleidung, Winkel-/Stehfalzdeckung** Schornsteinverkleidung; Winkel-/Stehfalzdeckung, vorbewittert; Breite 720mm für Achsmaß 600/Breite 620mm für Achsmaß 500mm; befestigt mit Haftern						
	m²	**€ brutto**	**89**	**150**	**169**	**230**	**313**
	KG 363	€ netto	74	126	142	193	263
31	**Schornsteinverwahrung, Metallblech** Schornsteinverwahrung; Titanzink; Höhe 150mm; verputzter/verblendet gemauerter Kamin						
	m	**€ brutto**	**44**	**54**	**57**	**61**	**67**
	KG 363	€ netto	37	45	48	51	56
32	**Wandanschlussblech, Kupfer** Wandanschluss; Kupfer, vorbewittert; Anschluss 500mm, Überhang bis 200mm; mehrfach gekantet						
	m	**€ brutto**	**21**	**34**	**35**	**40**	**49**
	KG 363	€ netto	17	28	29	33	41
33	**Wandanschlussblech, Titanzink** Wandanschluss; Titanzink, vorbewittert; Dicke 0,7-0,8mm, Überhang bis 200mm; mehrfach gekantet						
	m	**€ brutto**	**13**	**21**	**25**	**28**	**36**
	KG 363	€ netto	11	18	21	23	30
34	**Überhangblech, bis Z 330** Überhangblech; Titanzink/Kupfer, vorbewittert; Zuschnitt 200-400mm; mehrfach gekantet						
	m	**€ brutto**	**18**	**21**	**22**	**25**	**31**
	KG 363	€ netto	15	18	18	21	26
35	**Überhangblech, bis Z 150** Überhangblech; Titanzink/Kupfer, vorbewittert; Zuschnitt bis 150mm; mehrfach gekantet						
	m	**€ brutto**	**10**	**14**	**17**	**25**	**32**
	KG 363	€ netto	8,5	11,9	14,3	20,7	27,1

Klempnerarbeiten **Preise €**

Nr.	Kurztext / Stichworte Einheit / Kostengruppe	▶	▷	brutto ø netto ø	◁	◀
36	**Firstanschlussblech, Titanzink, bis Z 500** Firstanschlussblech; Titanzink; Zuschnitt bis 500mm; mehrfach gekantet; auf Holzunterkonstruktion verlegt					
	m **€ brutto**	**31**	**45**	**50**	**58**	**101**
	KG 363 € netto	26	38	42	49	85
37	**Attika/Mauerabdeckung, Kupfer, bis Z 500** Attika- oder Mauerabdeckung; Kupfer, vorpatiniert; Zuschnitt bis 500mm; gekantet					
	m **€ brutto**	**31**	**73**	**75**	**86**	**110**
	KG 363 € netto	26	61	63	72	93
38	**Attika/Mauerabdeckung, Titanzink, bis Z 500** Attika/Mauerabdeckung; Titanzink, vorbewittert; Zuschnitt bis 500mm; gekantet					
	m **€ brutto**	**22**	**44**	**52**	**63**	**86**
	KG 363 € netto	19	37	44	53	72
39	**Ortgangblech, Kupfer, Z 333** Ortgangblech; Kupfer, vorpatiniert; Zuschnitt 333mm; gefalzt/glatt, gekantet					
	m **€ brutto**	**19**	**31**	**32**	**42**	**71**
	KG 363 € netto	16	26	27	35	60
40	**Ortgangblech, Titanzink, Z 333** Ortgangblech; Titanzink, vorbewittert; Zuschnitt 333mm; gefalzt/glatt, gekantet					
	m **€ brutto**	**14**	**28**	**33**	**43**	**67**
	KG 363 € netto	11	24	28	36	57
41	**Blechkehle, Kupfer, bis Z 667** Kehlblech; Kupfer, vorpatiniert; Zuschnitt bis 667mm; gekantet					
	m **€ brutto**	**19**	**27**	**31**	**39**	**57**
	KG 363 € netto	16	23	26	33	48
42	**Blechkehle, Titanzink, bis Z 667** Kehlblech; Titanzink; Zuschnitt 400/500/667mm; gekantet					
	m **€ brutto**	**22**	**30**	**32**	**41**	**67**
	KG 363 € netto	19	25	27	35	56
43	**Kiesfangleiste, Lochblech** Kiesfangleiste; mit Montagehaltern fixiert; Anschluss, Dachdichtbahn					
	m **€ brutto**	**16**	**20**	**22**	**25**	**31**
	KG 363 € netto	13	17	19	21	26
44	**Traufstreifen, Kupfer, Z 333** Traufblech; Kupfer, vorbewittert; Zuschnitt 333mm; dreifach gekantet					
	m **€ brutto**	**12**	**18**	**21**	**29**	**41**
	KG 363 € netto	10	15	17	24	34

Kosten: Stand 3.Quartal 2016, Bundesdurchschnitt

Klempnerarbeiten						**Preise €**
Nr.	**Kurztext** / Stichworte **Einheit** / Kostengruppe	▶	▷	**brutto ø** netto ø	◁	◀
45	**Traufstreifen, Titanzink, Z 333** Traufblech; Titanzink, vorbewittert; Zuschnitt 333mm; dreifach gekantet					
	m **€ brutto**	**15**	**19**	**20**	**26**	**35**
	KG 363 € netto	12	16	17	22	30
46	**Notüberlauf, Flachdach** Notüberlauf; Abwicklung 500mm; halbrund/rechteckig; in Attika					
	St **€ brutto**	**47**	**121**	**155**	**262**	**440**
	KG 363 € netto	40	102	130	220	369
47	**Standrohr; Stahl-/Kupferblech** Standrohr; Titanzink/Kupfer; DN80/DN100; vorpatiniert; inkl. Revisionsöffnung, Deckel und Schrauben					
	St **€ brutto**	**47**	**74**	**80**	**92**	**122**
	KG 363 € netto	40	62	68	77	103
48	**Standrohr, Guss/SML** Standrohr; Gusseisen/SML-Rohr; DN60/DN80/DN100; inkl. Anschluss an Rohrleitungsnetz.					
	St **€ brutto**	**38**	**59**	**72**	**88**	**124**
	KG 363 € netto	32	49	60	74	104
49	**Rinnensieb** Laubfangkorb; Stahldraht/ Kupfer/Edelstahl; für Ablauf					
	St **€ brutto**	**6,1**	**7,4**	**8,1**	**10,6**	**14,3**
	KG 411 € netto	5,2	6,3	6,8	8,9	12,0
50	**Regenwasserklappe, Titanzink, DN100** Regenwasserklappe; Titanzink; DN100					
	St **€ brutto**	**25**	**36**	**40**	**47**	**63**
	KG 363 € netto	21	30	34	39	53
51	**Standrohrkappen, Titanzink/Kupfer** Standrohrkappe; Titanzink/Kupfer; DN100; mit/ohne Muffe					
	St **€ brutto**	**1,5**	**6,0**	**7,5**	**10,5**	**19,6**
	KG 411 € netto	1,2	5,0	6,3	8,8	16,5
52	**Fallrohrbogen, Kupfer, DN100** Fallrohrbogen; Kupfer, vorpatiniert; DN100, 60°/40°/72°; innen verlötet					
	St **€ brutto**	**13**	**19**	**22**	**24**	**27**
	KG 411 € netto	11	16	19	20	23
53	**Fallrohrbogen, Titanzink, DN100** Fallrohrbogen; Titanzink, vorbewittert; DN100; geschweißt, verlötet					
	St **€ brutto**	**8,9**	**13,2**	**15,2**	**16,2**	**27,0**
	KG 411 € netto	7,5	11,1	12,8	13,6	22,7

Klempnerarbeiten **Preise €**

Nr.	Kurztext / Stichworte Einheit / Kostengruppe		▶	▷	brutto ø netto ø	◁	◀
54	**Fallrohr, Kupfer, DN100** Fallrohr; Kupfer; DN100; Rohrschellen, Schraubstift						
	m	**€ brutto**	**22**	**27**	**30**	**39**	**57**
	KG 411	€ netto	18	23	25	33	48
55	**Fallrohr, Titanzink, bis DN100** Fallrohr; Titanzink, vorbewittert; DN60/DN80/DN100; Rohrschellen, Schraubstift						
	m	**€ brutto**	**20**	**25**	**27**	**30**	**33**
	KG 411	€ netto	17	21	23	25	28
56	**Fallrohr, Titanzink, bis DN150** Fallrohr; Titanzink, vorbewittert; DN120/DN150; Rohrschellen, Schraubstift						
	m	**€ brutto**	**23**	**27**	**30**	**37**	**49**
	KG 411	€ netto	19	23	25	31	41
57	**Rinnenendstück, Rinnenboden, Kupfer** Rinnenendstück, rund/kastenförmig; Kupfer; Dachrinne						
	St	**€ brutto**	**4,2**	**13,3**	**14,1**	**16,9**	**26,3**
	KG 363	€ netto	3,5	11,2	11,8	14,2	22,1
58	**Rinnenendstück, Rinnenboden, Titanzink** Rinnenendstück, halbrund/kastenförmig; Titanzink, vorbewittert; Dachrinne						
	St	**€ brutto**	**1,8**	**9,4**	**12,3**	**19,4**	**38,7**
	KG 363	€ netto	1,5	7,9	10,4	16,3	32,5
59	**Rinnenstutzen, Kupfer** Rinnenstutzen; Kupfer, vorpatiniert; Dachrinne/Fallrohr						
	St	**€ brutto**	**19**	**25**	**28**	**30**	**36**
	KG 363	€ netto	16	21	23	25	31
60	**Rinnenstutzen, Titanzink** Rinnenstutzen; Titanzink, vorbewittert; Zuschnitt 250-380mm; Dachrinne/Fallrohr						
	St	**€ brutto**	**11**	**18**	**22**	**27**	**38**
	KG 363	€ netto	9,4	14,8	18,2	22,8	32,1
61	**Dachrinne, Kupfer, Z 250** Hängedachrinne, halbrund; Kupfer; Zuschnitt 250mm; Wulst und Falz						
	m	**€ brutto**	**22**	**32**	**36**	**43**	**62**
	KG 363	€ netto	18	27	30	36	52
62	**Dachrinne, Titanzink, Kastenrinne, Z 280** Hängedachrinne, kastenförmig; Titanzink, vorbewittert; Zuschnitt 280mm; Wulst und Falz						
	m	**€ brutto**	**23**	**36**	**41**	**51**	**78**
	KG 363	€ netto	19	30	34	43	66

Kosten: Stand 3.Quartal 2016, Bundesdurchschnitt

Klempnerarbeiten — Preise €

Nr.	Kurztext / Stichworte Einheit / Kostengruppe		▶	▷	brutto ø netto ø	◁	◀
63	**Dachrinne, Titanzink, bis Z 250** Hängedachrinne, halbrund; Titanzink, vorbewittert; Zuschnitt bis 250mm; Wulst und Falz						
	m	**€ brutto**	**17**	**27**	**31**	**33**	**39**
	KG 363	€ netto	15	23	26	28	33
64	**Traufblech, Kupfer, Z 333** Traufblech, Rinneneinhang; Kupfer; Zuschnitt 333mm; Tropfkante, dreifach gekantet						
	m	**€ brutto**	**15**	**21**	**24**	**27**	**42**
	KG 363	€ netto	13	18	20	22	35
65	**Traufblech, Titanzink, Z 333** Traufblech, Rinneneinhang; Titanzink; Zuschnitt 333mm; Wulst/Tropfkante, dreifach gekantet						
	m	**€ brutto**	**9,0**	**15,3**	**17,8**	**23,7**	**35,4**
	KG 363	€ netto	7,6	12,8	14,9	19,9	29,7
66	**Lüftungsblech, Insektenschutz** Insektenschutzgitter; Lochblech; Zuschnitt 167mm; zweifach gekantet; Holzunterkonstruktion						
	m	**€ brutto**	**6,6**	**9,9**	**11,7**	**15,3**	**21,0**
	KG 363	€ netto	5,5	8,3	9,8	12,9	17,7
67	**Stundensatz Facharbeiter, Klempner** Stundenlohnarbeiten, Vorarbeiter, Facharbeiter; Klempnerarbeiten						
	h	**€ brutto**	**44**	**50**	**53**	**54**	**58**
		€ netto	37	42	45	46	48

B

Ausbau

Titel des Leistungsbereichs	LB-Nr.
Putz- und Stuckarbeiten, Wärmedämmsysteme	323
Fliesen- und Plattenarbeiten	324
Estricharbeiten	325
Fenster, Außentüren	326
Tischlerarbeiten	327
Parkett-, Holzpflasterarbeiten	328
Beschlagarbeiten	329
Rollladenarbeiten	330
Metallbauarbeiten	331
Verglasungsarbeiten	332
Baureinigungsarbeiten	334
Maler- und Lackiererarbeiten - Beschichtungen	335
Bodenbelagarbeiten	336
Tapezierarbeiten	337
Vorgehängte hinterlüftete Fassaden	338
Trockenbauarbeiten	339

Putz- und Stuckarbeiten, Wärmedämmsysteme **Preise €**

Nr.	Kurztext / Stichworte Einheit / Kostengruppe		▶	▷	brutto ø netto ø	◁	◀
1	**Außenputz abschlagen, Mauerwerk** Wandputz zweilagig, abschlagen; Dicke bis 30mm; reinigen; außen; Bauschutt entsorgen						
	m²	**€ brutto**	**7,0**	**11,3**	**12,9**	**15,5**	**21,8**
	KG 394	€ netto	5,9	9,5	10,8	13,0	18,3
2	**Außenputz abschlagen, Teilflächen** Wandputz zweilagig, abschlagen, Teilflächen; bis 1,00m², Dicke bis 30mm; reinigen; außen; Bauschutt entsorgen						
	m²	**€ brutto**	**8,3**	**14,0**	**15,9**	**18,4**	**26,5**
	KG 394	€ netto	6,9	11,8	13,4	15,5	22,3
3	**Sockelputz abschlagen** Sockelputz abschlagen; Dicke bis 30mm; reinigen; außen; Bauschutt entsorgen						
	m²	**€ brutto**	**7,0**	**10,0**	**11,3**	**13,1**	**18,8**
	KG 394	€ netto	5,9	8,4	9,5	11,0	15,8
4	**Deckenputz abschlagen** Deckenputz abschlagen; Dicke bis 20mm; reinigen; Bauschutt entsorgen						
	m²	**€ brutto**	**9,0**	**18,7**	**21,3**	**24,7**	**31,0**
	KG 394	€ netto	7,6	15,7	17,9	20,7	26,1
5	**Deckenputz abschlagen, Teilflächen** Deckenputz abschlagen, Teilflächen; bis 1,00m², Dicke bis 20mm; reinigen; Bauschutt entsorgen						
	m²	**€ brutto**	**9,8**	**17,8**	**22,3**	**25,8**	**36,3**
	KG 394	€ netto	8,2	15,0	18,7	21,7	30,5
6	**Putzträger entfernen, Wand** Putzträger ausbauen; Streckmetall; Wand; Bauschutt entsorgen						
	m²	**€ brutto**	**6,9**	**10,2**	**11,6**	**13,4**	**20,8**
	KG 394	€ netto	5,8	8,6	9,7	11,3	17,5
7	**Putzträger entfernen, Decke** Putzträger ausbauen; Streckmetall; Decke; Bauschutt entsorgen						
	m²	**€ brutto**	**7,5**	**14,2**	**16,1**	**18,7**	**23,8**
	KG 394	€ netto	6,3	11,9	13,6	15,7	20,0
8	**Eckschutzschiene abbrechen** Eckschutzschiene abbrechen; Länge bis 1,50m; inkl. Befestigungsanker; Bauschutt entsorgen						
	m	**€ brutto**	**4,0**	**4,5**	**5,1**	**6,0**	**11,1**
	KG 394	€ netto	3,4	3,8	4,3	5,0	9,4

Putz- und Stuckarbeiten, Wärmedämmsysteme **Preise €**

Nr.	Kurztext / Stichworte Einheit / Kostengruppe		▶	▷	brutto ø netto ø	◁	◀
9	**Ziegelwand/Fugen reinigen** Wandfläche reinigen; Mauerwerk; Ziegel; Fugen auskratzen, bürsten; Wand; Bauschutt entsorgen						
	m²	**€ brutto**	**1,4**	**4,3**	**4,9**	**8,0**	**12,3**
	KG 395	€ netto	1,2	3,6	4,1	6,7	10,3
10	**Sandstrahlen, Altputz** Strahlen, Altputz; Sand; entfernen von Schmutz, Ausblühungen; Wand; Bauschutt entsorgen						
	m²	**€ brutto**	**4,9**	**9,1**	**10,4**	**12,0**	**15,0**
	KG 395	€ netto	4,1	7,7	8,7	10,1	12,6
11	**Feuchtestrahlen, Putzuntergrund** Feuchtestrahlen, Putzuntergrund; festes Strahlmittel befeuchtet; Putzflächen; fest haftende Stoffe entfernen, Fläche nachwaschen; Bauschutt entsorgen						
	m²	**€ brutto**	**6,4**	**10,1**	**11,5**	**13,4**	**17,6**
	KG 395	€ netto	5,4	8,5	9,7	11,2	14,8
12	**Druckreinigung, Rotordüse, Putzuntergrund** Hochdruckreinigen, Rotordüse; Wasser; Putzflächen; feste Stoffe entfernen; Bauschutt entsorgen						
	m²	**€ brutto**	**3,5**	**6,8**	**7,8**	**9,0**	**12,3**
	KG 395	€ netto	2,9	5,7	6,5	7,6	10,3
13	**Fassadenreinigung, Dampfstrahlen** Dampfstrahlen, Putzuntergrund; fest haftende Stoffe entfernen; Bauschutt entsorgen						
	m²	**€ brutto**	**2,5**	**4,8**	**5,5**	**6,4**	**10,4**
	KG 395	€ netto	2,1	4,1	4,6	5,4	8,7
14	**Hohlstellen prüfen, Innenputz** Hohlstellen; Innenputz; prüfen, markieren						
	m²	**€ brutto**	**0,8**	**1,4**	**1,6**	**1,8**	**3,3**
	KG 394	€ netto	0,6	1,1	1,3	1,5	2,7
15	**Hohlstellen abschlagen, Innenputz** Hohlstellen abschlagen; Innenputz; Bauschutt entsorgen						
	St	**€ brutto**	**6,4**	**10,2**	**11,6**	**13,5**	**17,3**
	KG 394	€ netto	5,4	8,6	9,8	11,3	14,5
16	**Pilz-/Algenbefall entfernen, Außenputz** Algen- und Pilzbefall entfernen; Innenputz; bürsten; Außenputz						
	m²	**€ brutto**	**4,7**	**5,3**	**6,0**	**7,0**	**11,4**
	KG 395	€ netto	3,9	4,4	5,0	5,9	9,6

Putz- und Stuckarbeiten, Wärmedämmsysteme — Preise €

Nr.	Kurztext / Stichworte Einheit / Kostengruppe		▶	▷	brutto ø netto ø	◁	◀
17	**Mauerbewuchs entfernen, Putzflächen** Mauerbewuchs entfernen; Putzfläche; Abfall entsorgen						
	m²	**€ brutto**	**2,4**	**5,0**	**5,6**	**6,5**	**9,0**
	KG 395	€ netto	2,0	4,2	4,7	5,5	7,6
18	**Ausblühungen entfernen, Putzuntergrund** Ausblühungen entfernen; trockenes bürsten; Putzuntergrund						
	m²	**€ brutto**	**2,0**	**4,0**	**4,6**	**5,3**	**8,6**
	KG 395	€ netto	1,7	3,4	3,8	4,5	7,3
19	**Mauerwerksfugen verfüllen** Mauerwerksfuge verfüllen; bis Vorderkante						
	m²	**€ brutto**	**9,6**	**6,5**	**12,3**	**14,2**	**23,8**
	KG 395	€ netto	8,0	5,5	10,3	12,0	20,0
20	**Putzträger, verzinkt, Innenwand** Putzträger, Innenwand; Metallgewebe, verzinkt; einbauen						
	m²	**€ brutto**	**4,1**	**10,5**	**11,9**	**13,8**	**17,0**
	KG 395	€ netto	3,5	8,8	10,0	11,6	14,3
21	**Putzträger, Drahtziegelgewebe, innen** Putzträger, Innenwand; Drahtziegelgewebe; MW bis 12,5mm; einbauen						
	m²	**€ brutto**	**6,0**	**10,8**	**12,3**	**14,2**	**18,1**
	KG 395	€ netto	5,0	9,1	10,3	12,0	15,2
22	**Spritzbewurf, Innenmauerwerk** Spritzbewurf, Innenmauerwerk; MG CS IV; halbdeckend auftragen						
	m²	**€ brutto**	**3,9**	**6,9**	**7,8**	**9,1**	**12,3**
	KG 395	€ netto	3,3	5,8	6,6	7,6	10,3
23	**Untergrund verfestigen, Tiefengrund** Untergrund verfestigen, Altputz; Tiefengrund						
	m²	**€ brutto**	**1,5**	**1,7**	**1,9**	**2,2**	**3,6**
	KG 395	€ netto	1,3	1,4	1,6	1,9	3,0
24	**Haftputz, mineralisch, Beton** Haftputz; Trockenmörtel, MG CS III; Dicke 5mm; aufbringen; Betonflächen						
	m²	**€ brutto**	**4,6**	**5,2**	**5,9**	**6,8**	**9,5**
	KG 395	€ netto	3,9	4,3	4,9	5,7	8,0
25	**Außenputz ausbessern** Außenputz ausbessern; Unter- und Oberputz; losen, hohlliegenden Putz entfernen, Mauerwerksfugen auskratzen, reinigen; Bauschutt entsorgen						
	m²	**€ brutto**	**19**	**33**	**37**	**43**	**60**
	KG 395	€ netto	16	28	31	36	50

Kosten: Stand 3.Quartal 2016, Bundesdurchschnitt

Putz- und Stuckarbeiten, Wärmedämmsysteme **Preise €**

Nr.	Kurztext / Stichworte				brutto ø		
	Einheit / Kostengruppe		▶	▷	netto ø	◁	◀
26	**Außenputz ausbessern, Teilflächen**						
	Außenputz ausbessern, Teilflächen; mit Spritzputz, Unter- und Oberputz; Flächen bis 1,00m²; losen, hohlliegenden Putz entfernen, Mauerwerksfugen auskratzen, reinigen; Bauschutt entsorgen						
	m²	**€ brutto**	**24**	**37**	**42**	**48**	**71**
	KG 395	€ netto	20	31	36	41	60
27	**Öffnungen beiputzen, außen**						
	Öffnungen beiputzen, nachträglich; Fenster, Türen; Tiefe bis 20cm; außen						
	m	**€ brutto**	**7,2**	**7,9**	**9,0**	**10,4**	**13,3**
	KG 395	€ netto	6,1	6,7	7,6	8,8	11,1
28	**Fensterbrett beiputzen, außen**						
	Fensterbrett beiputzen, nachträglich; Länge bis 1,35m, Breite bis 15cm; außen						
	St	**€ brutto**	**12**	**14**	**16**	**18**	**21**
	KG 395	€ netto	10	12	13	15	18
29	**Putzträger, Streckmetall, außen**						
	Putzträger; Streckmetall; vollflächig einbauen; Außenwand						
	m²	**€ brutto**	**8,0**	**12,6**	**14,3**	**16,6**	**19,9**
	KG 395	€ netto	6,7	10,6	12,0	14,0	16,7
30	**Putzarmierung, Glasfasergewebe, außen**						
	Putzarmierung, vollflächig; Glasfasergewebe; vollflächig einbauen; Außenwand						
	m²	**€ brutto**	**7,0**	**7,7**	**8,7**	**10,1**	**12,2**
	KG 395	€ netto	5,8	6,4	7,3	8,5	10,2
31	**Putzarmierung, Edelstahl, außen**						
	Putzarmierung; Edelstahlgitter; vollflächig in mineralische Putzfläche einbauen; Außenwand						
	m²	**€ brutto**	**26**	**29**	**33**	**38**	**42**
	KG 395	€ netto	22	24	28	32	36
32	**Eckschutzprofil, verzinkt, Außenputz**						
	Eckschutzprofil; Stahl, verzinkt; Außenputz						
	m	**€ brutto**	**5,6**	**6,3**	**7,1**	**8,3**	**10,5**
	KG 395	€ netto	4,7	5,3	6,0	7,0	8,8
33	**Kantenprofil, Edelstahl, Außenputz**						
	Kantenprofil; Edelstahl; Außenputz						
	m	**€ brutto**	**8,2**	**9,3**	**10,6**	**12,3**	**14,6**
	KG 395	€ netto	6,9	7,8	8,9	10,3	12,3

Putz- und Stuckarbeiten, Wärmedämmsysteme **Preise €**

Nr.	Kurztext / Stichworte Einheit / Kostengruppe		▶	▷ brutto ø netto ø	◁	◀
34	**Abschlussprofil, PVC/Stahl, Außenputz** Putzabschlussprofil; Stahl, verzinkt, PVC-Überzug; Außenputz					
	m	**€ brutto**	**4,8**	**5,2**	**5,9**	**6,8**	**8,9**
	KG 395	€ netto	4,1	4,3	4,9	5,7	7,5
35	**Einzelriss starr, Verschlämmen** Einzelriss starr, schließen; füllende Beschichtung; verschlämmen; Außenputz					
	m	**€ brutto**	**4,1**	**4,8**	**5,6**	**6,5**	**7,2**
	KG 395	€ netto	3,4	4,1	4,7	5,4	6,0
36	**Einzelriss starr, Mörtelverschluss** Einzelriss starr schließen; Spachtelmasse; Rissränder, Putzuntergrund grundieren; Außenputz					
	m	**€ brutto**	**2,6**	**5,2**	**6,5**	**7,5**	**8,2**
	KG 395	€ netto	2,2	4,4	5,5	6,3	6,9
37	**Einzelriss flexibel, Dichtstoff** Einzelriss flexibel schließen; Dichtstoff; Riss grundieren, Dichtstoff mit Sand abstreuen; Außenputz					
	m	**€ brutto**	**4,6**	**6,8**	**7,8**	**9,0**	**10,4**
	KG 395	€ netto	3,9	5,7	6,5	7,6	8,7
38	**Einzelriss 0,2mm, Trennlage/Putzträger** Einzelriss schließen; Trennlage, Gewebe, Putz; Rissbreite 0,2mm, Putzdicke bis 25mm; schließen; Außenputz					
	m	**€ brutto**	**11**	**13**	**16**	**20**	**21**
	KG 395	€ netto	9,0	11,0	13,6	16,5	18,0
39	**Einzelriss flexibel, Dehnfuge gerade** Einzelriss flexibel, gerade; Hinterfüllmaterial, Dichtstoff; Putzdicke bis 25mm; weiten, füllen, schließen; Außenputz					
	m	**€ brutto**	**6,6**	**11,2**	**12,8**	**14,8**	**16,3**
	KG 395	€ netto	5,6	9,4	10,7	12,4	13,7
40	**Einzelriss flexibel, Bewegungsprofil** Einzelriss flexibel, gerade; freilegen, Dehnungsfugenprofil einlegen, schließen; Außenputz					
	m	**€ brutto**	**25**	**32**	**36**	**42**	**46**
	KG 395	€ netto	21	27	30	36	39
41	**Fugenschnitt, Wandputz** Fugenschnitt; Putzdicke 15mm; für nachträglichen Putzanschluss					
	m	**€ brutto**	**5,8**	**6,4**	**7,3**	**8,4**	**9,4**
	KG 395	€ netto	4,9	5,4	6,1	7,1	7,9

Kosten: Stand 3.Quartal 2016, Bundesdurchschnitt

Putz- und Stuckarbeiten, Wärmedämmsysteme **Preise €**

Nr.	Kurztext / Stichworte Einheit / Kostengruppe		▶	▷	brutto ø netto ø	◁	◀
42	**Putzschäden ausbessern, Teilflächen** Putzschäden ausbessern, Teilflächen; Mörtel; bis 1,00m², Tiefe bis 2,00cm; beschädigten Putz entfernen, Fehlflächen schließen; Innenwand; Bauschutt entsorgen						
	m²	**€ brutto**	**20**	**22**	**25**	**29**	**34**
	KG 395	€ netto	17	19	21	25	29
43	**Fehlstellen verputzen, bis 0,1m²** Fehlstellen verputzen; Mörtel; 0,01-0,10m², Tiefe bis 2cm; Innenwand						
	St	**€ brutto**	**2,0**	**2,5**	**2,9**	**3,3**	**4,0**
	KG 395	€ netto	1,7	2,1	2,4	2,8	3,4
44	**Fehlstellen verputzen, bis 0,2m²** Fehlstellen verputzen; Mörtel; 0,10-0,20m², Tiefe bis 2cm; Innenwand						
	St	**€ brutto**	**3,5**	**4,3**	**4,9**	**5,7**	**6,9**
	KG 395	€ netto	2,9	3,7	4,2	4,8	5,8
45	**Fehlstellen verputzen, bis 0,3m²** Fehlstellen verputzen; Mörtel; 0,20-0,30m², Tiefe bis 2cm; Innenwand						
	St	**€ brutto**	**4,5**	**5,6**	**6,4**	**7,4**	**8,9**
	KG 395	€ netto	3,8	4,7	5,4	6,2	7,5
46	**Putzflächen spachteln, Fehlstellen innen** Löcher schließen; Putz; spachteln; innen						
	m²	**€ brutto**	**6,6**	**8,3**	**9,5**	**11,0**	**13,3**
	KG 395	€ netto	5,6	7,0	8,0	9,2	11,1
47	**Ausgleichsputz, Innenwand** Ausgleichsputz; Mörtel; Dicke bis 2,0cm; Innenwand						
	m³	**€ brutto**	**12**	**15**	**17**	**20**	**22**
	KG 395	€ netto	10	13	14	17	19
48	**Öffnungen beiputzen, innen** Öffnungen beiputzen; Mörtel; Breite bis 40cm; innen; nachträglich eingebaute Fenster, Türen						
	m	**€ brutto**	**9,7**	**11,0**	**12,4**	**14,4**	**17,4**
	KG 395	€ netto	8,2	9,2	10,5	12,1	14,6
49	**Fensterbrett beiputzen, innen** Fensterbrett beiputzen; Länge bis 1,35m, Breite bis 25cm; innen; nachträglich eingebaut						
	St	**€ brutto**	**13**	**16**	**18**	**21**	**25**
	KG 395	€ netto	11	13	15	18	21
50	**Kellenschnitt, Innenputz** Kellenschnitt, Putzanschluss; Innenwand						
	m	**€ brutto**	**2,8**	**3,5**	**4,0**	**4,6**	**5,6**
	KG 395	€ netto	2,4	3,0	3,4	3,9	4,7

Putz- und Stuckarbeiten, Wärmedämmsysteme **Preise €**

Nr.	Kurztext / Stichworte Einheit / Kostengruppe		▶	▷	brutto ø netto ø	◁	◀
51	**Putzträger, Rippenstreckmetall, innen** Putzträger; Rippenstreckmetall, verzinkt; Innenwand						
	m2	**€ brutto**	**8,7**	**11,0**	**12,4**	**14,4**	**17,4**
	KG 395	€ netto	7,3	9,2	10,5	12,1	14,6
52	**Putzträger, Rabitzgewebe, innen** Putzträger; Rabitzgewebe; Überspannung rissegefährdeter Putzuntergrund; innen						
	m2	**€ brutto**	**8,2**	**10,4**	**11,8**	**13,7**	**16,5**
	KG 395	€ netto	6,9	8,7	9,9	11,5	13,9
53	**Eckschutzwinkel, verzinkt, innen** Eckschutzwinkel; Stahl, verzinkt; Putzdicke bis 15mm; verschiedene Längen; innen						
	m	**€ brutto**	**3,9**	**4,8**	**5,5**	**6,4**	**7,7**
	KG 395	€ netto	3,2	4,1	4,6	5,4	6,5
54	**Putzanschlussleiste, verzinkt, Türen, innen** Putzanschlussleiste; Stahl, verzinkt; zwischen Türzarge, Putzfläche, innen						
	m	**€ brutto**	**4,0**	**4,5**	**5,1**	**6,0**	**6,9**
	KG 395	€ netto	3,4	3,8	4,3	5,0	5,8
55	**WD-Putz, Innendämmung, 50mm** Wärmedämm-Putzsystem; Spritzbewurf, Dämmputz, Kratzputz 0/3, WLG 070; Gesamtdicke 50mm; Innendämmung; der Außenwand; Putzgrund Ziegel						
	m2	**€ brutto**	**45**	**51**	**58**	**67**	**81**
	KG 335	€ netto	38	43	49	56	68
56	**WD-Putz, Innendämmung, 75mm** Wärmedämm-Putzsystem; Spritzputz, Dämmputz, Kratzputz, WLG 070; Gesamtdicke 75mm; Innendämmung; der Außenwand; Putzgrund Ziegel						
	m2	**€ brutto**	**58**	**65**	**74**	**86**	**104**
	KG 335	€ netto	49	55	62	72	87
57	**WD-Putz, Unter- und Oberputz., 50mm, Leibungen** Wärmedämm-Putzsystem; Gesamtdicke 50mm, Tiefe bis 250mm; Innendämmung; Leibungen						
	m	**€ brutto**	**18**	**20**	**23**	**27**	**32**
	KG 335	€ netto	15	17	19	22	27
58	**WD-Putz, Unter- und Oberputz., 75mm, Leibungen** Wärmedämm-Putzsystem; Gesamtdicke 75mm, Tiefe bis 250mm; Innendämmung; Leibungen						
	m	**€ brutto**	**23**	**26**	**30**	**35**	**42**
	KG 335	€ netto	20	22	25	29	35

Putz- und Stuckarbeiten, Wärmedämmsysteme — Preise €

Nr.	Kurztext / Stichworte Einheit / Kostengruppe		▶	▷	brutto ø netto ø	◁	◀
59	**Putzträger, Rippenstreckmetall, Decken** Putzträger; Rippenstreckmetall, verzinkt; Decke						
	m²	**€ brutto**	**11**	**12**	**14**	**16**	**19**
	KG 395	€ netto	8,9	10,0	11,4	13,2	15,9
60	**Putzträger, Rabitzgewebe, Decken** Putzträger; Rabitzgewebe; Putzgrundflächen; Decke						
	m²	**€ brutto**	**9,7**	**10,9**	**12,4**	**14,4**	**18,0**
	KG 395	€ netto	8,1	9,2	10,4	12,1	15,1
61	**Fugenschnitt, Deckenputz** Fugenschnitt; Putzdicke bis 15mm; Decke						
	m²	**€ brutto**	**5,4**	**6,8**	**7,8**	**9,0**	**11,2**
	KG 395	€ netto	4,6	5,7	6,5	7,6	9,5
62	**Kalk-Gipsputz, Innenwand, einlagig, Q2-geglättet** Innenputz, einlagig; Kalk-Gipsputz; Dicke 15mm; Q2-geglättet; Betonwand/KS-Mauerwerk						
	m²	**€ brutto**	**14**	**17**	**18**	**20**	**23**
	KG 345	€ netto	12	15	16	17	19
63	**Kalk-Zementputz, Innenwand, einlagig, Q3-geglättet** Innenputz, einlagig; Kalk-Zementputz, CS II; Dicke 15mm; Q3-geglättet; Betonwand/KS-Mauerwerk; für Fliesen						
	m²	**€ brutto**	**15**	**18**	**20**	**21**	**25**
	KG 345	€ netto	12	15	16	18	21
64	**Gipsputz, Innenwand, einlagig, Q2-gefilzt** Innenputz, einlagig; Gipsputz, MG P IV; Dicke 15mm, Höhe bis 3,00m; Q2-gefilzt; KS-Mauerwerk						
	m²	**€ brutto**	**13**	**16**	**17**	**19**	**25**
	KG 345	€ netto	11	14	15	16	21
65	**Gipsputz, Innenwand, einlagig, Q2-geglättet** Innenputz, einlagig; Gipsputz, MG P IV; Dicke bis 15mm; Q2-geglättet; Hlz-/KS-Mauerwerk; für Raufasertapete						
	m²	**€ brutto**	**10**	**15**	**17**	**19**	**24**
	KG 345	€ netto	8,7	12,9	14,2	16,0	20,4
66	**Kalk-Gipsputz, Decken, einlagig, Q2-gefilzt** Innenputz, einlagig; Kalk-Gipsputz; Dicke 15mm; Q2-gefilzt; Beton-/Ziegelsteindecke; für strukturierte Wandbekleidung						
	m²	**€ brutto**	**13**	**17**	**19**	**21**	**25**
	KG 353	€ netto	11	14	16	18	21

Putz- und Stuckarbeiten, Wärmedämmsysteme **Preise €**

Nr.	Kurztext / Stichworte Einheit / Kostengruppe		▶	▷	brutto ø netto ø	◁	◀
67	**Außenputz, Unter-/Oberputz, Wand** Außenputzsystem; Unterputz, Oberputz 0/3; Unterputz 20mm, Höhe bis 3,50m; gerieben; Ziegelmauerwerk						
	m²	**€ brutto**	**22**	**31**	**36**	**39**	**46**
	KG 335	€ netto	19	26	30	33	39
68	**Kunstharzputz, außen** Putzbeschichtung, außen; Kunstharzputz Körnung 1,5/2,0/3,0mm; Kratzputzstruktur						
	m²	**€ brutto**	**14**	**16**	**18**	**22**	**26**
	KG 335	€ netto	11	14	15	18	22
69	**Untergrundvorbereitung, WDVS** Untergrundvorbereitung; Reinigungsmittel; Staub, Schmutz entfernen						
	m²	**€ brutto**	**1,7**	**1,9**	**2,2**	**2,5**	**2,7**
	KG 395	€ netto	1,4	1,6	1,8	2,1	2,3
70	**Druckwasserstrahlen, Reinigung** Druckwasserstrahlen; lose Teile, leicht lösende Schichten entfernen; Außenwand						
	m²	**€ brutto**	**12**	**13**	**15**	**18**	**19**
	KG 395	€ netto	9,9	11,2	12,7	14,8	15,8
71	**Ausgleichsputz auftragen** Ausgleichsputz auftragen; Mörtel; Unebenheiten +/-10m; als Untergrund für WDVS-System						
	m²	**€ brutto**	**10**	**11**	**13**	**15**	**18**
	KG 395	€ netto	8,5	9,6	10,9	12,7	15,2
72	**Untergrundverfestigung, Grundierung** Untergrundverfestigung; Grundierung; sandende Oberfläche						
	m²	**€ brutto**	**1,0**	**2,2**	**2,5**	**2,9**	**4,3**
	KG 395	€ netto	0,8	1,9	2,1	2,5	3,6
73	**WDVS bis 20m, WF 100, Klebeverfahren** Wärmedämm-Verbundsystem; Holzfaserplatten; Dicke 100mm; kleben, inkl. Dübelung und Armierungsschicht mit Gewebe; Außenwand; Höhe bis 20m						
	m²	**€ brutto**	**67**	**71**	**78**	**90**	**101**
	KG 335	€ netto	56	59	65	76	85
74	**WDVS bis 20m, WF 120, Klebeverfahren** Wärmedämm-Verbundsystem; Holzfaserplatten; Dicke 120mm; kleben, inkl. Dübelung und Armierungsschicht mit Gewebe; Außenwand; Höhe bis 20m						
	m²	**€ brutto**	**76**	**81**	**89**	**103**	**115**
	KG 335	€ netto	64	68	75	87	97

Putz- und Stuckarbeiten, Wärmedämmsysteme **Preise €**

Nr.	Kurztext / Stichworte Einheit / Kostengruppe		▶	▷	brutto ø netto ø	◁	◀
75	**WDVS bis 20m, WF 140, Klebeverfahren** Wärmedämm-Verbundsystem; Holzfaserplatten; Dicke 140mm; kleben, inkl. Dübelung und Armierungsschicht mit Gewebe; Außenwand; Höhe bis 20m						
	m²	**€ brutto**	**82**	**87**	**95**	**110**	**124**
	KG 335	€ netto	69	73	80	93	104
76	**WDVS bis 20m, WF 160, Klebeverfahren** Wärmedämm-Verbundsystem; Holzfaserplatten; Dicke 160mm; kleben, inkl. Dübelung und Armierungsschicht mit Gewebe; Außenwand; Höhe bis 20m						
	m²	**€ brutto**	**89**	**94**	**104**	**120**	**135**
	KG 335	€ netto	75	79	87	101	113
77	**WDVS bis 20m, WF 180, Klebeverfahren** Wärmedämm-Verbundsystem; Holzfaserplatten; Dicke 180mm; kleben, inkl. Dübelung und Armierungsschicht mit Gewebe; Außenwand; Höhe bis 20m						
	m²	**€ brutto**	**93**	**98**	**108**	**125**	**140**
	KG 335	€ netto	78	82	90	105	118
78	**WDVS bis 20m, WF 200, Klebeverfahren** Wärmedämm-Verbundsystem; Holzfaserplatten; Dicke 200mm; kleben, inkl. Dübelung und Armierungsschicht mit Gewebe; Außenwand; Höhe bis 20m						
	m²	**€ brutto**	**104**	**110**	**121**	**141**	**154**
	KG 335	€ netto	88	93	102	118	130
79	**WDVS bis 20m, WF 240, Klebeverfahren** Wärmedämm-Verbundsystem; Holzfaserplatten; Dicke 240mm; kleben, inkl. Dübelung und Armierungsschicht mit Gewebe; Außenwand; Höhe bis 20m						
	m²	**€ brutto**	**116**	**123**	**135**	**157**	**172**
	KG 335	€ netto	98	103	114	132	144
80	**WDVS bis 20m, MW 100, Klebeverfahren** Wärmedämm-Verbundsystem; Mineralwollplatten; Dicke 100mm; kleben, inkl. Dübelung und Armierungsschicht mit Gewebe; Außenwand; Höhe bis 20m						
	m²	**€ brutto**	**58**	**61**	**67**	**78**	**87**
	KG 335	€ netto	49	51	57	66	74

Putz- und Stuckarbeiten, Wärmedämmsysteme — Preise €

Nr.	Kurztext / Stichworte Einheit / Kostengruppe		▶	▷	brutto ø netto ø	◁	◀
81	**WDVS bis 20m, MW 120, Klebeverfahren** Wärmedämm-Verbundsystem; Mineralwollplatten; Dicke 120mm; kleben, inkl. Dübelung und Armierungsschicht mit Gewebe; Außenwand; Höhe bis 20m						
	m²	**€ brutto**	**65**	**68**	**75**	**87**	**98**
	KG 335	€ netto	54	57	63	73	82
82	**WDVS bis 20m, MW 140, Klebeverfahren** Wärmedämm-Verbundsystem; Mineralwollplatten; Dicke 140mm; kleben, inkl. Dübelung und Armierungsschicht mit Gewebe; Außenwand; Höhe bis 20m						
	m²	**€ brutto**	**68**	**72**	**80**	**92**	**103**
	KG 335	€ netto	58	61	67	78	87
83	**WDVS bis 20m, MW 160, Klebeverfahren** Wärmedämm-Verbundsystem; Mineralwollplatten; Dicke 160mm; kleben, inkl. Dübelung und Armierungsschicht mit Gewebe; Außenwand; Höhe bis 20m						
	m²	**€ brutto**	**74**	**79**	**86**	**100**	**112**
	KG 335	€ netto	62	66	73	84	94
84	**WDVS bis 20m, MW 180, Klebeverfahren** Wärmedämm-Verbundsystem; Mineralwollplatten; Dicke 180mm; kleben, inkl. Dübelung und Armierungsschicht mit Gewebe; Außenwand; Höhe bis 20m						
	m²	**€ brutto**	**78**	**83**	**91**	**106**	**118**
	KG 335	€ netto	66	70	76	89	99
85	**WDVS bis 20m, MW 200, Klebeverfahren** Wärmedämm-Verbundsystem; Mineralwollplatten; Dicke 200mm; kleben, inkl. Dübelung und Armierungsschicht mit Gewebe; Außenwand; Höhe bis 20m						
	m²	**€ brutto**	**87**	**92**	**101**	**117**	**128**
	KG 335	€ netto	73	77	85	99	108
86	**WDVS bis 20m, MW 240, Klebeverfahren** Wärmedämm-Verbundsystem; Mineralwollplatten; Dicke 240mm; kleben, inkl. Dübelung und Armierungsschicht mit Gewebe; Außenwand; Höhe bis 20m						
	m²	**€ brutto**	**99**	**105**	**115**	**134**	**147**
	KG 335	€ netto	83	88	97	113	123

Putz- und Stuckarbeiten, Wärmedämmsysteme **Preise €**

Nr.	Kurztext / Stichworte Einheit / Kostengruppe		▶	▷	brutto ø netto ø	◁	◀
87	**WDVS bis 20m, PS 100, Klebeverfahren** Wärmedämm-Verbundsystem; Polystyrol-Hartschaumplatten; Dicke 100mm; kleben, inkl. Dübelung und Armierungsschicht mit Gewebe; Außenwand; Höhe bis 20m						
	m²	€ brutto	**54**	**57**	**63**	**73**	**78**
	KG 335	€ netto	46	48	53	62	66
88	**WDVS bis 20m, PS 120, Klebeverfahren** Wärmedämm-Verbundsystem; Polystyrol-Hartschaumplatten; Dicke 120mm; kleben, inkl. Dübelung und Armierungsschicht mit Gewebe; Außenwand; Höhe bis 20m						
	m²	€ brutto	**59**	**63**	**69**	**80**	**87**
	KG 335	€ netto	50	53	58	67	73
89	**WDVS bis 20m, PS 140, Klebeverfahren** Wärmedämm-Verbundsystem; Polystyrol-Hartschaumplatten; Dicke 140mm; kleben, inkl. Dübelung und Armierungsschicht mit Gewebe; Außenwand; Höhe bis 20m						
	m²	€ brutto	**63**	**67**	**73**	**85**	**92**
	KG 335	€ netto	53	56	62	71	78
90	**WDVS bis 20m, PS 160, Klebeverfahren** Wärmedämm-Verbundsystem; Polystyrol-Hartschaumplatten; Dicke 160mm; kleben, inkl. Dübelung und Armierungsschicht mit Gewebe; Außenwand; Höhe bis 20m						
	m²	€ brutto	**69**	**73**	**80**	**93**	**101**
	KG 335	€ netto	58	61	67	78	85
91	**WDVS bis 20m, PS 180, Klebeverfahren** Wärmedämm-Verbundsystem; Polystyrol-Hartschaumplatten; Dicke 180mm; kleben, inkl. Dübelung und Armierungsschicht mit Gewebe; Außenwand; Höhe bis 20m						
	m²	€ brutto	**75**	**80**	**88**	**102**	**112**
	KG 335	€ netto	63	67	74	85	94
92	**WDVS bis 20m, PS 200, Klebeverfahren** Wärmedämm-Verbundsystem; Polystyrol-Hartschaumplatten; Dicke 200mm; kleben, inkl. Dübelung und Armierungsschicht mit Gewebe; Außenwand; Höhe bis 20m						
	m²	€ brutto	**79**	**83**	**92**	**106**	**117**
	KG 335	€ netto	66	70	77	89	99

Putz- und Stuckarbeiten, Wärmedämmsysteme — Preise €

Nr.	Kurztext / Stichworte Einheit / Kostengruppe		▶	▷	brutto ø netto ø	◁	◀
93	**WDVS bis 20m, PS 240, Klebeverfahren** Wärmedämm-Verbundsystem; Polystyrol-Hartschaumplatten; Dicke 240mm; kleben, inkl. Dübelung und Armierungsschicht mit Gewebe; Außenwand; Höhe bis 20m						
	m²	**€ brutto**	**90**	**96**	**105**	**122**	**135**
	KG 335	€ netto	76	80	88	102	113
94	**Armierung, stoßgefährdete Bereiche** Armierung, stoßgefährdete Bereiche; Gewebe, Spachtelmasse						
	m²	**€ brutto**	**13**	**15**	**17**	**19**	**22**
	KG 335	€ netto	11	12	14	16	19
95	**Organischer Oberputz, WDVS** Außenputz, Oberputz; organisch 0/3; gerieben; auf Armierungsputz						
	m²	**€ brutto**	**15**	**17**	**18**	**19**	**20**
	KG 335	€ netto	13	14	15	16	17
96	**Mineralischer Oberputz, WDVS** Außenputz, Oberputz; mineralisch 0/3; gerieben; auf Armierungsputz, WDVS						
	m²	**€ brutto**	**12**	**15**	**16**	**17**	**20**
	KG 335	€ netto	10	12	14	15	17
97	**Sockeldämmung, XPS, 50mm** Perimeterdämmung; Polystyrol-Hartschaumplatten, extrudiert, WLG 040, B1; Dicke 50mm; Sockelbereich						
	m²	**€ brutto**	**24**	**28**	**31**	**36**	**42**
	KG 335	€ netto	21	23	26	31	35
98	**Sockeldämmung, XPS, 100mm** Perimeterdämmung; Polystyrol-Hartschaumplatten, extrudiert, WLG 040, B1; Dicke 100mm; Sockelbereich						
	m²	**€ brutto**	**32**	**36**	**41**	**48**	**54**
	KG 335	€ netto	27	31	35	40	45
99	**Sockeldämmung, XPS, 160mm** Perimeterdämmung; Polystyrol-Hartschaumplatten, extrudiert, B1; Dicke 160mm; Sockelbereich						
	m²	**€ brutto**	**44**	**50**	**56**	**65**	**73**
	KG 335	€ netto	37	42	47	55	62
100	**Leibungen dämmen, WDVS** WDVS-Leibungen; Dicke 6cm, Tiefe bis 15cm; inkl. Armierungsschicht; Türen und Fenster						
	m	**€ brutto**	**14**	**16**	**18**	**20**	**24**
	KG 335	€ netto	12	13	15	17	20

Putz- und Stuckarbeiten, Wärmedämmsysteme **Preise €**

Nr.	**Kurztext** / Stichworte **Einheit** / Kostengruppe		▶	▷	**brutto ø** netto ø	◁	◀
101	**Eckausbildung, Gewebewinkel, WDVS** Eckverstärkung, WDVS; Gewebewinkel mit Spachtelung						
	m	**€ brutto**	**5,3**	**6,0**	**6,6**	**7,7**	**9,3**
	KG 335	€ netto	4,4	5,0	5,6	6,5	7,8
102	**Eckausbildung, Kunststoffschiene, WDVS** Eckausbildung, WDVS; Kunststoff-Eckschutzschiene						
	m	**€ brutto**	**6,6**	**7,4**	**8,3**	**9,6**	**11,1**
	KG 335	€ netto	5,6	6,2	6,9	8,0	9,3
103	**Eckschutzschiene, Edelstahl, WDVS** Eckschutzschiene, WDVS; Edelstahl						
	m	**€ brutto**	**11**	**10**	**12**	**14**	**17**
	KG 335	€ netto	9,4	8,4	10,5	12,1	14,0
104	**Sockelabschluss, Aluprofil elox., WDVS** Sockelabschlussprofil, WDVS; Aluminium, eloxiert; Breite 80mm; mit Tropfkante						
	m	**€ brutto**	**8,6**	**9,4**	**10,7**	**12,4**	**14,3**
	KG 335	€ netto	7,2	7,9	9,0	10,4	12,0
105	**Gehrungen, Profile, WDVS** Gehrung, WDVS; Profile; Ecken, Kanten						
	St	**€ brutto**	**0,6**	**0,7**	**0,8**	**0,9**	**1,1**
	KG 335	€ netto	0,5	0,6	0,7	0,8	1,0
106	**Anschluss, Fugendichtband, WDVS** Fugendichtband; Weichschaumkunststoff, selbstklebend; Fugenweite bis 10mm; Anschlussfugen						
	m	**€ brutto**	**3,7**	**4,1**	**4,7**	**5,4**	**6,6**
	KG 335	€ netto	3,1	3,5	3,9	4,6	5,5
107	**Anschluss, Dichtlippe, WDVS** Anschluss des WDVS; Anschlussprofil, Kunststoff-Dichtlippe; Dichtlippe mit Schaumklebeband befestigen; Fensterrahmen						
	m	**€ brutto**	**6,8**	**7,7**	**8,7**	**10,1**	**12,2**
	KG 335	€ netto	5,7	6,4	7,3	8,5	10,2
108	**Gebäudebewegungsfugen, WDVS** Gebäudebewegungsfuge; Hinterfüllprofil, elastische Dichtungsmasse; inkl. Kantenschutz						
	m	**€ brutto**	**21**	**24**	**27**	**31**	**36**
	KG 335	€ netto	18	20	23	26	30

Putz- und Stuckarbeiten, Wärmedämmsysteme **Preise €**

Nr.	Kurztext / Stichworte Einheit / Kostengruppe		▶	▷	brutto ø netto ø	◁	◀
109	**Befestigungspunkte herstellen, WDVS** Befestigungspunkte herstellen, WDVS; Distanzhölzer, imprägniert; bis 20x10cm; kleben, mit Dübeln befestigen; inkl. Fugenband zur Dämmung						
	m²	**€ brutto**	**15**	**17**	**19**	**22**	**26**
	KG 335	€ netto	12	14	16	18	22
110	**Dämmung, Kellerdecke, EPS 040** Wärmedämmung, Kellerdecke; Polystyrol-Hartschaumplatten, WLG 040; dicht gestoßen, geklebt						
	m²	**€ brutto**	**21**	**40**	**51**	**66**	**89**
	KG 353	€ netto	18	34	43	55	75
111	**Dämmung, Kellerdecke, EPS 040, bis 100mm** Wärmedämmung, Kellerdecke; Polystyrol-Hartschaumplatte, WLG 040; Dicke 100mm; dicht gestoßen, geklebt						
	m²	**€ brutto**	**30**	**32**	**34**	**37**	**43**
	KG 353	€ netto	25	27	29	31	36
112	**Dämmung, Kellerdecke, EPS 040, bis 140mm** Wärmedämmung, Kellerdecke; Polystyrol-Hartschaumplatte, WLG 040; Dicke 120/140mm; dicht gestoßen, geklebt						
	m²	**€ brutto**	**41**	**43**	**47**	**51**	**61**
	KG 353	€ netto	34	36	39	43	51
113	**Dämmung, Kellerdecke, MW 032, bis 140mm** Wärmedämmung, Kellerdecke; Mineralwolle-Platte, WLS 032; Dicke 120/140mm; dicht gestoßen, geklebt						
	m²	**€ brutto**	**52**	**55**	**59**	**65**	**80**
	KG 353	€ netto	43	46	50	54	67
114	**Mehrschichtplatte, 50mm** Wärmedämmung; Holzwolle-Mehrschichtplatte mit PS-Dämmkern, WLG 040, E; Dicke 50mm; dicht gestoßen, geklebt; Stb-Bauteile						
	m²	**€ brutto**	**13**	**24**	**29**	**36**	**51**
	KG 335	€ netto	11	20	25	31	43
115	**Mehrschichtplatte, 75mm** Wärmedämmung; Holzwolle-Mehrschichtplatte mit PS-Dämmkern, WLG 040, E; Dicke 75mm; dicht gestoßen, geklebt; Stb-Bauteile						
	m²	**€ brutto**	**26**	**36**	**39**	**46**	**56**
	KG 335	€ netto	22	30	33	39	47
116	**Stundensatz Facharbeiter, Putzarbeiten** Stundenlohnarbeiten, Vorarbeiter, Facharbeiter; Putzarbeiten						
	h	**€ brutto**	**39**	**48**	**51**	**56**	**69**
		€ netto	33	40	43	47	58

Putz- und Stuckarbeiten, Wärmedämmsysteme							**Preise €**
Nr.	**Kurztext** / Stichworte **Einheit** / Kostengruppe		▶	▷	**brutto ø** netto ø	◁	◀
117	**Stundensatz Helfer, Putzarbeiten** Stundenlohnarbeiten, Werker, Helfer; Putzarbeiten						
	h	**€ brutto**	**35**	**43**	**46**	**47**	**54**
		€ netto	29	36	38	40	45

Fliesen- und Plattenarbeiten — Preise €

Nr.	Kurztext / Stichworte Einheit / Kostengruppe		▶	▷	brutto ø netto ø	◁	◀
1	**Bodenfliesen entfernen, geklebt** Bodenbelag, Fliesen entfernen, verklebt; Dicke bis 2cm; Bauschutt entsorgen						
	m²	**€ brutto**	**9,3**	**12,0**	**15,0**	**18,0**	**23,5**
	KG 394	€ netto	7,8	10,1	12,6	15,1	19,8
2	**Bodenfliesen entfernen, Mörtelbett** Bodenbelag, Fliesen entfernen, Mörtelbett; Dicke bis 5cm; Bauschutt entsorgen						
	m²	**€ brutto**	**9,0**	**15,4**	**19,3**	**23,1**	**29,7**
	KG 394	€ netto	7,6	13,0	16,2	19,4	24,9
3	**Bodenfliesen/Estrich entfernen** Bodenfliesen entfernen; Dicke bis 7cm; inkl. Estrich, Trennschicht, Dämmschicht; Bauschutt entsorgen						
	m²	**€ brutto**	**25**	**29**	**36**	**43**	**46**
	KG 394	€ netto	21	24	30	36	39
4	**Sockelfliesen entfernen** Sockelbelag Fliesen, entfernen; keramisch; Bauschutt entsorgen						
	m	**€ brutto**	**2,0**	**3,7**	**4,7**	**5,6**	**8,4**
	KG 394	€ netto	1,7	3,1	3,9	4,7	7,0
5	**Treppenbelag, Fliesen entfernen** Treppenbelag, Fliesen entfernen; Dicke bis 5cm; als Tritt- und Setzstufen; Bauschutt entsorgen						
	m²	**€ brutto**	**14**	**18**	**22**	**26**	**29**
	KG 394	€ netto	12	15	19	22	24
6	**Wandfliesen entfernen. Dickbett** Wandbelag, Fliesen entfernen, Dickbett; Dicke bis 4cm; Bauschutt entsorgen						
	m²	**€ brutto**	**7,3**	**14,2**	**17,8**	**21,3**	**26,3**
	KG 394	€ netto	6,1	11,9	14,9	17,9	22,1
7	**Untergrund reinigen, Boden** Untergrund reinigen; Staub, Schmutz abkehren; Abfall entsorgen						
	m²	**€ brutto**	**0,6**	**1,7**	**2,0**	**2,9**	**4,5**
	KG 352	€ netto	0,5	1,4	1,7	2,4	3,8
8	**Ausgleichsspachtelung, bis 10mm** Spachtelung; Spachtelmasse; Dicke 5/10mm; Boden						
	m²	**€ brutto**	**1,5**	**3,5**	**4,3**	**6,3**	**10,3**
	KG 352	€ netto	1,3	2,9	3,6	5,3	8,6

Kosten: Stand 3.Quartal 2016, Bundesdurchschnitt

Fliesen- und Plattenarbeiten — Preise €

Nr.	Kurztext / Stichworte Einheit / Kostengruppe		►	▷	brutto ø netto ø	◁	◄
9	**Verbundabdichtung, zweilagig, Boden** Verbundabdichtung, innen; Kunstharz, inkl. Bewehrungseinlage; zweilagig; Bodenfläche						
	m²	**€ brutto**	**6,2**	**12,4**	**14,9**	**19,3**	**30,5**
	KG 352	€ netto	5,2	10,4	12,5	16,2	25,6
10	**Verbundabdichtung, streichbar, Wand** Verbundabdichtung, Wand; Kunstharz, Polymerdispersion; zweilagig streichen; inkl. Untergrundvorbereitung						
	m²	**€ brutto**	**6,2**	**13,6**	**16,0**	**23,4**	**54,0**
	KG 345	€ netto	5,2	11,4	13,5	19,7	45,4
11	**Dichtband, Ecken, Wand/Boden** Abdichtung, Dichtungsband; Breite 12cm; Wand-/Bodenfläche						
	m	**€ brutto**	**4,7**	**8,0**	**9,4**	**11,6**	**18,7**
	KG 352	€ netto	3,9	6,7	7,9	9,7	15,7
12	**Bodenfliesen, 20x20cm** Bodenbelag, Fliesen; Steingut/Steinzeug/Feinsteinzeug; 20x20cm; im Dünnbettmörtel inkl. Verfugen						
	m²	**€ brutto**	**46**	**56**	**61**	**71**	**95**
	KG 352	€ netto	39	47	51	60	80
13	**Bodenfliesen, 30x30cm** Bodenbelag, Fliesen; Steingut/Steinzeug/Feinsteinzeug; 30x30cm; im Dünnbettmörtel inkl. Verfugen						
	m²	**€ brutto**	**42**	**56**	**61**	**70**	**98**
	KG 352	€ netto	35	47	51	59	82
14	**Wandfliesen, 15x15cm** Wandbelag, Fliesen; Steingut/Steinzeug/Feinsteinzeug; 15x15cm; im Dünnbettmörtel inkl. Verfugen						
	m²	**€ brutto**	**44**	**59**	**64**	**70**	**80**
	KG 345	€ netto	37	50	54	59	68
15	**Wandfliesen, 30x30cm** Wandbelag, Fliesen; Steingut/Steinzeug/Feinsteinzeug; 30x30cm; im Dünnbettmörtel inkl. Verfugen						
	m²	**€ brutto**	**48**	**61**	**65**	**76**	**98**
	KG 345	€ netto	41	51	55	64	82
16	**Fliesenbelag, Feinsteinzeug Bla** Wand-/Bodenbelag, Fliesen; Feinsteinzeug, Bla; im Dünnbettmörtel inkl. Verfugen						
	m²	**€ brutto**	**45**	**51**	**54**	**55**	**62**
	KG 345	€ netto	38	43	45	47	52

Fliesen- und Plattenarbeiten **Preise €**

Nr.	Kurztext / Stichworte Einheit / Kostengruppe		▶	▷	brutto ø netto ø	◁	◀
17	**Fliesenbelag, Steinzeug BIIa/BIIb** Wand-/Bodenbelag, Fliesen; Steinzeug, BIIa/BIIb; im Dünnbettmörtel inkl. Verfugen						
	m²	**€ brutto**	**47**	**53**	**56**	**65**	**80**
	KG 345	€ netto	40	45	47	55	68
18	**Wandfliesen, Steingut BIII** Wandbelag, Fliesen; Steingut, BIII; im Dünnbettmörtel inkl. Verfugen						
	m²	**€ brutto**	**43**	**55**	**59**	**65**	**80**
	KG 345	€ netto	36	46	49	55	68
19	**Fliesen, Spaltplatte AI/AII, frostsicher** Boden-/Wandbelag, Platten; Steingut, A /AII; inkl. Verfugen; Außenbereich						
	m²	**€ brutto**	**57**	**74**	**74**	**76**	**84**
	KG 352	€ netto	48	62	62	64	71
20	**Fliesen, Klinker AI/AII, frostsicher** Bodenbelag, Platten; Steingut, AI/AII; inkl. Verfugen; Außenbereich						
	m²	**€ brutto**	**41**	**53**	**58**	**64**	**76**
	KG 352	€ netto	34	44	49	54	64
21	**Bodenfliesen, behindertengerecht, R11** Bodenbelag, Fliesen, Großküche; Feinsteinzeug/Keramik, Ia, unglasiert, profiliert, R11, frostbeständig; 30x30cm; Dünnbett-verfahren, inkl. öl- und säurebeständige Verfugung						
	m²	**€ brutto**	**62**	**75**	**80**	**86**	**100**
	KG 352	€ netto	52	63	67	73	84
22	**Verfugung, Fliesen, Silikon** Fuge, elastisch; Silikon; inkl. Flankenvorbehandlung und Hinterstopf-material						
	m	**€ brutto**	**1,4**	**5,0**	**6,2**	**7,8**	**12,1**
	KG 345	€ netto	1,2	4,2	5,2	6,5	10,2
23	**Sockelfliesen, Dünnbett** Sockelfliesen; im Dünnbettmörtel inkl. Verfugen verlegen						
	m	**€ brutto**	**10**	**15**	**17**	**20**	**27**
	KG 352	€ netto	8,8	12,9	14,4	16,6	22,7
24	**Hohlkehlsockel, Dünnbett** Kehlsockel; Steingut/Steinzeug/Feinsteinzeug; liegend, stehend						
	m	**€ brutto**	**18**	**26**	**29**	**33**	**43**
	KG 352	€ netto	15	22	24	28	36

Kosten: Stand 3.Quartal 2016, Bundesdurchschnitt

Fliesen- und Plattenarbeiten — Preise €

Nr.	Kurztext / Stichworte Einheit / Kostengruppe		▶	▷	brutto ø netto ø	◁	◀
25	**Trennschiene, Messing** Trennschiene; Messing; Schienenhöhe 6mm; einbauen; am Abschluss/Übergang						
	m	**€ brutto**	**11**	**14**	**16**	**17**	**20**
	KG 352	€ netto	9,0	12,1	13,8	14,7	16,5
26	**Trennschiene, Aluminium** Trennschiene; Aluminium; Schienenhöhe 6mm; einbauen; am Abschluss/Übergang						
	m	**€ brutto**	**7,1**	**10,2**	**11,3**	**13,0**	**17,3**
	KG 352	€ netto	6,0	8,5	9,5	10,9	14,5
27	**Trennschiene, Edelstahl** Trennschiene; Edelstahl; Schienenhöhe 6mm; einbauen; am Abschluss/Übergang						
	m	**€ brutto**	**12**	**18**	**18**	**20**	**25**
	KG 352	€ netto	10	15	16	17	21
28	**Eckschutzschiene, Aluminium** Eckschutzschiene; Aluminium; unterfüttern, einbauen in Fliesen-Wandbelag; außen						
	m	**€ brutto**	**11**	**13**	**13**	**14**	**16**
	KG 345	€ netto	9,6	10,6	11,2	11,9	13,1
29	**Eckschutzschiene, Edelstahl** Eckschutzschiene; Edelstahl; unterfüttern, einbauen in Fliesen-Wandbelag; außen						
	m	**€ brutto**	**16**	**20**	**22**	**26**	**36**
	KG 345	€ netto	14	17	18	22	30
30	**Eckschutzschiene, Kunststoff** Eckschutzschiene; Kunststoff; unterfüttern, einbauen in Fliesen-Wandbelag; außen						
	m	**€ brutto**	**2,5**	**7,1**	**8,2**	**10,2**	**15,8**
	KG 345	€ netto	2,1	6,0	6,9	8,6	13,3
31	**Stundensatz Facharbeiter, Fliesenarbeiten** Stundenlohnarbeiter, Vorarbeiter, Facharbeiter; Fliesenarbeiten						
	h	**€ brutto**	**36**	**49**	**54**	**58**	**67**
		€ netto	30	41	45	49	56

Estricharbeiten **Preise €**

Nr.	Kurztext / Stichworte Einheit / Kostengruppe		▶	▷	brutto ø netto ø	◁	◀
1	**Verbundestrich abbrechen, bis 25mm** Verbundestrich abbrechen; Zementestrich bis C30; Dicke bis 25mm; Bauschutt entsorgen						
	m²	**€ brutto**	**7,7**	**9,0**	**11,0**	**13,3**	**14,1**
	KG 394	€ netto	6,5	7,6	9,2	11,2	11,8
2	**Verbundestrich abbrechen, bis 50mm** Verbundestrich abbrechen; Zementestrich; Dicke bis 50mm; Bauschutt entsorgen						
	m²	**€ brutto**	**9,8**	**13,5**	**16,9**	**21,1**	**26,3**
	KG 394	€ netto	8,3	11,4	14,2	17,7	22,1
3	**Verbundestrich abbrechen, bis 70mm** Verbundestrich abbrechen; Zementestrich; Dicke bis 70mm; Bauschutt entsorgen						
	m²	**€ brutto**	**14**	**19**	**23**	**29**	**36**
	KG 394	€ netto	12	16	20	24	30
4	**Kunstharzestrich abbrechen, bis 20mm** Verbundestrich abbrechen; Kunstharzestrich; Dicke bis 20mm; Bauschutt entsorgen						
	m²	**€ brutto**	**5,6**	**6,6**	**8,4**	**10,3**	**11,1**
	KG 394	€ netto	4,7	5,6	7,0	8,7	9,3
5	**Estrich, schwimmend, abbrechen** Estrich abbrechen; Dicke 40mm, Dämmung 30mm; Bauschutt entsorgen						
	m²	**€ brutto**	**12**	**17**	**21**	**26**	**32**
	KG 394	€ netto	9,7	14,4	18,0	21,6	26,7
6	**Estrich bewehrt, schwimmend, abbrechen** Estrich bewehrt, abbrechen; Dicke 50mm, Dämmung bis 100mm; Bauschutt entsorgen						
	m²	**€ brutto**	**13**	**26**	**32**	**38**	**45**
	KG 394	€ netto	11	21	27	32	37
7	**Heizestrich abbrechen** Heizestrich abbrechen; Estrich mit Trägerplatte; Dicke bis 70mm, Dämmung bis 40mm; Bauschutt entsorgen						
	m²	**€ brutto**	**25**	**29**	**36**	**42**	**46**
	KG 394	€ netto	21	25	30	35	39
8	**Heizestrich, bewehrt, abbrechen** Heizestrich abbrechen, bewehrt; Estrich mit Trägerplatte; Dicke bis 70mm, Dämmung bis 40mm; Bauschutt entsorgen						
	m²	**€ brutto**	**25**	**33**	**38**	**44**	**48**
	KG 394	€ netto	21	28	32	37	40

Kosten: Stand 3.Quartal 2016, Bundesdurchschnitt

Estricharbeiten | **Preise €**

Nr.	Kurztext / Stichworte Einheit / Kostengruppe		▶	▷	brutto ø netto ø	◁	◀
9	**Schutzestrich abbrechen** Schutzestrich abbrechen; Dicke bis 80mm; auf Abdichtung; Bauschutt entsorgen						
	m²	**€ brutto**	**13**	**22**	**27**	**33**	**41**
	KG 394	€ netto	11	18	23	27	35
10	**Bauteile schützen, Folie** Bauteile schützen; Kunststofffolie, Hartfaserplatte; Folie Dicke mind. 0,5mm						
	m²	**€ brutto**	**1,2**	**2,8**	**3,3**	**3,8**	**6,1**
	KG 395	€ netto	1,0	2,3	2,7	3,2	5,2
11	**Öffnungen schützen, Hartfaserplatten** Öffnungen schützen; Hartfaserplatten; Fenster, Türen						
	St	**€ brutto**	**6,5**	**7,6**	**9,1**	**10,8**	**14,0**
	KG 395	€ netto	5,5	6,4	7,7	9,1	11,8
12	**Strahlen, Strahlmittel, Betonboden** Betonboden abstrahlen; festes Strahlmittel; entfernen von haftmindernden Schichten						
	m²	**€ brutto**	**3,6**	**4,9**	**6,1**	**7,3**	**11,5**
	KG 395	€ netto	3,0	4,1	5,1	6,1	9,7
13	**Druckwasserstrahlen, Estrich** Estrich, Druckwasserstrahlen; entfernen von haftmindernden Schichten						
	m²	**€ brutto**	**4,0**	**4,6**	**5,8**	**6,9**	**7,3**
	KG 395	€ netto	3,4	3,9	4,9	5,8	6,1
14	**Fehlstellen schließen, Estrich** Estrich, Fehlstellen schließen; Kunstharzmörtel; locker Material lösen; Bauschutt entsorgen						
	m²	**€ brutto**	**12**	**16**	**22**	**29**	**37**
	KG 395	€ netto	9,9	13,0	18,6	24,2	31,3
15	**Netzrisse schließen, Epoxidharz** Estrich, Netzrisse schließen; Epoxidharz; Risse säubern, bis zur Sättigung füllen						
	m	**€ brutto**	**6,8**	**8,3**	**10,3**	**13,4**	**15,3**
	KG 395	€ netto	5,7	7,0	8,7	11,2	12,9
16	**Holzboden prüfen** Holzboden prüfen; auf Stabilität zur Aufnahme eines Estrichbelags						
	m²	**€ brutto**	**5,6**	**6,9**	**8,0**	**9,5**	**9,9**
	KG 395	€ netto	4,7	5,8	6,7	8,0	8,3
17	**Holzboden, reinigen/grundieren** Holzboden reinigen; von Beschichtungen, Klebstoffresten						
	m²	**€ brutto**	**3,9**	**6,9**	**8,1**	**9,7**	**14,3**
	KG 395	€ netto	3,3	5,8	6,8	8,1	12,0

Estricharbeiten						Preise €
Nr.	**Kurztext** / Stichworte **Einheit** / Kostengruppe	▶	▷	**brutto ø** netto ø	◁	◀
18	**Holzboden, Gewebearmierung** Holzboden armieren; Glasgewebe					
	m² € brutto	**3,6**	**4,9**	**5,8**	**6,9**	**10,8**
	KG 395 € netto	3,0	4,1	4,8	5,8	9,0
19	**Holzbodenausgleich, Kunstharz** Holzboden ausgleichen; Kunstharz; Schichtdicke 3-5mm					
	m² € brutto	**16**	**19**	**23**	**28**	**30**
	KG 395 € netto	13	16	19	23	25
20	**Haftbrücke, Estrich** Estrichuntergrund vorbereiten; Haftbrücke aufbringen; Untergrund Beton					
	m² € brutto	**1,4**	**2,6**	**3,1**	**3,6**	**5,5**
	KG 395 € netto	1,2	2,2	2,6	3,0	4,6
21	**Kratzspachtelung, Betonboden** Kratzspachtelung; Spachtelmasse; schließen von Poren und Lunkern; Betonboden					
	m² € brutto	**10**	**10**	**12**	**14**	**23**
	KG 395 € netto	8,7	8,0	10,0	12,0	19,7
22	**Nivellierestrich, 10 mm, Betonboden** Nivellier-Verbundestrich; selbstlaufend; Dicke 5-10mm					
	m² € brutto	**12**	**14**	**18**	**21**	**22**
	KG 352 € netto	9,8	11,8	14,9	17,9	18,7
23	**Nivellierestrich, 20 mm, Betonboden** Nivellier-Verbundestrich; selbstlaufend; Dicke 10-20mm					
	m² € brutto	**18**	**21**	**25**	**30**	**32**
	KG 352 € netto	15	17	21	25	27
24	**Trockenschüttung, bis 10mm** Ausgleichsschüttung; gebunden, druckstabil, selbstklebend; Dicke bis 10mm; Rohdecke					
	m² € brutto	**1,9**	**2,9**	**3,2**	**3,7**	**4,8**
	KG 352 € netto	1,6	2,4	2,7	3,1	4,0
25	**Trockenschüttung, bis 15mm** Ausgleichsschüttung; gebunden, druckstabil, selbstklebend; Dicke bis 15mm; Rohdecke					
	m² € brutto	**2,4**	**4,0**	**4,2**	**5,7**	**8,1**
	KG 352 € netto	2,1	3,4	3,5	4,8	6,8
26	**Trockenschüttung, bis 30mm** Ausgleichsschüttung; gebunden, druckstabil, selbstklebend; Dicke bis 30mm; zwischen Versorgungsleitungen					
	m² € brutto	**6,0**	**11,5**	**14,1**	**18,9**	**26,8**
	KG 352 € netto	5,0	9,7	11,8	15,9	22,5

Kosten: Stand 3.Quartal 2016, Bundesdurchschnitt

Estricharbeiten **Preise €**

Nr.	Kurztext / Stichworte Einheit / Kostengruppe		▶	▷	brutto ø netto ø	◁	◀
27	**Trittschalldämmung MW 20-5mm 035 DES sh** Trittschalldämmung; Mineralwolle, WLG 035, A1; Dicke 20-5mm; unter Estrich						
	m2	**€ brutto**	**3,8**	**6,2**	**6,8**	**9,9**	**15,0**
	KG 352	€ netto	3,2	5,2	5,7	8,3	12,6
28	**Trittschalldämmung MW 30-5mm 035 DES sh** Trittschalldämmung; Mineralwolle, WLG 035, A1; Dicke 30-5mm; unter Estrich						
	m2	**€ brutto**	**4,4**	**6,8**	**7,7**	**10,4**	**18,4**
	KG 352	€ netto	3,7	5,7	6,5	8,8	15,5
29	**Trittschalldämmung EPS 20-2mm 045 DES sm** Trittschalldämmung; EPS-Hartschaum, WLG 045, E; Dicke 20-2mm; unter Estrich						
	m2	**€ brutto**	**1,9**	**2,9**	**3,4**	**4,4**	**6,0**
	KG 352	€ netto	1,6	2,5	2,9	3,7	5,0
30	**Trittschalldämmung EPS 30-3mm 045 DES sm** Trittschalldämmung; Polystyrol-Hartschaum, WLG 040/045, E; Dicke 30-3mm; unter Estrich						
	m2	**€ brutto**	**1,8**	**3,3**	**3,9**	**4,3**	**7,7**
	KG 352	€ netto	1,5	2,8	3,3	3,6	6,4
31	**Wärmedämmung, Estrich EPS 40mm 040 DEO dm** Wärmedämmung; EPS-Hartschaumplatten, WLG 040, E; Dicke 40mm; versetzte Fugen; unter Estrich						
	m2	**€ brutto**	**4,9**	**6,2**	**7,0**	**9,4**	**10,5**
	KG 352	€ netto	4,1	5,2	5,9	7,9	8,8
32	**Wärmedämmung, Estrich EPS 80mm 040 DEO dm** Wärmedämmung; EPS-Hartschaum, WLG 040, E; Dicke 80mm; unter Estrich						
	m2	**€ brutto**	**6,6**	**9,6**	**10,7**	**12,0**	**13,5**
	KG 352	€ netto	5,5	8,0	9,0	10,1	11,4
33	**Wärmedämmung, Estrich EPS 120mm 040 DEO dm** Wärmedämmung; EPS-Hartschaum, WLG 040, E; Dicke 120mm; unter Estrich						
	m2	**€ brutto**	**8,3**	**10,3**	**12,9**	**14,3**	**16,6**
	KG 352	€ netto	6,9	8,7	10,9	12,0	13,9
34	**Wärmedämmung, Estrich PUR 40mm 025 DEO dh** Wärmedämmung; PUR-Hartschaum, WLG 025, E; Dicke 40mm; beidseitig Aluminium-/Mineralvliesbeschichtung; unter Estrich						
	m2	**€ brutto**	**10**	**14**	**14**	**16**	**18**
	KG 352	€ netto	8,6	11,4	12,1	13,3	15,1

Estricharbeiten **Preise €**

Nr.	Kurztext / Stichworte Einheit / Kostengruppe	►	▷	brutto ø netto ø	◁	◄
35	**Trennlage, Estrich, PE-Folie, einlagig** Trennlage; PE-Folie; Dicke 0,2mm; einlagig stoßüberlappend; zwischen Dämmung und Estrich					
	m² € brutto	**0,5**	**0,9**	**1,1**	**1,7**	**2,7**
	KG 352 € netto	0,4	0,8	0,9	1,4	2,3
36	**Trennlage, Gussasphalt** Trennlage; einlagig, stoßüberlappend; zwischen Dämmung und Gussasphaltestrich					
	m² € brutto	**0,5**	**1,0**	**1,2**	**1,7**	**2,3**
	KG 352 € netto	0,4	0,8	1,0	1,4	1,9
37	**Estrich, CT C25 F4 S45** Estrich; Zementestrich C25-F4; Dicke 40-50mm; schwimmend; auf Dämmschicht					
	m² € brutto	**12**	**15**	**17**	**19**	**27**
	KG 352 € netto	10	13	14	16	23
38	**Heizestrich, CT C25 F4 S65 H45** Heizestrich; Zementestrich C20-F4; DN15-80mm, Rohrüberdeckung 45mm; schwimmend; auf Dämmschicht					
	m² € brutto	**15**	**21**	**22**	**29**	**44**
	KG 352 € netto	13	17	19	24	37
39	**Schnellestrich, CT C40 F7 S45** Estrich; Zementestrich C40-F7; Dicke 45mm; einbauen; auf Trennlage/ auf Dämmschicht					
	m² € brutto	**26**	**36**	**40**	**51**	**72**
	KG 352 € netto	22	30	34	43	61
40	**Estrich, AS IC10 25** Estrich; Gussasphalt IC10; Dicke 25mm; schwimmend; auf Dämmschicht					
	m² € brutto	**19**	**26**	**29**	**31**	**38**
	KG 352 € netto	16	22	24	26	32
41	**Nutzestrich, CT C25 F4 S45** Nutzestrich; Zementestrich C25-F4-A15; Dicke 45mm; schwimmend; auf Dämmschicht					
	m² € brutto	**12**	**15**	**16**	**22**	**33**
	KG 352 € netto	9,8	13,0	13,6	18,8	27,8
42	**Verbundestrich, CT-C25-F4-V50** Verbundestrich; Zementestrich C25-F4-V50; Dicke 50mm					
	m² € brutto	**12**	**18**	**21**	**25**	**33**
	KG 352 € netto	10,0	15,3	17,5	20,7	27,9

Estricharbeiten						**Preise €**
Nr.	**Kurztext** / Stichworte **Einheit** / Kostengruppe	▶	▷	**brutto ø** netto ø	◁	◀
43	**Beschichtung, Epoxidharz, Estrich** Estrichoberfläche, Versiegelung; 2-Komponenten-Epoxidharz; Dicke 2mm; zweimaliger Auftrag					
	m² **€ brutto**	**11**	**32**	**38**	**61**	**99**
	KG 352 € netto	9,1	27,3	32,2	51,4	82,9
44	**Stundensatz Facharbeiter, Estricharbeiten** Stundenlohnarbeiten, Vorarbeiter, Facharbeiter; Estricharbeiten					
	h **€ brutto**	**43**	**48**	**50**	**52**	**56**
	€ netto	36	40	42	44	47
45	**Stundensatz Helfer, Estricharbeiten** Stundenlohnarbeiten, Werker, Helfer; Estricharbeiten					
	h **€ brutto**	**40**	**45**	**47**	**51**	**53**
	€ netto	34	38	40	43	45

Fenster, Außentüren						Preise €
Nr.	**Kurztext** / Stichworte **Einheit** / Kostengruppe	▶	▷	**brutto ø** netto ø	◁	◀
1	**Kellerfenster ausbauen, Holz, 0,5m²** Kellerfenster ausbauen; Holz; Größe bis 0,5m²; Bauschutt entsorgen					
	St **€ brutto**	**12**	**18**	**22**	**26**	**53**
	KG 394 € netto	10	15	18	22	44
2	**Fenster ausbauen, Holz, bis 1,5m²** Fenster ausbauen; Holz; Größe bis 1,5m²; inkl. Flügel und Fensterrahmen; Bauschutt entsorgen					
	St **€ brutto**	**21**	**39**	**49**	**59**	**91**
	KG 394 € netto	18	33	41	49	77
3	**Fenster ausbauen, Holz, bis 2,5m²** Fenster ausbauen; Holz; Größe bis 2,5m²; inkl. Flügel und Rahmen; Bauschutt entsorgen					
	St **€ brutto**	**24**	**49**	**62**	**74**	**123**
	KG 394 € netto	20	41	52	62	103
4	**Fenstertür ausbauen, Holz, bis 3,5m²** Fenster ausbauen; Holz; Größe bis 3,5m²; inkl. Flügel und Rahmen; Bauschutt entsorgen					
	St **€ brutto**	**29**	**63**	**78**	**94**	**148**
	KG 394 € netto	24	53	66	79	124
5	**Fenster ausbauen, Kunststoff, bis 1,5m²** Fenster ausbauen; Kunststoff; Größe bis 1,5m²; inkl. Flügel, Rahmen, Innen- und Außenfensterbank; Bauschutt entsorgen					
	St **€ brutto**	**19**	**31**	**39**	**46**	**60**
	KG 394 € netto	16	26	32	39	50
6	**Fenster ausbauen, Kunststoff, bis 2,5m²** Fenster ausbauen; Kunststoff; Größe bis 2,5m²; inkl. Flügel, Rahmen, Innen- und Außenfensterbank; Bauschutt entsorgen					
	St **€ brutto**	**24**	**43**	**53**	**64**	**75**
	KG 394 € netto	20	36	45	54	63
7	**Fenstertür ausbauen, Kunststoff, bis 3,5m²** Fenstertür ausbauen; Kunststoff; Größe bis 3,5m²; inkl. Flügel und Rahmen; Bauschutt entsorgen					
	St **€ brutto**	**43**	**70**	**87**	**104**	**148**
	KG 394 € netto	36	58	73	88	124
8	**Hauseingangstür ausbauen, bis 4m²** Hauseingangstür ausbauen; Größe bis 4m²; inkl. Türblatt und Rahmen; Bauschutt entsorgen					
	St **€ brutto**	**53**	**96**	**120**	**144**	**158**
	KG 394 € netto	44	81	101	121	132

Kosten: Stand 3.Quartal 2016, Bundesdurchschnitt

Fenster, Außentüren							**Preise €**
Nr.	**Kurztext** / Stichworte **Einheit** / Kostengruppe		▶	▷	**brutto ø** netto ø	◁	◀
9	**Kelleraußentür ausbauen, bis 2,5m²** Kelleraußentür ausbauen; Größe bis 2,5m²; inkl. Türblatt und Rahmen; Bauschutt entsorgen						
	St	**€ brutto**	**34**	**39**	**49**	**59**	**64**
	KG 394	€ netto	29	33	41	49	54
10	**Holzfenster, 1-flüglig, 1.000x1.000mm, Ug-Wert 0,7W/(m²K)** Holzfenster, dreifachverglast; Ug-Wert 0,7W/(m²K); Größe 1.000x1.000mm; einflüglig, DK						
	St	**€ brutto**	**354**	**376**	**443**	**509**	**576**
	KG 334	€ netto	298	316	372	428	484
11	**Holzfenster, 1-flüglig, 1.000x1.000mm, Ug-Wert 1,1W/(m²K)** Holzfenster, zweifachverglast; Ug-Wert 1,1W/(m²K); Größe 1.000x1.000mm; einflüglig, DK						
	St	**€ brutto**	**324**	**345**	**405**	**466**	**527**
	KG 334	€ netto	273	290	341	392	443
12	**Holzfenster, 2-flüglig, 1.250x.1000mm, Ug-Wert 0,7W/(m²K)** Holzfenster, zweifachverglast; Ug-Wert 0,7W/(m²K); Größe 1.250x1.000mm; zweiflüglig, DK						
	St	**€ brutto**	**475**	**505**	**594**	**683**	**773**
	KG 334	€ netto	400	424	499	574	649
13	**Holzfenster, 2-flüglig, 1.250x1.000mm, Ug-Wert 1,1W/(m²K)** Holzfenster, zweifachverglast; Ug-Wert 1,1W/(m²K); Größe 1.250x1.000mm; zweiflüglig, DK						
	St	**€ brutto**	**435**	**463**	**544**	**626**	**708**
	KG 334	€ netto	366	389	457	526	595
14	**Holzfenster, 2-flüglig, Setzholz, 1.625x1.250mm, Ug-Wert 1,1W/(m²K)** Holzfenster, zweifachverglast; Ug-Wert:1,1W/(m²K); Größe 1.625x1.250mm; zweiflüglig, mit Setzholz, DK						
	St	**€ brutto**	**527**	**559**	**643**	**740**	**836**
	KG 334	€ netto	443	470	540	621	703
15	**Holzfenstertür, 1-flüglig, 1.000x2.125mm, Ug-Wert 1,1W/(m²K)** Holzfenstertür, zweifachverglast; Ug-Wert 1,1W/(m²K); Größe 1.000x2.125mm; einflüglig, DK						
	St	**€ brutto**	**596**	**648**	**744**	**856**	**968**
	KG 334	€ netto	500	544	626	719	813

Fenster, Außentüren **Preise €**

Nr.	Kurztext / Stichworte Einheit / Kostengruppe	▶	▷	brutto ø netto ø	◁	◀
16	**Holz-Alufenster, 1-flüglig, 1.000x1.000mm, Ug-Wert 0,7W/(m²K)** Holz-Alufenster, dreifachverglast; Ug-Wert: 0,7W/(m²K); Größe 1.000x1.000mm; einflüglig, DK					
	St € brutto	**544**	**579**	**681**	**783**	**885**
	KG 334 € netto	458	486	572	658	744
17	**Holz-Alufenster, 1-flüglig, 1.000x1.000mm, Ug-Wert 1,1W/(m²K)** Holz-Alufenster, zweifachverglast; Ug-Wert 1,1W/(m²K); Größe 1.000x1.000mm; einflüglig, DK					
	St € brutto	**504**	**536**	**631**	**725**	**820**
	KG 334 € netto	424	450	530	609	689
18	**Holz-Alufenster, 2-flüglig, 1.250x1.000mm, Ug-Wert 0,7W/(m²K)** Holz-Alufenster, zweifachverglast; Ug-Wert 0,7W/(m²K); Größe 1.250x1.000mm; zweiflüglig, DK					
	St € brutto	**734**	**780**	**917**	**1.055**	**1.192**
	KG 334 € netto	617	655	771	886	1.002
19	**Holz-Alufenster, 2-flüglig, 1.250x1.000mm, Ug-Wert 1,1W/(m²K)** Holz-Alufenster, zweifachverglast; Ug-Wert 1,1W/(m²K); Größe 1.250x1.000mm; zweiflüglig, DK					
	St € brutto	**686**	**728**	**857**	**986**	**1.114**
	KG 334 € netto	576	612	720	828	936
20	**Holz-Alufenster, 2-flüglig, Setzholz, 1.625x1.250mm, Ug-Wert 1,1W/(m²K)** Holz-Alufenster, zweifachverglast; Ug-Wert 1,1W/(m²K); Größe 1.625x1.250mm; zweiflüglig, mit Setzholz, DK					
	St € brutto	**774**	**821**	**943**	**1.085**	**1.226**
	KG 334 € netto	650	690	793	912	1.031
21	**Holz-Alufenstertür, 1-flüglig, 1.000x2.125mm, Ug-Wert 1,1W/(m²K)** Holz-Alufenstertür, zweifachverglast; Ug-Wert: 1,1W/(m²K); Größe 1.000x2.125mm; einflüglig, DK					
	St € brutto	**786**	**854**	**982**	**1.129**	**1.277**
	KG 334 € netto	660	718	825	949	1.073

Fenster, Außentüren — Preise €

Nr.	Kurztext / Stichworte Einheit / Kostengruppe		▶	▷	brutto ø netto ø	◁	◀
22	**Kunststofffenster, 1-flüglig, 1.000x1.000mm, Ug-Wert 0,7W/(m²K)** Kunststofffenster, dreifachverglast; Ug-Wert 0,7W/(m²K); Größe 1.000x1.000mm; einflüglig, DK						
	St	**€ brutto**	**270**	**287**	**338**	**388**	**439**
	KG 334	€ netto	227	241	284	326	369
23	**Kunststofffenster, 1-flüglig, 1.000x1.000mm, Ug-Wert 1,1W/(m²K)** Kunststofffenster, zweifachverglast; Ug-Wert 1,1W/(m²K); Größe 1.000x1.000mm; einflüglig, DK						
	St	**€ brutto**	**240**	**255**	**300**	**345**	**390**
	KG 334	€ netto	202	214	252	290	328
24	**Kunststofffenster, 2-flüglig, 1.250x1.000mm, Ug-Wert 1,1W/(m²K)** Kunststofffenster, zweifachverglast; Ug-Wert 1,1W/(m²K); Größe 1.250x1.000mm; zweiflüglig, DK						
	St	**€ brutto**	**381**	**405**	**477**	**548**	**620**
	KG 334	€ netto	320	340	401	461	521
25	**Kunststofffenster, 2-flüglig, Setzholz, 1.625x1.250mm, Ug-Wert 1,1W/(m²K)** Kunststofffenster, zweifachverglast; Ug-Wert 1,1W/(m²K); Größe 1.625x1.250mm; zweiflüglig, DK						
	St	**€ brutto**	**420**	**473**	**525**	**604**	**683**
	KG 334	€ netto	353	397	442	508	574
26	**Kunststoff-Fenstertür, 1-flüglig, 1.000x2.125mm, Ug-Wert 1,1W/(m²K)** Kunststoff-Fenstertür, zweifachverglast; Ug-Wert: 1,1W/(m²K); Größe 1.000x2.125mm; einflüglig, DK						
	St	**€ brutto**	**515**	**580**	**644**	**741**	**838**
	KG 334	€ netto	433	487	541	623	704
27	**Haustür, Kunststoff, einfach, 1.010x2.013mm** Kunststoffaußentürelement; PVC-U; 1.010x2.013mm; einflüglig, wärmegedämmt						
	St	**€ brutto**	**1.743**	**2.098**	**2.201**	**2.788**	**3.507**
	KG 334	€ netto	1.465	1.763	1.850	2.342	2.947
28	**Haustür, Aluminium/Glasfüllung, einfach, 1.010x2.013** Metallaußentürelement mit Glasfüllung; Aluminium, Isolierverglasung, ESG; 1.010x2.013mm; einflüglig, wärmegedämmt						
	St	**€ brutto**	**1.626**	**2.664**	**3.107**	**4.025**	**5.815**
	KG 334	€ netto	1.367	2.238	2.611	3.383	4.887

Fenster, Außentüren | **Preise €**

Nr.	Kurztext / Stichworte Einheit / Kostengruppe		▶	▷	brutto ø netto ø	◁	◀
29	**Fensterbank, außen, Aluminium, beschichtet** Fensterbank, außen; Aluminium-Strangpressprofil, farbig beschichtet/ anodisch oxidiert; Gefälle mind. 8%; entdröhnt						
	m	€ brutto	**14**	**30**	**36**	**44**	**63**
	KG 334	€ netto	11	25	30	37	53
30	**Stundensatz Facharbeiter, Fensterbauarbeiten** Stundenlohnarbeiten, Vorarbeiter, Facharbeiter; Fensterbauarbeiten						
	h	€ brutto	**45**	**53**	**57**	**62**	**76**
		€ netto	38	45	47	52	64
31	**Stundensatz Helfer, Fensterbauarbeiten** Stundenlohnarbeiten, Werker, Helfer; Fensterbauarbeiten						
	h	€ brutto	**39**	**44**	**47**	**52**	**59**
		€ netto	33	37	40	44	50

Tischlerarbeiten						Preise €
Nr.	Kurztext / Stichworte			brutto ø		
	Einheit / Kostengruppe	▶	▷	netto ø	◁	◀
1	**Innentür, 1-flüglig, entfernen** Innentür, einflüglig, ausbauen; Holz; Größe bis 2,00m²; inkl. Türfutter; Bauschutt entsorgen					
	St **€ brutto**	**23**	**33**	**42**	**50**	**59**
	KG 394 € netto	19	28	35	42	49
2	**Wandbekleidung entfernen** Wandbekleidung entfernen; Holzwerkstoff; Bauschutt entsorgen					
	m² **€ brutto**	**5,9**	**14,4**	**18,0**	**21,6**	**30,0**
	KG 394 € netto	4,9	12,1	15,1	18,2	25,2
3	**Deckenbekleidung entfernen** Deckenbekleidung entfernen; Holzbretter; inkl. Sparschalung; Bauschutt entsorgen					
	m² **€ brutto**	**13**	**18**	**22**	**26**	**28**
	KG 394 € netto	11	15	19	22	24
4	**Fensterbank ausbauen, Holz, bis 1,5m** Fensterbank ausbauen; Holz; Länge bis 1,5m, Breite bis 25cm, Dicke bis 4cm; Bauschutt entsorgen					
	St **€ brutto**	**7,6**	**12,7**	**15,9**	**19,0**	**27,9**
	KG 394 € netto	6,4	10,7	13,3	16,0	23,4
5	**Holz-Türelement, T-RS, zweiflüglig** Rauchschutztürelement; Holztüre, Stahlumfassungszarge; zweiflüglig; Klimaklasse II					
	St **€ brutto**	**2.359**	**4.358**	**5.312**	**5.929**	**9.087**
	KG 344 € netto	1.982	3.663	4.464	4.982	7.636
6	**Fensterbank ausbauen, Holz, bis 2,5m** Fensterbank ausbauen; Holz; Länge bis 2,5m, Breite bis 25cm, Dicke bis 4cm; Bauschutt entsorgen					
	St **€ brutto**	**14**	**20**	**25**	**30**	**41**
	KG 394 € netto	12	17	21	26	35
7	**Leibungsbekleidung entfernen** Leibungsbekleidung, innen, ausbauen; Holz; inkl. Befestigungshölzer; Bauschutt entsorgen					
	m **€ brutto**	**8,4**	**10,9**	**12,9**	**15,4**	**16,6**
	KG 394 € netto	7,0	9,2	10,8	13,0	14,0
8	**Holz-Türelement, T-RS, einflüglig, 875x2.125** Rauchschutztürelement, Stahlumfassungszarge; Holz; 0,875x2.125mm; einflüglig; Klimaklasse II, ET1/ET3					
	St **€ brutto**	**640**	**801**	**947**	**1.039**	**1.184**
	KG 344 € netto	538	673	796	873	995

Kosten: Stand 3.Quartal 2016, Bundesdurchschnitt

Tischlerarbeiten **Preise €**

Nr.	Kurztext / Stichworte Einheit / Kostengruppe		▶	▷	brutto ø netto ø	◁	◀
9	**Holz-Türelement, T-RS, einflüglig, 1.000x2.000/2.125** Rauchschutztürelement; Holztüre, Stahlumfassungszarge; 1.000x2.000/2.125mm; einflüglig; Klimaklasse II						
	St	**€ brutto**	**547**	**732**	**842**	**943**	**1.662**
	KG 344	€ netto	460	616	708	792	1.397
10	**Holz-Türelement, T-RS, zweiflüglig** Rauchschutztürelement; Holztüre, Stahlumfassungszarge; zweiflüglig; Klimaklasse II						
	St	**€ brutto**	**2.359**	**4.358**	**5.312**	**5.929**	**9.087**
	KG 344	€ netto	1.982	3.663	4.464	4.982	7.636
11	**Holz-Türelement, T30, einflüglig, 875x2.125** Brandschutztürelement, T30; Holz; 875x2.125mm; einflüglig; Klimaklasse II, ET1/ET3						
	St	**€ brutto**	**1.019**	**1.477**	**1.576**	**2.009**	**2.745**
	KG 344	€ netto	857	1.241	1.324	1.688	2.307
12	**Holz-Türelement, T30, einflüglig, 1.000x2.125** Brandschutztürelement, T30; Holz; 1.000x2.000mm; einflüglig; Klimaklasse II, ET1/ET3						
	St	**€ brutto**	**1.025**	**1.417**	**1.528**	**2.061**	**3.112**
	KG 344	€ netto	861	1.190	1.284	1.732	2.615
13	**Holz-Türelement, T-RS, zweiflüglig** Rauchschutztürelement; Stahl verzinkt, grundiert; zweiflüglig; Klimaklasse II						
	St	**€ brutto**	**2.359**	**4.361**	**5.106**	**6.639**	**9.087**
	KG 344	€ netto	1.982	3.664	4.290	5.579	7.636
14	**Innen-Türelement, einflüglig, 875x2.125** Innentürelement; Röhrenspan; 875x2.125mm, Dicke 40mm; einflüglig; innen; Klasse I						
	St	**€ brutto**	**429**	**533**	**589**	**705**	**893**
	KG 344	€ netto	360	448	495	592	751
15	**Innen-Türelement, einflüglig, 1.000x2.125** Innentürelement; Röhrenspan; 1.000x2.125mm, Dicke 40mm; einflüglig; innen; Klasse I						
	St	**€ brutto**	**461**	**619**	**676**	**718**	**937**
	KG 344	€ netto	388	520	568	603	787
16	**Innen-Türelement, einflüglig, 1.125x2.125** Holztürelement; Röhrenspan; 1.125x2.125mm, Dicke 40mm; einflüglig; innen; Klasse I						
	St	**€ brutto**	**605**	**817**	**862**	**939**	**1.100**
	KG 344	€ netto	508	687	725	789	924

Tischlerarbeiten						Preise €
Nr.	**Kurztext** / Stichworte **Einheit** / Kostengruppe		▶	▷	**brutto ø** netto ø	◁ ◀

Nr.	Kurztext / Stichworte Einheit / Kostengruppe		▶	▷	ø	◁	◀
17	**Innen-Türelement, Röhrenspan, zweiflüglig** Innentürelement; Röhrenspan; Türblattdicke 40mm; zweiflüglig; Klimaklasse I						
	St	**€ brutto**	**1.145**	**1.603**	**1.781**	**2.139**	**2.756**
	KG 344	€ netto	962	1.347	1.496	1.798	2.316
18	**Türblatt, einflüglig, kunststoffbeschichtet, 750x2.000** Türblatt; Röhrenspan, Schichtpressstoffplatten; 750x2.000mm, Türblattdicke 42mm; für einflüglige Tür; Klimaklasse II						
	St	**€ brutto**	**113**	**188**	**228**	**281**	**390**
	KG 344	€ netto	95	158	191	236	327
19	**Türblatt, einflüglig, kunststoffbeschichtet, 875x2.000** Türblatt; Röhrenspan, Schichtpressstoffplatten; 875x2.000mm, Türblattdicke 42mm; für einflüglige Tür; Klimaklasse II						
	St	**€ brutto**	**125**	**190**	**230**	**295**	**397**
	KG 344	€ netto	105	159	193	248	334
20	**Türblatt, einflüglig, kunststoffbeschichtet, 1.000x2.000/2.125** Türblatt; Röhrenspan, Schichtpressstoffplatten; 1.000x2.000/2.125mm, Dicke 42 mm; einflüglig; Klimaklasse II						
	St	**€ brutto**	**142**	**204**	**320**	**344**	**482**
	KG 344	€ netto	119	171	269	289	405
21	**Türblatt, einflüglig, kunststoffbeschichtet, 1.125x2.000/2.125** Türblatt; Röhrenspan, Schichtpressstoffplatten; 1.125x2.000/2.125mm, Dicke 42 mm; einflüglig; Klimaklasse II						
	St	**€ brutto**	**155**	**221**	**345**	**371**	**544**
	KG 344	€ netto	130	186	290	312	457
22	**Türblatt, einflüglige Tür, Vollspan, 1.000x2.000/2.125** Türblatt; Vollspan, Schichtpressstoffplatten; 1.000x2.000/2.125mm, Dicke 50 mm; einflüglig; Klimaklasse II						
	St	**€ brutto**	**208**	**320**	**396**	**519**	**666**
	KG 344	€ netto	175	269	332	436	560
23	**Türblätter, zweiflüglig, Vollspan, Klima III** Türblatt; Vollspan, Schichtpressstoffplatten; 1.125x2.000/2.125mm; zweiflüglig; Klimaklasse II						
	St	**€ brutto**	**674**	**853**	**964**	**1.020**	**1.298**
	KG 344	€ netto	566	717	810	857	1.091
24	**Wohnungstür, Holz, Blockzarge** Holztürelement, Blockzarge; U=1,1W/m²K; 0,80x0,80cm, Türblattdicke 78mm; RW 42dB, Klimaklasse III						
	St	**€ brutto**	**614**	**1.240**	**1.546**	**2.042**	**2.850**
	KG 344	€ netto	516	1.042	1.300	1.716	2.395

Kosten: Stand 3.Quartal 2016, Bundesdurchschnitt

Tischlerarbeiten — Preise €

Nr.	Kurztext / Stichworte Einheit / Kostengruppe		▶	▷	brutto ø netto ø	◁	◀
25	**Massivholzzarge, innen** Holzblockzarge; für Türblatt Dicke 50mm; verschraubt/mit Anker; Mauerwerkswand, innen						
	St	**€ brutto**	**365**	**528**	**544**	**643**	**849**
	KG 344	€ netto	307	444	458	541	713
26	**Holz-Umfassungszarge, innen, 760x2.000** Holzumfassungszarge; 760x2.000mm; Trockenbauwand						
	St	**€ brutto**	**140**	**170**	**184**	**225**	**297**
	KG 344	€ netto	117	143	155	189	249
27	**Holz-Umfassungszarge, innen, 875x2.000** Holzumfassungszarge; 875x2.000mm; Trockenbauwand						
	St	**€ brutto**	**144**	**201**	**217**	**264**	**345**
	KG 344	€ netto	121	169	182	222	290
28	**Schiebetürelement, innen** Schiebetürelement; Holztür-/Glastürblatt; Wanddicke 100-150mm, Ständertiefe 75-100mm; einflüglig						
	St	**€ brutto**	**568**	**899**	**1.033**	**1.323**	**2.049**
	KG 344	€ netto	477	755	868	1.112	1.721
29	**Fensterbank, Holz, innen** Fensterbank, innen; Buche-Multiplex; Länge bis 3,00m; inkl. Ausgleich aus Sperrholz/Hartfaserplatten						
	m	**€ brutto**	**38**	**50**	**57**	**66**	**89**
	KG 334	€ netto	32	42	47	56	74
30	**Holz-/Abdeckleisten** Deckleisten; 20x50mm, Länge 2,80m; gehobelt, feingeschliffen, Kanten gefast						
	m	**€ brutto**	**6,3**	**14,9**	**18,3**	**24,5**	**35,6**
	KG 334	€ netto	5,3	12,5	15,4	20,6	29,9
31	**Verfugung, elastisch** Verfugung, elastisch; Silikon-/Acryldichtmasse; glatt gestrichen						
	m	**€ brutto**	**2,5**	**4,8**	**5,8**	**6,6**	**8,6**
	KG 334	€ netto	2,1	4,0	4,9	5,5	7,2
32	**Sockel-/Fußleiste, Holz** Sockelleiste; Eiche/Buche; Viertelstab-/Rechteckprofil; Ecken mit Gehrungsschnitt, genagelt						
	m	**€ brutto**	**11**	**16**	**19**	**21**	**24**
	KG 352	€ netto	9,4	13,8	16,0	17,5	20,5
33	**Bodentreppe, ungedämmt** Bodentreppe; Holz; einschiebbar						
	St	**€ brutto**	**603**	**757**	**841**	**865**	**972**
	KG 359	€ netto	506	637	706	727	817

Tischlerarbeiten **Preise €**

Nr.	Kurztext / Stichworte Einheit / Kostengruppe		▶	▷	brutto ø netto ø	◁	◀
34	**Treppenstufe, Holz** Treppenstufe/Tritt- und Setzstufe; Eiche massiv, gehobelt, geschliffen; 42mm; schallentkoppelt						
	St	**€ brutto**	**73**	**124**	**151**	**185**	**262**
	KG 352	€ netto	62	104	127	156	220
35	**Handlauf, Holz** Handlauf; Holz, geschliffen, poliert, natur/transparent lackiert; Dicke 30/40mm						
	m	**€ brutto**	**37**	**65**	**75**	**91**	**118**
	KG 359	€ netto	31	55	63	76	99
36	**Geländer, gerade, Rundstabholz** Geländer; Eiche/Buche, Rundstab, geschliffen, poliert, lackiert; Durchmesser 42,4mm, Höhe 1,00m; verschrauben						
	m	**€ brutto**	**236**	**308**	**365**	**382**	**416**
	KG 359	€ netto	199	259	307	321	350
37	**Stundensatz Tischler-Facharbeiter** Stundenlohnarbeiter Vorarbeiter, Facharbeiter; Tischlerarbeiten						
	h	**€ brutto**	**42**	**50**	**54**	**56**	**62**
		€ netto	35	42	46	47	52
38	**Stundensatz Tischler-Helfer** Stundenlohnarbeiten Werker, Helfer; Tischlerarbeiten						
	h	**€ brutto**	**31**	**37**	**41**	**44**	**52**
		€ netto	26	31	34	37	44

Parkettarbeiten, Holzpflasterarbeiten **Preise €**

Nr.	Kurztext / Stichworte Einheit / Kostengruppe		▶	▷	brutto ø netto ø	◁	◀
1	**Parkettboden entfernen, Lagerholz** Parkettboden ausbauen; inkl. Schüttung; auf Lagerholz; Bauschutt entsorgen						
	m²	**€ brutto**	**7,1**	**14,1**	**17,6**	**21,1**	**24,3**
	KG 394	€ netto	6,0	11,8	14,8	17,7	20,4
2	**Holzsockelleiste ausbauen** Sockelleiste ausbauen; Holz; Bauschutt entsorgen						
	m	**€ brutto**	**0,5**	**1,2**	**1,5**	**1,8**	**2,4**
	KG 394	€ netto	0,4	1,0	1,3	1,6	2,1
3	**Parkett abdecken** Parkett abdecken; schützen						
	m²	**€ brutto**	**2,5**	**3,3**	**4,1**	**5,0**	**8,6**
	KG 395	€ netto	2,1	2,8	3,5	4,2	7,3
4	**Parkettboden abdecken, Wellpappe** Holzbodenbelag abdecken; Wellpappe						
	m²	**€ brutto**	**1,6**	**2,2**	**2,6**	**3,1**	**3,3**
	KG 395	€ netto	1,4	1,9	2,1	2,6	2,8
5	**Parkettboden abdecken, Filz und Folie** Parkettboden abdecken; Filz und Folie						
	m²	**€ brutto**	**2,0**	**2,5**	**3,0**	**3,5**	**3,8**
	KG 395	€ netto	1,7	2,1	2,6	2,9	3,2
6	**Parkettboden abdecken, Holzwerkstoffplatten** Parkettboden abdecken; Holzwerkstoffplatten						
	m²	**€ brutto**	**4,9**	**5,6**	**7,0**	**8,3**	**9,1**
	KG 395	€ netto	4,1	4,7	5,9	7,0	7,6
7	**Estrich spachteln, ausgleichen** Estrich spachteln; Spachtelmasse, kunstharzvergütet; Dicke: 1-5mm; Höhe ausgleichen						
	m²	**€ brutto**	**3,6**	**5,4**	**6,8**	**8,2**	**12,3**
	KG 395	€ netto	3,0	4,6	5,7	6,9	10,3
8	**Trennlage, Parkett** Trennlage; Baumwollfilz; 5mm; einlagig verlegen; Parkettbelag						
	m²	**€ brutto**	**1,0**	**2,1**	**2,5**	**3,5**	**5,4**
	KG 352	€ netto	0,8	1,8	2,1	2,9	4,5
9	**Unterboden, Holzspanplatte** Unterboden; Holzspanplatte, P4; Dicke 21mm; NF-Profil, versetzte Stöße; mit Schrauben befestigen						
	m²	**€ brutto**	**20**	**27**	**30**	**35**	**47**
	KG 352	€ netto	17	22	25	29	39

Parkettarbeiten, Holzpflasterarbeiten **Preise €**

Nr.	Kurztext / Stichworte Einheit / Kostengruppe		▶	▷	brutto ø netto ø	◁	◀
10	**Blindboden, Nadelholz** Blindboden; Nadelholz, S10, einseitig gehobelt; Dicke 24mm, Breite 150mm; gespundete Schalung; inkl. chemischem Holzschutz, Prüfprädikat Iv, P, W						
	m²	**€ brutto**	**37**	**54**	**55**	**63**	**76**
	KG 352	€ netto	31	45	46	53	63
11	**Dielenbodenbelag, Laubholzdielen** Vollholz, Dielenboden; Buche; Dicke 25mm, lxb=1.250x250mm; Parallelverband, verklebt/versenkt geschraubt; auf Lagerholz						
	m²	**€ brutto**	**49**	**72**	**80**	**90**	**110**
	KG 352	€ netto	41	60	67	76	92
12	**Fertigparkettbelag, beschichtet** Fertigparkett, beschichtet; Holzdeckschicht mind. 4mm; 240x2.000mm; schwimmend verlegt, Parallelverband mit regelmäßigem Stoß; Estrich; mit Nut und Feder						
	m²	**€ brutto**	**40**	**65**	**73**	**82**	**101**
	KG 352	€ netto	33	54	61	69	85
13	**Hochkantlamellenparkett, versiegelt** Vollholz, Lamellenparkett; Eiche/Buche/.....; Dicke 22mm, Breite 18mm; inkl. schleifen, versiegeln						
	m²	**€ brutto**	**56**	**68**	**76**	**84**	**114**
	KG 352	€ netto	47	57	64	71	96
14	**Stabparkett, versiegelt** Vollholz, Stabparkett; Eiche; Dicke 14-22mm, lxb=250x40mm; NF-Profil; Estrich						
	m²	**€ brutto**	**80**	**95**	**101**	**116**	**145**
	KG 352	€ netto	67	80	85	97	122
15	**Sockelleiste, Hartholz** Sockelleiste; Buche, lackiert, Viertelstab-Profil; 16x16mm; Ecken mit Gehrungsschnitt, mit Nägel befestigen						
	m	**€ brutto**	**6,6**	**9,3**	**10,3**	**12,3**	**15,7**
	KG 352	€ netto	5,5	7,8	8,6	10,3	13,2
16	**Sockelleiste, Eiche** Sockelleiste; Eiche, Rechteckprofil, lackiert; Ecken mit Gehrungsschnitt, mit Senkkopf-Schrauben befestigen						
	m	**€ brutto**	**7,5**	**11,7**	**13,5**	**17,1**	**29,5**
	KG 352	€ netto	6,3	9,8	11,3	14,3	24,8

Parkettarbeiten, Holzpflasterarbeiten — **Preise €**

Nr.	Kurztext / Stichworte Einheit / Kostengruppe		▶	▷	brutto ø netto ø	◁	◀
17	**Sockelleiste, Esche/Ahorn** Sockelleiste; Ahorn, Esche, Schmetterlingsprofil, lackiert; 25x25mm; Ecken mit Gehrungsschnitt, befestigen mit Senkkopf-Schrauben						
	m	**€ brutto**	**7,6**	**9,9**	**10,9**	**12,7**	**16,7**
	KG 352	€ netto	6,4	8,3	9,2	10,6	14,0
18	**Parkettboden schleifen** Parkettboden schleifen; bis Körnung 180; reinigen; Schleifgut entsorgen						
	m²	**€ brutto**	**8,5**	**12,7**	**15,0**	**18,7**	**24,1**
	KG 395	€ netto	7,1	10,7	12,6	15,7	20,3
19	**Parkettboden wachsen** Parkettboden wachsen; Hartwachs; polieren						
	m²	**€ brutto**	**5,8**	**7,9**	**9,8**	**11,8**	**18,0**
	KG 395	€ netto	4,8	6,6	8,3	9,9	15,1
20	**Parkettboden ölen** Parkettboden ölen						
	m²	**€ brutto**	**5,8**	**13,8**	**17,2**	**19,8**	**21,5**
	KG 395	€ netto	4,8	11,6	14,5	16,6	18,1
21	**Übergangsprofil/Abdeckschiene, Edelstahl** Übergangsprofil; Edelstahl; Belagwechsel						
	m	**€ brutto**	**11**	**14**	**16**	**22**	**28**
	KG 352	€ netto	9,4	12,1	13,5	18,1	23,8
22	**Übergangsprofil/Abdeckschiene, Aluminium** Übergangsprofil; Aluminium; Belagwechsel						
	m	**€ brutto**	**11**	**16**	**18**	**19**	**24**
	KG 352	€ netto	9,5	13,4	14,9	16,2	20,0
23	**Übergangsprofil/Abdeckschiene, Messing** Übergangsprofil; Messing; Belagwechsel						
	m	**€ brutto**	**8,4**	**19,3**	**22,1**	**23,4**	**38,3**
	KG 352	€ netto	7,1	16,2	18,6	19,7	32,2
24	**Stundensatz Parkettleger-Facharbeiter** Stundenlohnarbeiten, Vorarbeiter, Facharbeiter; Parkettleger						
	h	**€ brutto**	**41**	**49**	**54**	**56**	**64**
		€ netto	35	41	45	47	54

Beschlagarbeiten							Preise €
Nr.	**Kurztext** / Stichworte **Einheit** / Kostengruppe		▶	▷	**brutto ø** netto ø	◁	◀
1	**Fenstergriff, Aluminium** Fensterolive; Aluminium; Vier-Punkt-Kugelrastung, unsichtbar befestigt; Verschraubung M5						
	St	**€ brutto**	**14**	**33**	**39**	**58**	**95**
	KG 334	€ netto	12	27	32	49	80
2	**Drückergarnitur, Stahl** Drückergarnitur; Stahlkern, Metallrosette; Türdicke 42mm; Metallrosette mit/ohne Hochhaltefeder						
	St	**€ brutto**	**28**	**44**	**54**	**65**	**90**
	KG 344	€ netto	23	37	46	55	75
3	**Drückergarnitur, Aluminium** Drückergarnitur; Aluminium, Metallrosette; Metallrosette mit/ohne Hochhaltefeder; für Rauch-/Feuerschutztür						
	St	**€ brutto**	**32**	**71**	**88**	**102**	**139**
	KG 344	€ netto	27	60	74	85	117
4	**Drückergarnitur, Edelstahl** Drückergarnitur; Edelstahl, Metallrosette; Metallrosette mit/ohne Hochhaltefeder; für Rauch-/Feuerschutztür						
	St	**€ brutto**	**114**	**174**	**193**	**231**	**314**
	KG 344	€ netto	96	146	162	194	264
5	**Bad-/WC-Garnitur, Aluminium** Bad-WC-Garnitur; Aluminium, Metallrosette; Türdicke 42mm; Metallrosette mit/ohne Hochhaltefeder						
	St	**€ brutto**	**54**	**78**	**89**	**109**	**139**
	KG 344	€ netto	46	65	75	91	117
6	**Stoßgriff, Tür, Edelstahl** Stoßgriff, Tür; Edelstahl; Achsmaß 100mm, Durchmesser 30mm; verdeckt verschraubt						
	St	**€ brutto**	**127**	**188**	**205**	**254**	**375**
	KG 344	€ netto	107	158	172	213	315
7	**Obentürschließer, einflüglige Tür** Obentürschließer; einflüglige Tür; Schließgröße EN 2-4, Türflügel bis max. 1.100mm, Öffnungswinkel=180°, Feststellbereich=70-150°; Basisschließer, Normalgestänge; für Rauch-/Feuerschutztür						
	St	**€ brutto**	**97**	**217**	**265**	**433**	**852**
	KG 344	€ netto	82	182	223	364	716

Kosten: Stand 3.Quartal 2016, Bundesdurchschnitt

Beschlagarbeiten **Preise €**

Nr.	Kurztext / Stichworte				brutto ø		
	Einheit / Kostengruppe		▶	▷	netto ø	◁	◀
8	**Obentürschließer, zweiflüglige Tür** Obentürschließer; zweiflüglige Türanlage; Größe 2-6; für zweiflügliges Türblatt, Normalmontage/Bandseite; Schließgeschwindigkeit und Endschlag regulierbar, inkl. Montageplatte						
	St	**€ brutto**	**348**	**519**	**533**	**604**	**852**
	KG 344	€ netto	293	436	448	508	716
9	**Türantrieb, kraftbetätigte Tür, einflüglig** Türantrieb, automatisch; für einflüglige Tür, behindertengerecht, geräuscharm; Innen- und Außentüren						
	St	**€ brutto**	**2.739**	**3.695**	**4.078**	**4.764**	**5.890**
	KG 344	€ netto	2.302	3.105	3.427	4.003	4.950
10	**Türantrieb, kraftbetätigte Tür, zweiflüglig** Türantrieb, automatisch; für zweiflüglige Tür, behindertengerecht, geräuscharm; Innen- und Außentüren						
	St	**€ brutto**	**2.500**	**3.634**	**4.396**	**4.770**	**6.158**
	KG 344	€ netto	2.101	3.054	3.694	4.008	5.175
11	**Fingerschutz Türkante** Fingerschutz Türkante; Aluminium, eloxiert/farbbeschichtet RAL-....., feuerhemmend; Länge bis 2.500mm; für handbetätigte/kraftbetätigte Türflügel; Bandseite/Gegenbandseite						
	St	**€ brutto**	**77**	**117**	**156**	**169**	**196**
	KG 344	€ netto	65	98	131	142	165
12	**Türspion, Aluminium** Türspion; Aluminium; Durchmesser 15mm; inkl. Deckklappe						
	St	**€ brutto**	**9,7**	**16,7**	**20,8**	**23,9**	**30,9**
	KG 344	€ netto	8,1	14,1	17,5	20,1	25,9
13	**Türstopper, Wandmontage** Türstopper, Wandmontage; Metall, poliert/gebürstet mit Gummipuffer; rund/eckig, geschraubt						
	St	**€ brutto**	**16**	**25**	**29**	**35**	**47**
	KG 344	€ netto	13	21	25	30	40
14	**Türstopper, Bodenmontage** Türstopper, Bodenmontage; Metall, poliert/gebürstet mit Gummipuffer; rund/eckig, geschraubt						
	St	**€ brutto**	**15**	**24**	**28**	**43**	**81**
	KG 344	€ netto	13	20	23	36	68
15	**Lüftungsgitter, Türblatt** Lüftungsgitter; Aluminium/Kunststoff; stufenlos regulierbar, verschließbar; Holztürblatt						
	St	**€ brutto**	**28**	**34**	**35**	**38**	**46**
	KG 344	€ netto	23	28	29	32	39

Beschlagarbeiten						Preise €
Nr.	Kurztext / Stichworte Einheit / Kostengruppe		▶	▷ brutto ø netto ø	◁	◀
16	**Doppel-Schließzylinder** Profil-Doppelzylinder; Messing, matt vernickelt; Länge 30,5mm/30,5mm; verschieden-/gleichschließend, inkl. Stulpschraube M5 vernickelt					
	St	**€ brutto**	**35**	**68**	**84**	**128**	**215**
	KG 344	€ netto	30	57	71	108	180
17	**Halb-Schließzylinder** Profil-Halbzylinder; Messing, matt vernickelt; Länge 30,5mm/10mm; verschieden-/gleichschließend, inkl. Stulpschraube M5 vernickelt					
	St	**€ brutto**	**24**	**47**	**57**	**71**	**102**
	KG 344	€ netto	21	40	48	60	86
18	**Profil-Zylinderverlängerung, je 10mm** Profil-Zylinderverlängerung; je angefangene 10mm					
	St	**€ brutto**	**2,0**	**3,9**	**4,7**	**6,4**	**9,4**
	KG 344	€ netto	1,7	3,3	4,0	5,4	7,9
19	**Profil-Blindzylinder** Profil-Blindzylinder; Messing, matt vernickelt; Länge 30,5mm/30,5mm; inkl. Stulpschraube M5 vernickelt					
	St	**€ brutto**	**7,1**	**11,6**	**13,8**	**19,8**	**30,6**
	KG 344	€ netto	5,9	9,8	11,6	16,7	25,7
20	**Obentürschließer, einflüglige Tür** Obentürschließer; einflüglige Tür; Schließgröße EN 2-4, Türflügel bis max. 1.100mm, Öffnungswinkel=180°, Feststellbereich=70-150°; Basisschließer, Normalgestänge; für Rauch-/Feuerschutztür					
	St	**€ brutto**	**97**	**217**	**265**	**433**	**852**
	KG 344	€ netto	82	182	223	364	716
21	**Generalhaupt-, Generalschlüssel** Generalhauptschlüssel; Profilzylinder; Schließanlage					
	St	**€ brutto**	**4,8**	**8,2**	**9,9**	**12,7**	**19,4**
	KG 344	€ netto	4,0	6,9	8,4	10,6	16,3
22	**Schlüssel, Buntbart** Schlüssel, Buntbart; Messing, verchromt, poliert; gleichschließend; Zimmertür; Türschlösser Klasse 1					
	St	**€ brutto**	**2,5**	**4,5**	**5,2**	**6,6**	**9,4**
	KG 344	€ netto	2,1	3,8	4,4	5,6	7,9
23	**Gruppen-, Hauptschlüssel** Gruppen-, Hauptschlüssel; Profilzylinder					
	St	**€ brutto**	**4,0**	**6,9**	**8,2**	**11,2**	**16,3**
	KG 344	€ netto	3,3	5,8	6,9	9,4	13,7

Kosten: Stand 3.Quartal 2016, Bundesdurchschnitt

Beschlagarbeiten **Preise €**

Nr.	Kurztext / Stichworte Einheit / Kostengruppe		▶	▷	brutto ø netto ø	◁	◀
24	**Schlüsselschrank, wandhängend** Schlüsselschrank, wandhängend; Aluminium/Kunststoff; Türöffnung über 90°; inkl. zwei Schlüssel, farbig sortierte Musterbeutel						
	St	**€ brutto**	**83**	**197**	**238**	**396**	**599**
	KG 344	€ netto	69	165	200	333	503
25	**WC-Symbol** Beschilderung; Edelstahl/Kunststoff; eingefrästes Symbol und Beschriftung, unsichtbare Befestigung						
	St	**€ brutto**	**11**	**26**	**31**	**45**	**62**
	KG 344	€ netto	9,2	21,8	26,1	37,5	51,8
26	**Riegelschloss, Profil-Halbzylinder** Riegelschloss; vorgerichtet für Profil-Halbzylinder; inkl. Bohr- und Fräsarbeiten						
	St	**€ brutto**	**48**	**88**	**103**	**112**	**186**
	KG 344	€ netto	40	74	87	94	157
27	**Absenkdichtung, Tür** Bodendichtung; Druckplatte, PVC-Dichtprofil, Befestigungswinkel; Zimmertür/Schallschutztür						
	St	**€ brutto**	**55**	**87**	**97**	**111**	**146**
	KG 344	€ netto	46	74	81	93	123

Rollladenarbeiten						Preise €
Nr.	Kurztext / Stichworte Einheit / Kostengruppe		▶	▷ brutto ø netto ø	◁	◀
1	**Rollladen entfernen** Rollladen ausbauen; Breite bis 1,50m, Höhe bis 2,50m; inkl. Deckel, Welle, Gurtband und Wickler; Bauschutt entsorgen					
	m²	**€ brutto**	**20**	**27**	**34**	**40**	**48**
	KG 394	€ netto	17	23	28	34	40
2	**Markise entfernen** Markise ausbauen; Breite bis 4,00m, Ausstelltiefe bis 3,00m; inkl. Gelenkarm, Welle und Bedienelement; Bauschutt entsorgen					
	m²	**€ brutto**	**57**	**67**	**82**	**98**	**103**
	KG 394	€ netto	48	57	69	82	87
3	**Außenjalousie entfernen** Außenjalousie ausbauen; Aluminiumlamellen; Breite bis 4,00m, Höhe bis 3,00m; inkl. Kurbel und Welle; Bauschutt entsorgen					
	m²	**€ brutto**	**17**	**20**	**23**	**28**	**29**
	KG 394	€ netto	14	17	19	23	25
4	**Sonnenschutz, Stoff, innen, entfernen** Sonnenschutz ausbauen; Stoff, innen; Breite bis 4,00m, Höhe bis 3,00m; Bauschutt entsorgen					
	m²	**€ brutto**	**12**	**15**	**18**	**21**	**23**
	KG 394	€ netto	9,9	12,3	14,9	17,6	19,0
5	**Rollladen-Gurtwickler ausbauen** Rollladen-Gurtwickler ausbauen; Abmessungen 19x11,5x23,8cm; aus Ziegelmauerwerk; Bauschutt entsorgen					
	St	**€ brutto**	**7,2**	**8,9**	**10,5**	**12,4**	**13,5**
	KG 394	€ netto	6,0	7,4	8,9	10,5	11,3
6	**Baufuge abdichten, Rollladenkasten** Baufuge abdichten; Dichtband, Baufuge; Klebebereich 60mm; wind- und dampfdicht; Rollladenkasten/Zargenrahmen					
	m	**€ brutto**	**9,8**	**11,1**	**14,0**	**16,1**	**17,4**
	KG 395	€ netto	8,2	9,3	11,8	13,5	14,6
7	**Rollladenkasten dämmen** Rollladenkasten dämmen; Dämmmatten; Dicke bis 40mm; flexible Dämmmatten					
	m²	**€ brutto**	**31**	**46**	**57**	**68**	**98**
	KG 395	€ netto	26	38	48	57	82
8	**Klappendeckel abdichten, Rollladenkasten** Klappendeckel abdichten; Größe 2.000x250mm; Rollladenkasten					
	St	**€ brutto**	**19**	**24**	**30**	**35**	**38**
	KG 395	€ netto	16	20	25	30	32

Kosten: Stand 3.Quartal 2016, Bundesdurchschnitt

Rollladenarbeiten — Preise €

Nr.	Kurztext / Stichworte Einheit / Kostengruppe		▶	▷	brutto ø netto ø	◁	◀
9	**Rollladenkastendeckel auswechseln** Rollladenkastendeckel austauschen; Deckel gedämmt; Länge bis 1,20mm, Höhe bis 0,30m; Bauschutt entsorgen						
	m	**€ brutto**	**17**	**21**	**26**	**31**	**32**
	KG 395	€ netto	15	18	22	26	27
10	**Rollladengurte auswechseln** Rollladengurte auswechseln; Länge bis 4,00m; Bauschutt entsorgen						
	St	**€ brutto**	**29**	**36**	**41**	**48**	**54**
	KG 395	€ netto	24	31	34	40	45
11	**Rollladenführungsschiene erneuern** Rollladenführungsschiene ersetzen; durch geräuscharme, eloxierte Führungsschiene; Länge bis 1.000mm; Bauschutt entsorgen						
	St	**€ brutto**	**23**	**35**	**38**	**44**	**46**
	KG 395	€ netto	20	29	32	37	39
12	**Rollladenwelle erneuern, bis 1.500mm** Rollladenwelle ausbauen; neue Welle einbauen; Länge bis 1.500mm; Bauschutt entsorgen						
	St	**€ brutto**	**56**	**69**	**81**	**94**	**101**
	KG 395	€ netto	47	58	68	79	85
13	**Rollladenwelle erneuern, bis 2.500mm** Rollladenwelle ausbauen; neue Welle einbauen; Länge bis 2.500mm; Bauschutt entsorgen						
	St	**€ brutto**	**79**	**90**	**113**	**135**	**143**
	KG 395	€ netto	66	76	95	114	120
14	**Vorbaurollladen, Führungsschiene** Vorbaurollladen; Aluminiumkasten, Aluminiumschiene; Profil hxb=50x35-50mm, WK 1/2; Ecken gerundet/scharfkantig						
	St	**€ brutto**	**160**	**301**	**349**	**411**	**542**
	KG 338	€ netto	135	253	294	345	455
15	**Rollladen, inkl. Führungsschiene, Gurt** Rollladen; Einzelrollladen; WK 1/2; in bauseitigen Kasten						
	St	**€ brutto**	**91**	**206**	**231**	**282**	**383**
	KG 338	€ netto	77	173	194	237	322
16	**Jalousie/Raffstore, außen** Außenjalousie; Aluminiumlamellen, Aluminium-/Edelstahlschiene; Lamellen 35mm, Dicke 0,22-0,30mm; elektrisch betrieben; Mauerwerk/WDVS mit Stahlbeton						
	St	**€ brutto**	**473**	**755**	**804**	**890**	**1.113**
	KG 338	€ netto	397	635	676	748	935

Rollladenarbeiten						Preise €
Nr.	Kurztext / Stichworte			brutto ø		
	Einheit / Kostengruppe	▶	▷	netto ø	◁	◀
17	**Fensterladen, Holz, zweiteilig** Klappladen; Nadelholz/Eiche, S10, Aluminium-/Edelstahlschiene; Lamellen 45mm, Dicke 20-25mm					
	St **€ brutto**	**439**	**565**	**640**	**897**	**1.354**
	KG 338 € netto	369	475	538	754	1.138
18	**Stundensatz Facharbeiter, Rollladenarbeiten** Stundenlohnarbeiten, Vorarbeiter, Facharbeiter; Rollladenarbeiten					
	h **€ brutto**	**36**	**47**	**53**	**55**	**63**
	€ netto	30	40	45	46	53

Metallbauarbeiten — Preise €

Nr.	Kurztext / Stichworte Einheit / Kostengruppe	▶	▷	brutto ø netto ø	◁	◀
1	**Profilstahl-Konstruktion, Profile IPE** Stahlträger, HEB/IPE/HEA/HEM; S235JR, grundiert/beschichtet; Deckenkonstruktion					
	kg € brutto	**3,1**	**4,3**	**4,9**	**5,5**	**7,1**
	KG 351 € netto	2,6	3,6	4,1	4,6	6,0
2	**Handlauf, Stahl** Handlauf; Stahl S235JR+AR, verzinkt; Durchmesser 25/33,7/42,4/60mm; Außen-/Innenbereich					
	m € brutto	**63**	**82**	**89**	**102**	**137**
	KG 359 € netto	53	69	74	86	115
3	**Handlauf, Stahl, Wandhalterung** Handlaufhalter; Stahl S235JR/Flachstahl, beschichtet/feuerverzinkt; Durchmesser 12/16mm/Flachstahl 10mm; je Wandhalter 2 Klebedübel, Inbus M10; Wandmontage					
	St € brutto	**21**	**45**	**53**	**68**	**98**
	KG 359 € netto	18	37	45	57	82
4	**Handlauf, Enden in diverse Ausführungen** Handlauf-Endstück; Stahl/Edelstahl; Durchmesser 25/33,7/42,4/60mm; flache Kappe/gewölbte Kappe/gekröpfte 90°					
	St € brutto	**13**	**33**	**40**	**49**	**67**
	KG 359 € netto	11	27	34	41	56
5	**Handlauf, Ecken/Gehrungen** Handlauf-Eckstück; Stahl/Edelstahl/Holz; 30°/45°/90°					
	St € brutto	**17**	**36**	**48**	**60**	**74**
	KG 359 € netto	14	31	41	50	63
6	**Handlauf, Holz** Handlauf; Eiche, geschliffen, poliert; Durchmesser 25-60mm; Außen-/Innenbereich					
	m € brutto	**22**	**63**	**79**	**95**	**148**
	KG 359 € netto	18	53	66	80	124
7	**Brüstungs-/Treppengeländer, Lochblechfüllung** Treppengeländer; Stahlkonstruktion, Rundrohr, Flachstabstahl; Höhe 1,10m, Handlauf 33,7mm; Normalraum/Nassraum					
	m € brutto	**157**	**239**	**272**	**307**	**394**
	KG 359 € netto	132	201	228	258	331
8	**Treppengeländer, Flachstahlfüllung** Treppengeländer; Stahlkonstruktion, Handlauf Rundrohr, Flachstabstahl; Höhe 1,10m, Handlauf 42,4mm; Innenbereich					
	m € brutto	**210**	**279**	**311**	**354**	**456**
	KG 359 € netto	177	235	261	297	383

Metallbauarbeiten						Preise €
Nr.	**Kurztext** / Stichworte **Einheit** / Kostengruppe		▶	▷ **brutto ø** netto ø	◁	◀
9	**Balkon-/Terrassengeländer, Außenbereich** Balkon/Terrassengeländer; Handlauf Stahl, Nasslack/pulverbeschichtet; Höhe 1,00m, Handlauf Durchmesser 42,4mm, Füllstäbe d=12,0mm; Außenbereich (EN 1090-2, EXC .....)					
	m	**€ brutto**	**162**	**264**	**308**	**422**	**723**
	KG 359	€ netto	136	222	259	354	607
10	**Stahl-Umfassungszarge, 875x2.000/2.125** Stahlumfassungszarge; bandverzinkt/grundiert; 875x2.000/2.125mm, MW 145mm, Tiefe 115mm; KS-Mauerwerk					
	St	**€ brutto**	**116**	**207**	**244**	**297**	**367**
	KG 344	€ netto	97	174	205	249	309
11	**Stahl-Umfassungszarge, 1.000x2.000/2.125** Stahlumfassungszarge; bandverzinkt/grundiert; 1.000x2.000/2.125mm, MW 145mm, Tiefe 115mm; KS-Mauerwerk					
	St	**€ brutto**	**178**	**268**	**306**	**348**	**461**
	KG 344	€ netto	149	225	257	292	387
12	**Stahltür, einflüglig, 1.010x2.130** Metalltürelement; Stahl; 1.010x2.130mm, Dicke 50mm; einflüglig, gefalzt/flächenbündig; Normalraum/Nassraum					
	St	**€ brutto**	**356**	**728**	**860**	**1.038**	**1.392**
	KG 344	€ netto	299	612	723	873	1.170
13	**Stahltür, zweiflüglig** Metalltürelement; Stahl; Dicke 50mm; zweiflüglig, gefalzt/flächenbündig; Normalraum/Nassraum					
	St	**€ brutto**	**1.272**	**1.814**	**2.035**	**2.203**	**2.734**
	KG 344	€ netto	1.069	1.524	1.710	1.851	2.297
14	**Stahltür, Brandschutz, T30 RS, 875x2.000/2.125** Brandschutztürelement, T30 RS; Stahl; 875x2.000/2.125mm; einflüglig					
	St	**€ brutto**	**573**	**894**	**1.006**	**1.250**	**1.661**
	KG 344	€ netto	482	751	845	1.050	1.396
15	**Stahltür, Brandschutz, T30 RS, 1.000x2.000/2.125** Brandschutztürelement, T30 RS; Stahl; 1.000x2.000/2.125mm; einflüglig					
	St	**€ brutto**	**676**	**967**	**1.082**	**1.510**	**2.250**
	KG 344	€ netto	568	812	909	1.269	1.890
16	**Stahltür, Brandschutz, T30 RS, zweiflüglig** Brandschutztürelement EI30-C; Stahl; zweiflüglig					
	St	**€ brutto**	**1.495**	**2.566**	**2.966**	**3.417**	**4.260**
	KG 344	€ netto	1.256	2.156	2.493	2.872	3.580

Metallbauarbeiten — Preise €

Nr.	Kurztext / Stichworte Einheit / Kostengruppe	▶	▷	brutto ø netto ø	◁	◀
17	**Stahltür, Brandschutz, EI 90-C, 875x2.000/2.125** Brandschutztürelement EI 90-C; Stahl; 875x2.000/2.125; einflüglig					
	St € brutto	**1.363**	**1.754**	**1.881**	**2.077**	**2.586**
	KG 344 € netto	1.146	1.474	1.581	1.746	2.173
18	**Stahltür, EI 90-C, zweiflüglig** Brandschutztürelement T90-2; Stahl, verzinkt; zweiflügelig					
	St € brutto	**3.417**	**4.230**	**4.565**	**5.074**	**6.107**
	KG 344 € netto	2.871	3.555	3.836	4.264	5.132
19	**Stahltreppe, gerade, einläufig, Trittbleche** Metalltreppe, einläufig; Stahl, S235JR, verzinkt; 16Stg, 17,2x28cm; freitragend					
	St € brutto	**2.181**	**4.621**	**5.443**	**7.017**	**11.218**
	KG 351 € netto	1.833	3.883	4.574	5.896	9.427
20	**Stundensatz Schlosser-Facharbeiter** Stundenlohnarbeiten, Vorarbeiter, Facharbeiter; Schlosserarbeiten					
	h € brutto	**53**	**58**	**60**	**62**	**67**
	€ netto	45	48	50	52	56
21	**Stundensatz Schlosser-Helfer** Stundenlohnarbeiten Werker, Helfer; Schlosserarbeiten					
	h € brutto	**35**	**43**	**47**	**50**	**58**
	€ netto	30	36	39	42	49

Verglasungsarbeiten						Preise €
Nr.	Kurztext / Stichworte			brutto ø		
	Einheit / Kostengruppe ▶		▷	netto ø	◁	◀
1	**Verglasung, Floatglas, 4mm**					
	Einscheiben-Verglasung; Floatglas; Dicke 4mm; beidseitig versiegeln					
	m²	**€ brutto**	**–**	**40**	**47**	**54**	**–**
	KG 344	€ netto	–	34	40	45	–
2	**Verglasung, Floatglas, 6mm**					
	Einscheiben-Verglasung; Floatglas; Dicke 6mm; beidseitig versiegeln					
	m²	**€ brutto**	**–**	**54**	**63**	**72**	**–**
	KG 344	€ netto	–	45	53	61	–
3	**Verglasung, Floatglas, 8mm**					
	Innenverglasung; Floatglas; Dicke 8mm; beidseitig versiegeln					
	m²	**€ brutto**	**–**	**72**	**83**	**96**	**–**
	KG 344	€ netto	–	60	70	80	–
4	**Verglasung, ESG-Glas, 6mm**					
	Einscheiben-Sicherheitsverglasung; Dichtstoff mind. C-elastisch bleibend; Dicke 6mm; beidseitig versiegeln					
	m²	**€ brutto**	**–**	**98**	**113**	**130**	**–**
	KG 337	€ netto	–	82	95	110	–
5	**Verglasung, ESG-Glas, 8mm**					
	Einscheiben-Sicherheitsverglasung; Dichtstoff mind. C-elastisch bleibend; Dicke 8mm; beidseitig versiegeln					
	m²	**€ brutto**	**–**	**120**	**140**	**161**	**–**
	KG 337	€ netto	–	101	118	135	–
6	**Verglasung, ESG-Glas, 10mm**					
	Einscheiben-Sicherheitsverglasung; Dichtstoff mind. C-elastisch bleibend; Dicke 10mm; beidseitig versiegeln					
	m²	**€ brutto**	**–**	**151**	**175**	**201**	**–**
	KG 337	€ netto	–	126	147	169	–
7	**Verglasung, VSG-Glas, 6mm**					
	Verbund-Sicherheitsverglasung; Widerstandsklasse A 1; Größe 1,0-2,0m², Dicke 6mm; zweiseitige Befestigung; inkl. Befestigung mit Glashalteleisten, Dichtstoff					
	m²	**€ brutto**	**–**	**92**	**107**	**124**	**–**
	KG 359	€ netto	–	78	90	104	–
8	**Verglasung, VSG-Glas, 8mm**					
	Verbund-Sicherheitsverglasung; Widerstandsklasse A 1; Größe 1,0-2,0m², Dicke 6mm; zweiseitige Befestigung; inkl. Befestigung mit Glashalteleisten, Dichtstoff					
	m²	**€ brutto**	**–**	**100**	**116**	**133**	**–**
	KG 359	€ netto	–	84	97	112	–

Kosten: Stand 3.Quartal 2016, Bundesdurchschnitt

Verglasungsarbeiten — Preise €

Nr.	Kurztext / Stichworte Einheit / Kostengruppe		▶	▷	brutto ø netto ø	◁	◀
9	**Verglasung, VSG-Glas, 10mm** Verbund-Sicherheitsverglasung; Widerstandsklasse A 1; Größe 1,0-2,0m², Dicke 10mm; zweiseitige Befestigung; inkl. Befestigung mit Glashalteleisten, Dichtstoff						
	m²	**€ brutto**	**–**	**104**	**121**	**139**	**–**
	KG 359	€ netto	–	87	101	117	–
10	**Isolierverglasungen, 2-fach, 1,1W/(m²K), 4x16x4** Iolierverglasung; 2-fach Floatglas, Ug-Wert 1,1W(m²K); 4x16x4mm						
	m²	**€ brutto**	**–**	**72**	**83**	**96**	**–**
	KG 334	€ netto	–	60	70	80	–
11	**Isolierverglasungen, 2-fach, 1,0W/(m²K), 4x16x4** Iolierverglasung; 2-fach Floatglas, Ug-Wert 1,0W(m²K); 4x16x4mm						
	m²	**€ brutto**	**–**	**79**	**92**	**105**	**–**
	KG 334	€ netto	–	66	77	89	–
12	**Isolierverglasungen, 2-fach, 1,1W/(m²K), 4x16x6** Isolierverglasung; 2-fach Floatglas, Ug-Wert 1,1W(m²K); 4x16x6mm						
	m²	**€ brutto**	**–**	**82**	**95**	**110**	**–**
	KG 334	€ netto	–	69	80	92	–
13	**Isolierverglasungen, VSG, 2-fach, 1,0W/(m²K), 6x16x4** Isolierverglasungen; Verbundsicherheitsglas innen, Floatglas außen, Ug-Wert 1,0W(m²K); 6x16x4mm						
	m²	**€ brutto**	**–**	**109**	**127**	**146**	**–**
	KG 334	€ netto	–	92	106	122	–
14	**Isolierverglasungen, 2-fach, 1,1W/(m²K), 6x16x6** Isolierverglasungen; 2-fach Floatglas, Ug-Wert 1,1W(m²K); 6x16x6mm						
	m²	**€ brutto**	**–**	**92**	**107**	**124**	**–**
	KG 334	€ netto	–	78	90	104	–
15	**Isolierverglasungen, ESG, 2-fach, 1,1W/(m²K), 4x16x4** Isolierverglasung; Floatglas innen, ESG außen, Ug-Wert 1,1W(m²K); 4x16x4mm						
	m²	**€ brutto**	**–**	**103**	**119**	**137**	**–**
	KG 334	€ netto	–	86	100	115	–
16	**Isolierverglasungen, 3-fach, 0,7W/(m²K), 4x12x4x12x4** Isolierverglasung; Innen-/Außenscheibe Floatglas, Ug-Wert 0,7W(m²K); 4x12x4x12x4mm						
	m²	**€ brutto**	**–**	**125**	**145**	**167**	**–**
	KG 334	€ netto	–	105	122	140	–

Verglasungsarbeiten **Preise €**

Nr.	Kurztext / Stichworte Einheit / Kostengruppe		►	▷	brutto ø netto ø	◁	◄
17	**Isolierverglasungen, 3-fach, 0,6W/(m²K), 4x14x4x14x4** Isolierverglasung; Innen-/Außenscheibe Floatglas, Ug-Wert 0,6W(m²K); 4x14x4x14x4mm						
	m²	**€ brutto**	**–**	**143**	**167**	**192**	**–**
	KG 334	€ netto	–	120	140	161	–

Baureinigungsarbeiten — Preise €

Nr.	Kurztext / Stichworte Einheit / Kostengruppe		▶	▷	brutto ø netto ø	◁	◀
1	**Baureinigung, bei Baubetrieb** Bauzwischenreinigung; entfernen, grober Bauverschmutzung; inkl. Entsorgung						
	m²	**€ brutto**	**0,7**	**1,4**	**1,7**	**2,2**	**3,0**
	KG 397	€ netto	0,6	1,2	1,5	1,9	2,5
2	**Treppen/Podeste reinigen** Treppen reinigen; Betonbau-/Malerrückstände; mit Spatel, sowie abkehren, saugen, mit Reinigungsmittel abschrubben; inkl. Nachwischen der Treppengeländer, Brüstung und Handläufe						
	m²	**€ brutto**	**0,6**	**1,1**	**1,2**	**1,7**	**2,5**
	KG 397	€ netto	0,5	0,9	1,0	1,5	2,1
3	**Bodenbelag reinigen, Hartbeläge Lino/Kautschuk** Bodenbelag reinigen; Hartbelag; mit Reinigungs- und Pflegemittel; inkl. Sockelleisten						
	m²	**€ brutto**	**0,4**	**1,0**	**1,3**	**1,8**	**2,4**
	KG 397	€ netto	0,3	0,8	1,1	1,5	2,0
4	**Bodenbelag reinigen, Fliesen/Platten** Bodenbelag reinigen; Fliesen/Platten; mit Reinigungsmittel wischen; inkl. Sockelleisten						
	m²	**€ brutto**	**0,9**	**1,5**	**1,8**	**3,0**	**5,1**
	KG 397	€ netto	0,7	1,3	1,5	2,5	4,3
5	**Bodenbelag reinigen, Teppich** Bodenbelag reinigen; Teppich; mit Vakuum-/Bürstsaugen; inkl. Sockel						
	m²	**€ brutto**	**0,2**	**1,2**	**1,7**	**2,5**	**4,1**
	KG 397	€ netto	0,2	1,0	1,4	2,1	3,4
6	**Fassade reinigen, Hochdruckreiniger** Wandbelag reinigen; Fassade; Hochdruckreiniger; inkl. erf. Schutz und Abdeckarbeiten, Passantenschutz ja/nein						
	m²	**€ brutto**	**12**	**16**	**18**	**20**	**26**
	KG 397	€ netto	9,9	13,5	15,1	16,6	22,1
7	**Glasflächen reinigen, Fassadenelemente** Glasflächen reinigen; Fassadenelement; nass wischen, trocken ledern, polieren; inkl. Schutz- und Abdeckblechen						
	m²	**€ brutto**	**1,3**	**2,1**	**2,4**	**3,2**	**5,7**
	KG 397	€ netto	1,1	1,8	2,0	2,7	4,8
8	**Wandbelag reinigen, Fliesen** Wandbelag reinigen; Fliesen/Platten; mit Reinigungsmitteln; Entfernen von Zementschleier, Aufklebern						
	m²	**€ brutto**	**0,5**	**0,7**	**0,8**	**1,2**	**1,8**
	KG 397	€ netto	0,5	0,6	0,7	1,0	1,5

Kosten: Stand 3.Quartal 2016, Bundesdurchschnitt

Baureinigungsarbeiten						**Preise €**
Nr.	**Kurztext** / Stichworte			**brutto ø**		
	Einheit / Kostengruppe	▶	▷	netto ø	◁	◀
9	**Türen reinigen** Tür reinigen; Metall/Holz/Schichtstoff; mit Reinigungs- und Pflegemitteln; Entfernen von Verunreinigungen und Aufklebern					
	St **€ brutto**	**1,3**	**3,1**	**3,7**	**5,0**	**7,6**
	KG 397 € netto	1,1	2,6	3,1	4,2	6,4
10	**Heizkörper reinigen** Einrichtung reinigen; Heizkörper; mit Reinigungs- und Pflegemitteln; inkl. Armaturen, Zuleitungen					
	m² **€ brutto**	**0,9**	**1,4**	**1,7**	**2,0**	**2,4**
	KG 397 € netto	0,7	1,2	1,4	1,7	2,0
11	**Waschtisch/Duschwanne reinigen** Einrichtung reinigen; Waschtisch/Duschwanne; mit Reinigungs- und Pflegemitteln; inkl. Armaturen, Zu- und Abläufen					
	St **€ brutto**	**1,1**	**3,3**	**4,1**	**5,3**	**8,1**
	KG 397 € netto	1,0	2,8	3,4	4,4	6,8
12	**WC-Schüssel/Urinal reinigen** Einrichtung reinigen; WC-Schüssel/Urinal, Keramik; mit Reinigungs- und Pflegemitteln; inkl. Armaturen, Zu- und Abläufen					
	St **€ brutto**	**0,6**	**3,0**	**3,4**	**4,7**	**6,7**
	KG 397 € netto	0,5	2,5	2,8	3,9	5,7
13	**Geländer reinigen** Einrichtung reinigen; Geländer, Stahl/Holz; mit Reinigungs- und Pflegemitteln					
	m **€ brutto**	**0,3**	**0,8**	**1,0**	**1,5**	**2,5**
	KG 397 € netto	0,2	0,7	0,9	1,3	2,1
14	**Einzelfenster reinigen** Fenster reinigen; nass wischen mit Reinigungsmitteln, trocken ledern; inkl. Entfernen aller Aufkleber					
	St **€ brutto**	**1,8**	**3,9**	**4,8**	**5,7**	**8,1**
	KG 397 € netto	1,5	3,3	4,0	4,8	6,8
15	**Stundensatz Baureiniger-Facharbeiter** Stundenlohnarbeiten Vorarbeiter, Facharbeiter; Baureinigungsarbeiten					
	h **€ brutto**	**22**	**27**	**29**	**31**	**35**
	€ netto	19	23	25	26	29
16	**Stundensatz Baureiniger-Helfer** Stundenlohnarbeiten Werker, Helfer; Baureinigungsarbeiten					
	h **€ brutto**	**19**	**24**	**27**	**30**	**35**
	€ netto	16	20	22	25	30

Maler- und Lackierarbeiten - Beschichtungen **Preise €**

Nr.	Kurztext / Stichworte Einheit / Kostengruppe	►	▷	brutto ø netto ø	◁	◄
1	**Öffnungen abdecken, Strahlarbeiten** Öffnungen abdecken, Druckwasserreinigung; Plattenware, Folie; Anschlüsse abkleben; Fassade					
	m² € brutto	**5,8**	**12,4**	**15,5**	**17,6**	**19,6**
	KG 395 € netto	4,8	10,4	13,0	14,8	16,5
2	**Trockenstrahlen, Fassade** Fassadenreinigung, Trockenstrahlen; festes Strahlmittel; Beschichtungen, haftmindernde Bestandteile entfernen; inkl. Abrieb- und Strahlmaterial entsorgen					
	m² € brutto	**11**	**12**	**13**	**15**	**17**
	KG 395 € netto	8,8	9,8	11,3	12,9	14,4
3	**Strahlen mit Strahlmittel, Fassade** Fassadenreinigung, Nassstrahlen; festes Strahlmittel, Wasser; Beschichtungen, haftmindernde Bestandteile entfernen; inkl. Abrieb- und Strahlmaterial entsorgen					
	m² € brutto	**11**	**12**	**14**	**16**	**18**
	KG 395 € netto	9,3	10,4	11,9	13,6	15,2
4	**Druckwasserstrahlen, Fassade** Fassadenreinigung, Druckwasserstrahlen; Beschichtungen, haftmindernde Bestandteile entfernen; inkl. Abrieb- und Strahlmaterial entsorgen					
	m² € brutto	**3,9**	**4,3**	**5,0**	**5,7**	**8,6**
	KG 395 € netto	3,3	3,6	4,2	4,8	7,3
5	**Druckwasser temperiert, Fassade** Fassadenreinigung, temperiertes Druckwasserstrahlen; Verschmutzungen, Verunreinigungen entfernen; inkl. Abrieb- und Strahlmaterial entsorgen					
	m² € brutto	**1,4**	**2,9**	**3,3**	**3,8**	**7,1**
	KG 395 € netto	1,2	2,4	2,8	3,2	6,0
6	**Dampfstrahlen temperiert, Fassade** Fassadenreinigung, temperiert Dampfstrahlen; inkl. Abrieb- und Strahlmaterial entsorgen					
	m² € brutto	**2,8**	**3,1**	**3,5**	**4,0**	**8,3**
	KG 395 € netto	2,3	2,6	3,0	3,4	6,9
7	**Beschichtung entfernen, Außenputz** Beschichtung entfernen; Bauschutt entsorgen; Außenputz					
	m² € brutto	**9,1**	**10,1**	**11,6**	**13,3**	**22,3**
	KG 395 € netto	7,6	8,5	9,8	11,2	18,7

Maler- und Lackierarbeiten - Beschichtungen **Preise €**

Nr.	Kurztext / Stichworte Einheit / Kostengruppe		►	▷	brutto ø netto ø	◁	◄
8	**Holz anschleifen/grundieren** Holzfläche vorbereiten, Beschichtung; zweimalig grundieren, zwischenschleifen; Außenbereich						
	m²	**€ brutto**	**2,1**	**4,4**	**5,0**	**5,7**	**7,9**
	KG 395	€ netto	1,8	3,7	4,2	4,8	6,6
9	**Holzfenster vorbereiten, Beschichtung** Holzfenster vorbereiten, Beschichtung; lose Farbe, Holzteile entfernen, schleifen; Außenbereich						
	St	**€ brutto**	**11**	**12**	**14**	**16**	**21**
	KG 395	€ netto	9,3	10,4	12,0	13,7	17,7
10	**Fenster abbeizen** Holzfenster abbeizen; Größe bis 1,35x1,35m						
	St	**€ brutto**	**11**	**12**	**14**	**16**	**23**
	KG 395	€ netto	9,4	10,5	12,1	13,7	19,3
11	**Hauseingangstür abbeizen** Hauseingangstür abbeizen; Holz; Größe bis 1,20x2,50m						
	m²	**€ brutto**	**61**	**69**	**79**	**90**	**114**
	KG 395	€ netto	52	58	66	76	96
12	**Gartenzaun abbeizen, Holz** Gartenzaun abbeizen; Holz; inkl. Türen						
	m²	**€ brutto**	**22**	**24**	**28**	**32**	**40**
	KG 395	€ netto	18	20	23	27	34
13	**Balkonbrett abbeizen, Holz** Bretter abbeizen; Abwicklung 30cm; Balkon						
	m	**€ brutto**	**2,8**	**4,4**	**5,0**	**5,7**	**9,6**
	KG 395	€ netto	2,3	3,7	4,2	4,8	8,1
14	**Metallflächen reinigen** Metallfläche reinigen; von Schmutz, Verunreinigungen; Außenbereich						
	m²	**€ brutto**	**1,8**	**2,1**	**2,4**	**2,7**	**4,5**
	KG 395	€ netto	1,6	1,7	2,0	2,3	3,8
15	**Metallflächen entrosten, Strahlen** Metallfläche entrosten, Trockenstrahlen; Außenbereich						
	m²	**€ brutto**	**4,5**	**5,0**	**5,7**	**6,5**	**9,8**
	KG 395	€ netto	3,7	4,2	4,8	5,5	8,2
16	**Metallflächen entrosten, Teilflächen** Metallfläche entrosten, Teilflächen; Fläche bis 30%; Außenbereich						
	m²	**€ brutto**	**3,5**	**3,9**	**4,5**	**5,1**	**7,0**
	KG 395	€ netto	2,9	3,3	3,8	4,3	5,9

Maler- und Lackierarbeiten - Beschichtungen **Preise €**

Nr.	Kurztext / Stichworte Einheit / Kostengruppe	►	▷	brutto ø netto ø	◁	◄
17	**Metallflächen vorbereiten** Metallfläche vorbereiten, Überholungsbeschichtung; Beschichtung entfernen, Fehlstellen ausbessern; Außenbereich					
	m2 € brutto	**8,7**	**9,7**	**11,1**	**12,7**	**17,6**
	KG 395 € netto	7,3	8,1	9,4	10,7	14,8
18	**Metallflächen schleifen/grundieren** Metallfläche vorbereiten, Überholungsbeschichtung; schleifen, grundieren; Außenbereich					
	m2 € brutto	**3,5**	**3,9**	**4,5**	**5,1**	**8,4**
	KG 395 € netto	2,9	3,3	3,8	4,3	7,0
19	**Stahlgeländer abbeizen** Geländer abbeizen; Stahl					
	m2 € brutto	**6,4**	**11,5**	**13,2**	**15,1**	**20,9**
	KG 395 € netto	5,4	9,7	11,1	12,7	17,6
20	**Bodenflächen abdecken, Malervlies** Bodenfläche abdecken; Malerabdeckvlies, rutschsicher; Abkleben					
	m2 € brutto	**0,9**	**1,7**	**2,0**	**2,4**	**2,8**
	KG 397 € netto	0,7	1,4	1,6	2,1	2,3
21	**Bodenflächen abdecken, Krepppapier** Bodenfläche abdecken; Malerkrepppapier; Abkleben					
	m2 € brutto	**1,8**	**2,0**	**2,3**	**2,7**	**3,0**
	KG 397 € netto	1,5	1,7	2,0	2,2	2,5
22	**Bodenflächen abdecken, Folie** Bodenfläche abdecken; Malerfolie; Abkleben					
	m2 € brutto	**0,9**	**1,6**	**1,8**	**2,1**	**2,3**
	KG 397 € netto	0,7	1,3	1,5	1,8	2,0
23	**Gegenstände abdecken, Plane** Gegenstände abdecken; Malerabdeckplane; Abkleben					
	m2 € brutto	**1,4**	**1,6**	**1,8**	**2,1**	**2,6**
	KG 397 € netto	1,2	1,3	1,5	1,7	2,2
24	**Geländer abdecken, PE-Folie** Geländer abdecken; Polyethylen-Folie; Abkleben					
	m2 € brutto	**3,0**	**3,3**	**3,8**	**4,3**	**4,8**
	KG 397 € netto	2,5	2,8	3,2	3,6	4,1
25	**Beschichtungsflächen reinigen** Beschichtungsfläche reinigen; zur Aufnahme Überholungsbeschichtung					
	m2 € brutto	**1,1**	**1,2**	**1,4**	**1,7**	**2,6**
	KG 395 € netto	0,9	1,0	1,1	1,4	2,2

Kosten: Stand 3.Quartal 2016, Bundesdurchschnitt

Maler- und Lackierarbeiten - Beschichtungen **Preise €**

Nr.	Kurztext / Stichworte Einheit / Kostengruppe		▶	▷	brutto ø netto ø	◁	◀
26	**Altbeschichtung reinigen, innen** Beschichtung reinigen; zur Aufnahme Überholungsbeschichtung; Innenbereich						
	m²	€ brutto	1,1	0,4	1,4	1,6	1,8
	KG 395	€ netto	0,9	0,4	1,2	1,4	1,5
27	**Altbeschichtung entfernen, innen** Beschichtung entfernen; abkratzen, nachwaschen; Innenbereich						
	m²	€ brutto	1,0	1,1	1,3	1,5	2,9
	KG 394	€ netto	0,8	0,9	1,1	1,2	2,4
28	**Altbeschichtung ausbessern, innen** Beschichtung ausbessern; lose Beschichtung abkratzen, ausbessern, nachwaschen, zur Aufnahme Überholungsbeschichtung; Innenbereich						
	m²	€ brutto	4,0	4,4	5,1	5,8	7,6
	KG 395	€ netto	3,3	3,7	4,3	4,9	6,4
29	**Ölfarbe entfernen, Innenputz** Ölfarbenbeschichtung entfernen; abbeizen, nachwaschen; auf Innenputz						
	m²	€ brutto	7,1	7,2	8,2	9,4	17,3
	KG 395	€ netto	6,0	6,0	6,9	7,9	14,5
30	**Ölfarbbeschichtung anschleifen** Ölfarbenbeschichtung anschleifen; reinigen; auf Innenputz						
	m²	€ brutto	0,6	1,3	1,5	1,7	2,6
	KG 395	€ netto	0,5	1,1	1,2	1,4	2,2
31	**Dübel entfernen, schließen** Dübel entfernen; Löcher schließen						
	St	€ brutto	0,7	1,3	1,5	1,7	2,4
	KG 395	€ netto	0,6	1,1	1,2	1,4	2,1
32	**Fehlstellen schließen, innen** Fehlstellen schließen, punktuell; Mörtel/Gips; Wand- und Deckenflächen						
	St	€ brutto	1,5	1,7	2,0	2,2	3,9
	KG 395	€ netto	1,3	1,4	1,7	1,9	3,3
33	**Schadstellen abklopfen, innen** Schadstellen entfernen; lose, Teile abklopfen; Betonflächen, innen; Bauschutt entsorgen						
	m²	€ brutto	2,8	3,2	3,6	4,1	5,1
	KG 395	€ netto	2,4	2,7	3,0	3,5	4,3
34	**Betonflächen ausbessern, innen** Betonflächen ausbessern; Innenwände und Decken						
	m²	€ brutto	11	12	14	16	18
	KG 395	€ netto	9,2	10,2	11,7	13,4	14,9

Maler- und Lackierarbeiten - Beschichtungen — Preise €

Nr.	Kurztext / Stichworte Einheit / Kostengruppe		▶	▷	brutto ø netto ø	◁	◀
35	**Spachtelung, Dispersion, innen** Spachtelung; Kunststoff-Dispersionsspachtelmasse; innen						
	m²	**€ brutto**	**5,1**	**5,6**	**6,5**	**7,4**	**10,6**
	KG 395	€ netto	4,3	4,7	5,5	6,2	8,9
36	**Spachtelung, Dispersion, 2x innen** Spachtelung; Kunststoff-Dispersionsspachtelmasse; zwei Arbeitsgänge; innen						
	m²	**€ brutto**	**8,0**	**9,0**	**10,3**	**11,7**	**15,1**
	KG 395	€ netto	6,7	7,5	8,7	9,9	12,7
37	**Spachtelung quarzhaltig, innen** Spachtelung; Spachtelmasse, quarzhaltig; innen						
	m²	**€ brutto**	**6,5**	**7,2**	**8,3**	**9,5**	**12,1**
	KG 395	€ netto	5,5	6,1	7,0	8,0	10,2
38	**Spachtelung faserhaltig, innen** Spachtelung; Spachtelmasse, faserhaltig; innen						
	m²	**€ brutto**	**6,7**	**7,5**	**8,6**	**9,9**	**12,4**
	KG 395	€ netto	5,7	6,3	7,3	8,3	10,4
39	**Putzfläche reinigen, innen** Putzfläche reinigen; Wasser, Salmiak; Innenwand, Decke						
	m²	**€ brutto**	**1,0**	**2,1**	**2,4**	**2,7**	**4,8**
	KG 395	€ netto	0,8	1,7	2,0	2,3	4,0
40	**Putzschaden ausbessern, innen** Putzschaden ausbessern; lose, schadhafte Teile entfernen; außen; Bauschutt entsorgen						
	m²	**€ brutto**	**6,8**	**14,1**	**16,2**	**18,5**	**23,6**
	KG 395	€ netto	5,7	11,8	13,6	15,5	19,9
41	**Innentür abschleifen** Innentür abschleifen; Holz; Oberflächenbehandlung						
	m²	**€ brutto**	**6,3**	**9,9**	**11,4**	**13,0**	**19,8**
	KG 395	€ netto	5,3	8,3	9,6	10,9	16,6
42	**Innentür abbeizen** Innentür abbeizen, nachwaschen; 1,00x2,00m; inkl. Zarge						
	m²	**€ brutto**	**76**	**84**	**97**	**110**	**136**
	KG 395	€ netto	63	71	81	93	114
43	**Metallflächen anschleifen, innen** Metallfläche vorbereiten; anschleifen; innen						
	m²	**€ brutto**	**2,6**	**3,1**	**3,5**	**4,0**	**6,5**
	KG 395	€ netto	2,2	2,6	3,0	3,4	5,5

Maler- und Lackierarbeiten - Beschichtungen							**Preise €**
Nr.	**Kurztext** / Stichworte				**brutto ø**		
	Einheit / Kostengruppe		▶	▷	netto ø	◁	◀
44	**Metallflächen schleifen/grundieren**						
	Metallfläche vorbereiten, Beschichtung; schleifen, grundieren; innen						
	m²	**€ brutto**	**5,9**	**7,1**	**8,1**	**9,3**	**12,0**
	KG 395	€ netto	5,0	5,9	6,8	7,8	10,1
45	**Heizkörper, abbeizen**						
	Heizkörper abbeizen, nachwaschen; Guss; trocknen						
	m²	**€ brutto**	**8,7**	**10,4**	**11,9**	**13,6**	**18,6**
	KG 495	€ netto	7,3	8,7	10,0	11,4	15,7
46	**Imprägnierung, hydrophob, Außenputz**						
	Imprägnierung; hydrophobierend, transparent; Außenputzfläche						
	m²	**€ brutto**	**4,1**	**4,6**	**5,3**	**6,0**	**6,7**
	KG 335	€ netto	3,4	3,8	4,4	5,0	5,6
47	**Beschichtung, Dispersion, gefüllt, Putz außen**						
	Überholungsbeschichtung, Putzfläche; Dispersion, füllend, Deckvermögen Kl.1, weiß, matt; außen; inkl. Grundierung						
	m²	**€ brutto**	**11**	**13**	**15**	**17**	**18**
	KG 335	€ netto	9,5	10,6	12,2	13,9	15,5
48	**Beschichtung, Silikatfarbe, gefüllt, Putz außen**						
	Überholungsbeschichtung, Putzfläche; Silikatfarbe mit Grundierung, füllend, Deckvermögen Kl.1, weiß, matt; außen						
	m²	**€ brutto**	**11**	**12**	**14**	**15**	**17**
	KG 335	€ netto	8,9	9,9	11,4	12,9	14,4
49	**Beschichtung, Silikonfarbe, gefüllt, Putz außen**						
	Überholungsbeschichtung, Putzfläche; Silikonfarbe, diffusionsfähig mit Grundfestiger, Deckvermögen Kl.1, weiß, matt; außen						
	m²	**€ brutto**	**12**	**13**	**15**	**17**	**19**
	KG 335	€ netto	9,7	10,8	12,4	14,1	15,8
50	**Beschichtung, Acrylfarbe, gefüllt, Putz außen**						
	Überholungsbeschichtung, Putzfläche; Acrylfarbe, Deckvermögen Kl.1, weiß, matt; außen; inkl. Schadstellen grundieren und gefüllter Zwischenschicht						
	m²	**€ brutto**	**13**	**15**	**17**	**19**	**21**
	KG 335	€ netto	11	12	14	16	18
51	**Beschichtung, Dispersion-Silikat, gefüllt, Putz außen**						
	Überholungsbeschichtung, Putzfläche; Dispersionssilikatfarbe, Deckvermögen Kl.1, weiß, matt; außen; inkl. Grundierung						
	m²	**€ brutto**	**13**	**15**	**17**	**20**	**22**
	KG 335	€ netto	11	13	14	16	18

Maler- und Lackierarbeiten - Beschichtungen **Preise €**

Nr.	Kurztext / Stichworte Einheit / Kostengruppe		▶	▷	brutto ø netto ø	◁	◀
52	**Zwischenbeschichtung, zusätzlich** Zwischenbeschichtung, zusätzlich; außen						
	m²	**€ brutto**	**6,6**	**7,4**	**8,5**	**9,7**	**10,8**
	KG 335	€ netto	5,6	6,2	7,1	8,2	9,1
53	**Lasur, Dispersion, Holz außen** Überholungsbeschichtung Lasur, Holzfläche; Dispersionsfarbe; außen; inkl. Grundierung						
	m²	**€ brutto**	**12**	**13**	**15**	**18**	**20**
	KG 335	€ netto	10	11	13	15	16
54	**Beschichtung, Dispersion, Holz außen** Überholungsbeschichtung deckend, Holzfläche; Dispersionsfarbe, Deckvermögen Kl.1; mit Zwischenbeschichtung; außen; inkl. Grundierung						
	m²	**€ brutto**	**13**	**14**	**16**	**18**	**21**
	KG 335	€ netto	11	12	14	15	18
55	**Beschichtung, Kunstharz, Holz außen** Überholungsbeschichtung deckend, Holzfläche; Kunstharz, Deckvermögen Kl.1; außen; inkl. Grundierung						
	m²	**€ brutto**	**16**	**18**	**20**	**23**	**26**
	KG 335	€ netto	13	15	17	19	22
56	**Beschichtung, Kunstharz, Holzkonstruktion außen** Überholungsbeschichtung deckend, Holzkonstruktion; Kunstharz, Deckvermögen Kl.1; Stützen, Sparren, Fachwerk; inkl. Grundierung						
	m²	**€ brutto**	**18**	**20**	**22**	**26**	**29**
	KG 335	€ netto	15	16	19	22	24
57	**Beschichtung, Kunstharz, Holzfenster außen** Überholungsbeschichtung deckend, Holzfenster; Kunstharz, Deckvermögen Kl.1; außen; inkl. Grundierung						
	m²	**€ brutto**	**11**	**12**	**14**	**16**	**18**
	KG 334	€ netto	9,3	10,4	11,9	13,6	15,2
58	**Dickschichtlasur, Holzfenster außen** Überholungsbeschichtung Dickschichtlasur, Holzfenster; Kunstharz, Deckvermögen Kl.1; außen; inkl. Grundierung						
	m²	**€ brutto**	**10**	**12**	**13**	**15**	**17**
	KG 334	€ netto	8,8	9,8	11,2	12,8	14,3
59	**Beschichtung, Kunstharz, Holz, n. maßhaltig, außen** Überholungsbeschichtung Holzflächen, nicht maßhaltig; Kunstharz-lack; gegen rückwärtige Feuchte; außen; inkl. Grundierung						
	m²	**€ brutto**	**17**	**19**	**22**	**25**	**28**
	KG 335	€ netto	14	16	18	21	23

Maler- und Lackierarbeiten - Beschichtungen **Preise €**

Nr.	Kurztext / Stichworte Einheit / Kostengruppe		►	▷	brutto ø netto ø	◁	◄
60	**Lasur, Holz, nicht maßhaltig, außen** Beschichtung Holzflächen nicht maßhaltig; Dünnschichtlasur; zweimaliges aufbringen; außen; inkl. Grundierung						
	m²	**€ brutto**	**18**	**20**	**23**	**26**	**29**
	KG 335	€ netto	15	17	19	22	24
61	**Lasur, Holz, fungizid, außen** Beschichtung Holzflächen, nicht maßhaltig; fungizid eingestellte Dünnschichtlasur; nicht schichtbildend; außen; inkl. Grundierung						
	m²	**€ brutto**	**13**	**14**	**17**	**19**	**21**
	KG 335	€ netto	11	12	14	16	18
62	**Beschichtung, Kunstharz, Metall außen** Überholungsbeschichtung Metallfläche; Kunstharzlack, Deckvermögen Kl.1; außen; inkl. Grundierung						
	m²	**€ brutto**	**17**	**18**	**21**	**24**	**27**
	KG 335	€ netto	14	16	18	20	23
63	**Beschichtung, Kunstharz, Stahlgitter außen** Überholungsbeschichtung Stahlgitter; Kunstharzlack, Deckvermögen Kl.1; außen; inkl. Grundierung und Zwischenbeschichtung						
	m²	**€ brutto**	**30**	**33**	**38**	**44**	**54**
	KG 339	€ netto	25	28	32	37	45
64	**Beschichtung, Kunstharz, Stahlgeländer außen** Überholungsbeschichtung Stahlgeländer; Kunstharzlack, Deckvermögen Kl.1; außen; inkl. Grundierung und Zwischenbeschichtung						
	m²	**€ brutto**	**16**	**18**	**21**	**23**	**28**
	KG 339	€ netto	13	15	17	20	23
65	**Beschichtung, Kunstharz, Stahlkonstruktion außen** Überholungsbeschichtung Stahlträgerkonstruktion; Kunstharzlack, Deckvermögen Kl.1; außen; inkl. Grundierung und Zwischenbeschichtung						
	m²	**€ brutto**	**44**	**49**	**57**	**64**	**72**
	KG 339	€ netto	37	41	48	54	60
66	**Beschichtung, Kunstharz, Kleineisenteile außen** Überholungsbeschichtung Kleineisenteile; entrosten, Grund-, Zwischen- und Schlussbeschichtung; außen						
	St	**€ brutto**	**3,0**	**3,4**	**3,9**	**4,4**	**6,0**
	KG 335	€ netto	2,5	2,8	3,3	3,7	5,0
67	**Beschichtung, Kunstharz, Dachrinne** Beschichtung Dachrinne, Stahlblech; Kunstharz; bis DN150; reinigen, entrosten, Grund- und Schlussbeschichtung						
	m	**€ brutto**	**11**	**12**	**13**	**15**	**19**
	KG 363	€ netto	8,8	9,9	11,3	12,9	15,9

Maler- und Lackierarbeiten - Beschichtungen | **Preise €**

Nr.	Kurztext / Stichworte Einheit / Kostengruppe		►	▷	brutto ø netto ø	◁	◄
68	**Beschichtung, Fallrohr** Beschichtung Fallrohr, Stahl; Kunstharz; bis DN100; reinigen, entrosten, Grund- und Schlussbeschichtung						
	m	**€ brutto**	**7,9**	**8,8**	**10,1**	**11,5**	**15,5**
	KG 411	€ netto	6,6	7,4	8,5	9,6	13,0
69	**Beschichtung, Dispersion gefüllt, Putz innen** Überholungsbeschichtung deckend, Putzfläche; Dispersion, füllend, Deckvermögen Kl.1, weiß, matt; innen; inkl. Grundierung						
	m²	**€ brutto**	**6,0**	**7,3**	**8,4**	**9,5**	**11,0**
	KG 345	€ netto	5,1	6,1	7,0	8,0	9,3
70	**Beschichtung, Dispersion, Raufasertapete** Überholungsbeschichtung deckend, Raufasertapete; Dispersion, Deckvermögen Kl.1, weiß, matt; innen; inkl. Grundierung						
	m²	**€ brutto**	**6,2**	**7,5**	**8,6**	**9,8**	**11,4**
	KG 345	€ netto	5,2	6,3	7,2	8,3	9,6
71	**Beschichtung, Dispersion, Glasfasertapete** Überholungsbeschichtung deckend, Glasfasertapete; Dispersion, Deckvermögen Kl.1, weiß, matt; innen; inkl. Grundierung						
	m²	**€ brutto**	**6,5**	**7,8**	**9,0**	**10,3**	**11,9**
	KG 345	€ netto	5,5	6,6	7,6	8,6	10,0
72	**Beschichtung, Silikatfarbe gefüllt, Putz innen** Beschichtung Putzfläche; Silikatfarbe, Deckvermögen Kl.1, weiß, matt; innen; inkl. Grundierung und Zwischenbeschichtung						
	m²	**€ brutto**	**7,4**	**8,8**	**10,2**	**11,6**	**13,4**
	KG 345	€ netto	6,2	7,4	8,5	9,7	11,3
73	**Beschichtung, Dispersion gefüllt, Beton innen** Überholungsbeschichtung deckend, Betonfläche; Dispersionsbeschichtung, füllend, Deckvermögen Kl.1, weiß, matt; innen; inkl. Grundierung						
	m²	**€ brutto**	**7,0**	**8,3**	**9,6**	**10,9**	**12,6**
	KG 345	€ netto	5,9	7,0	8,0	9,2	10,6
74	**Beschichtung, Kunstharz, Betonboden innen** Beschichtung Beton/Estrich; Kunstharz, zweikomponentig, steingrau; Grund-, Zwischen- und Schlussbeschichtung						
	m²	**€ brutto**	**11**	**13**	**15**	**18**	**20**
	KG 352	€ netto	9,4	11,3	12,9	14,7	17,1
75	**Lasur, Dispersion, Holz innen** Überholungsbeschichtung Lasur, Holzfläche; Kunststoffdispersion; innen; inkl. Grundierung						
	m²	**€ brutto**	**7,1**	**8,5**	**9,7**	**11,1**	**12,9**
	KG 345	€ netto	6,0	7,1	8,2	9,3	10,8

Kosten: Stand 3.Quartal 2016, Bundesdurchschnitt

Maler- und Lackierarbeiten - Beschichtungen **Preise €**

Nr.	Kurztext / Stichworte Einheit / Kostengruppe		▶	▷	brutto ø netto ø	◁	◀
76	**Beschichtung, Dispersion, Holz innen** Überholungsbeschichtung deckend, Holzfläche; Kunststoffdispersion; mit Zwischenbeschichtung; innen; inkl. Grundierung						
	m²	**€ brutto**	**11**	**13**	**14**	**16**	**19**
	KG 345	€ netto	8,9	10,6	12,1	13,8	16,0
77	**Dickschichtlasur, Holz innen** Überholungsbeschichtung Dickschichtlasur, Holzfläche; Kunstharz; innen; inkl. Grundierung						
	m²	**€ brutto**	**9,4**	**11,2**	**12,9**	**14,7**	**17,0**
	KG 345	€ netto	7,9	9,4	10,8	12,3	14,3
78	**Beschichtung, Kunstharz, Holz innen** Überholungsbeschichtung deckend, Holzfläche; Kunstharz, Deckvermögen Kl.1; innen; inkl. Grundierung						
	m²	**€ brutto**	**12**	**14**	**16**	**18**	**21**
	KG 345	€ netto	9,9	11,8	13,6	15,5	17,9
79	**Beschichtung, Kunstharz, Holzfenster innen** Überholungsbeschichtung deckend, Holzfenster; Kunstharz, Deckvermögen Kl.1; innen; inkl. Grundierung						
	m²	**€ brutto**	**9,9**	**11,8**	**13,5**	**15,4**	**17,9**
	KG 334	€ netto	8,3	9,9	11,4	13,0	15,0
80	**Dickschichtlasur, Holzfenster innen** Überholungsbeschichtung Dickschichtlasur, Holzfenster; Kunstharz; innen; inkl. Grundierung						
	m²	**€ brutto**	**10**	**12**	**14**	**16**	**18**
	KG 334	€ netto	8,4	10,0	11,5	13,1	15,2
81	**Dickschichtlasur, Holzbekleidung innen** Überholungsbeschichtung Dickschichtlasur, Holzbekleidung; innen; inkl. Grundierung						
	m²	**€ brutto**	**11**	**13**	**15**	**17**	**20**
	KG 345	€ netto	9,1	10,9	12,5	14,2	16,5
82	**Beschichtung, Kunstharz, Holzbekleidung innen** Überholungsbeschichtung deckend, Holzbekleidung; Kunstharz; innen; inkl. Grundierung						
	m²	**€ brutto**	**14**	**16**	**19**	**22**	**24**
	KG 345	€ netto	12	14	16	18	20
83	**Dickschichtlasur, Holzdecke innen** Überholungsbeschichtung Dickschichtlasur, Holz-Deckenbekleidung; innen; inkl. Grundierung						
	m²	**€ brutto**	**12**	**15**	**17**	**19**	**22**
	KG 353	€ netto	10	12	14	16	19

Maler- und Lackierarbeiten - Beschichtungen **Preise €**

Nr.	Kurztext / Stichworte Einheit / Kostengruppe		▶	▷	brutto ø netto ø	◁	◀
84	**Beschichtung, Kunstharz, Holzdecke innen** Überholungsbeschichtung Dickschichtlasur, Holz-Deckenbekleidung; Kunstharz; innen; inkl. Grundierung						
	m2	**€ brutto**	**12**	**14**	**17**	**19**	**22**
	KG 353	€ netto	10	12	14	16	18
85	**Beschichtung, Kunstharz, Holz innen** Überholungsbeschichtung deckend, Holzbauteile; Kunstharz; Grund-, Zwischen- und Schlussbeschichtung; innen; inkl. anschleifen, reinigen						
	m2	**€ brutto**	**14**	**17**	**20**	**22**	**25**
	KG 345	€ netto	12	14	17	19	21
86	**Beschichtung, Kunstharz, Holztür/Zarge innen** Beschichtung Holztür, Zarge; Kunstharz, seidenglänzend, weiß; Grund-, Zwischen- und Schlussbeschichtung; innen; inkl. anschleifen, blätternde Teile entfernen						
	m2	**€ brutto**	**14**	**15**	**18**	**20**	**22**
	KG 344	€ netto	12	13	15	17	19
87	**Beschichtung, Kunstharz, Holztür innen** Beschichtung, Holztür; Kunstharz, seidenglänzend, weiß; Grund-, Zwischen- und Schlussbeschichtung; innen; inkl. anschleifen, blätternde Teile entfernen						
	m2	**€ brutto**	**12**	**15**	**17**	**19**	**22**
	KG 344	€ netto	10	12	14	16	18
88	**Beschichtung, Kunstharz, Holzfußboden innen** Beschichtung Holzdielenboden; Kunstharz; Grund-, Zwischen- und Schlussbeschichtung; innen; inkl. anschleifen, blätternde Teile entfernen						
	m2	**€ brutto**	**14**	**16**	**18**	**21**	**23**
	KG 352	€ netto	12	13	15	17	19
89	**Beschichtung, Kunstharz, Holztreppen innen** Beschichtung Holztreppenstufen; Kunstharz; Grund-, Zwischen- und Schlussbeschichtung; innen; inkl. anschleifen, blätternde Teile entfernen						
	m2	**€ brutto**	**19**	**21**	**24**	**27**	**32**
	KG 352	€ netto	16	18	20	23	27
90	**Beschichtung, Kunstharz, Holzfußleisten innen** Beschichtung Holzfußleisten; Kunstharz; Grund-, Zwischen- und Schlussbeschichtung; innen; inkl. Löcher schließen, anschleifen, reinigen						
	m	**€ brutto**	**4,0**	**4,4**	**5,1**	**5,8**	**6,5**
	KG 352	€ netto	3,3	3,7	4,3	4,9	5,4

Maler- und Lackierarbeiten - Beschichtungen — Preise €

Nr.	Kurztext / Stichworte Einheit / Kostengruppe		▶	▷	brutto ø netto ø	◁	◀
91	**Beschichtung, Kunstharz, Geländer, Holz, innen** Beschichtung Holztreppengeländer; Kunstharz; Stababstand 15cm, Durchmesser 30mm; Grund-, Zwischen- und Schlussbeschichtung; innen; inkl. loser Teile entfernen, spachteln, anschleifen, reinigen						
	m²	**€ brutto**	**23**	**26**	**30**	**34**	**39**
	KG 359	€ netto	19	22	25	28	33
92	**Beschichtung, Kunstharz, Handlauf, Holz, innen** Beschichtung Holzhandlauf; Kunstharz; Grund- und Schlussbeschichtung; innen; inkl. loser Teile entfernen, spachteln, anschleifen, reinigen						
	m	**€ brutto**	**7,8**	**9,3**	**10,7**	**12,2**	**14,1**
	KG 359	€ netto	6,6	7,8	9,0	10,2	11,9
93	**Beschichtung, Kunstharz, Stahl, innen** Überholungsbeschichtung deckend, Stahlkonstruktion; Kunstharz; Grund-, Zwischen- und Schlussbeschichtung; innen; inkl. anschleifen, reinigen						
	m²	**€ brutto**	**15**	**17**	**19**	**22**	**24**
	KG 345	€ netto	13	14	16	18	20
94	**Beschichtung, Kunstharz, Geländer innen** Überholungsbeschichtung Stahlgeländer; Kunstharz; Grund-, Zwischen- und Schlussbeschichtung; innen; inkl. anschleifen, reinigen						
	m²	**€ brutto**	**33**	**36**	**42**	**48**	**53**
	KG 359	€ netto	27	31	35	40	45
95	**Beschichtung, Kunstharz, Stahlzarge innen** Überholungsbeschichtung Stahlzarge; Kunstharz; Grund-, Zwischen- und Schlussbeschichtung; innen; inkl. anschleifen, reinigen						
	m	**€ brutto**	**13**	**15**	**17**	**20**	**23**
	KG 344	€ netto	11	13	14	17	19
96	**Beschichtung, Kunstharz, Stahltürelement** Überholungsbeschichtung Stahltürblatt, Zarge; Kunstharz; Fläche bis 5,00m²; Grund-, Zwischen- und Schlussbeschichtung; innen; inkl. anschleifen, reinigen						
	St	**€ brutto**	**59**	**65**	**75**	**86**	**96**
	KG 344	€ netto	49	55	63	72	80
97	**Beschichtung, Kunstharz, Metall beschichtet, innen** Überholungsbeschichtung, Metallkonstruktion, pulverbeschichtet; Kunstharz, glänzend, weiß; innen; inkl. anschleifen, reinigen						
	m²	**€ brutto**	**15**	**17**	**20**	**22**	**25**
	KG 345	€ netto	13	14	16	19	21

Maler- und Lackierarbeiten - Beschichtungen **Preise €**

Nr.	Kurztext / Stichworte Einheit / Kostengruppe		▶	▷ brutto ø netto ø		◁	◀
98	**Beschichtung, rissüberbrückend** Beschichtung, rissüberbrückend; organisch; Rissbreite +/-0,1mm; Grund-, Zwischen- und Schlussbeschichtung; Außenwandputz						
	m²	**€ brutto**	**16**	**18**	**20**	**23**	**26**
	KG 395	€ netto	13	15	17	20	22
99	**Grundierung, Riss** Riss grundieren; Grundieranstrich, wasserabweisend; Außenwandputz						
	m	**€ brutto**	**4,0**	**4,8**	**5,5**	**6,3**	**7,3**
	KG 395	€ netto	3,4	4,0	4,6	5,3	6,1
100	**Rissfüllung, Verschlämmen** Riss vorbereiten; Streichfüller; Außenwandputz						
	m	**€ brutto**	**6,2**	**7,4**	**8,5**	**9,7**	**11,2**
	KG 395	€ netto	5,2	6,2	7,1	8,2	9,4
101	**Beschichtung, rissüberbrückend, Gewebe** Beschichtung, rissüberbrückend; organisch, Gewebe; Grund-, Schluss- und Zwischenbeschichtung; Außenwandputz						
	m²	**€ brutto**	**16**	**19**	**22**	**25**	**29**
	KG 395	€ netto	13	16	18	21	24
102	**Beschichtung, rissfüllend, Putz** Beschichtung, rissfüllend; Grund-, Schluss- und Zwischenbeschichtung; Außenwandputz						
	m²	**€ brutto**	**12**	**15**	**17**	**19**	**22**
	KG 395	€ netto	10	12	14	16	19
103	**Oberputz, mineralisch, modifiziert** Oberputz; kunststoffmodifiziert; Außenwandputz; inkl. Grundierung						
	m²	**€ brutto**	**17**	**21**	**24**	**27**	**31**
	KG 395	€ netto	15	17	20	23	26
104	**Oberputz, mineralisch, modifiziert, Gewebe** Oberputz; kunststoffmodifiziert; inkl. gewebearmierte Spachtelung, Grundierung						
	m²	**€ brutto**	**22**	**26**	**30**	**35**	**40**
	KG 395	€ netto	19	22	26	29	34
105	**Stundensatz Geselle / Facharbeiter, Maler-/Lackierarbeiten** Stundenlohnarbeiten Vorarbeiter, Facharbeiter; Maler- und Lackierarbeiten						
	h	**€ brutto**	**34**	**43**	**50**	**51**	**55**
		€ netto	29	36	42	43	46
106	**Stundensatz Helfer, Maler-/Lackierarbeiten** Stundenlohnarbeiten Helfer; Maler- und Lackierarbeiten						
	h	**€ brutto**	**24**	**33**	**40**	**46**	**59**
		€ netto	20	28	34	39	50

Bodenbelagarbeiten						Preise €
Nr.	Kurztext / Stichworte Einheit / Kostengruppe	▶	▷	brutto ø netto ø	◁	◀
1	**Sockelleiste entfernen** Sockelleiste entfernen; Bauschutt entsorgen					
	m € brutto	**0,8**	**1,6**	**1,9**	**2,3**	**3,0**
	KG 394 € netto	0,6	1,3	1,6	2,0	2,5
2	**Bodenbelag entfernen, verklebt** Bodenbelag, verklebt, entfernen; PVC/Linoleum/Teppichboden/ ....., inkl. Sockelleiste; inkl. reinigen von Kleberesten; Bauschutt entsorgen					
	m² € brutto	**3,3**	**6,0**	**7,4**	**8,9**	**11,1**
	KG 394 € netto	2,7	5,0	6,3	7,5	9,4
3	**PVC-Fliesen entfernen, verklebt** Fliesenbelag, verklebt, entfernen; PVC, inkl. Sockelleiste; inkl. reinigen von Kleberesten; Bauschutt entsorgen					
	m² € brutto	**14**	**17**	**20**	**24**	**25**
	KG 394 € netto	12	14	17	20	21
4	**Laminatboden entfernen** Bodenbelag entfernen; Laminat, inkl. Sockelleiste; Bauschutt entsorgen					
	m² € brutto	**7,2**	**8,2**	**10,3**	**12,4**	**13,4**
	KG 394 € netto	6,1	6,9	8,7	10,4	11,3
5	**Treppenbelag entfernen, verklebt** Treppenbelag, verklebt, entfernen; PVC/Linoleum/Teppichboden/ ....., inkl. Sockelleiste; inkl. reinigen von Kleberesten; Bauschutt entsorgen					
	St € brutto	**5,6**	**6,3**	**7,9**	**9,4**	**9,8**
	KG 394 € netto	4,7	5,3	6,7	7,9	8,3
6	**Bodenbelag entfernen** Bodenbelag, lose verlegt, entfernen; Teppichboden; Bauschutt entsorgen					
	m² € brutto	**2,9**	**5,0**	**6,2**	**7,5**	**10,4**
	KG 394 € netto	2,4	4,2	5,2	6,3	8,7
7	**Untergrund reinigen** Untergrund reinigen; Reste von Gips/Mörtel/Farbe/Öl					
	m² € brutto	**0,7**	**1,5**	**1,8**	**2,2**	**3,0**
	KG 395 € netto	0,6	1,2	1,5	1,8	2,5
8	**Klebereste entfernen** Klebereste entfernen; Boden, mineralisch					
	m² € brutto	**1,0**	**1,2**	**1,5**	**1,7**	**1,8**
	KG 395 € netto	0,8	1,0	1,2	1,5	1,5
9	**Untergrund schleifen** Untergrund anschleifen; absaugen; Abfall entsorgen					
	m² € brutto	**0,9**	**2,4**	**3,0**	**3,6**	**5,1**
	KG 395 € netto	0,8	2,0	2,6	3,1	4,3

Kosten: Stand 3.Quartal 2016, Bundesdurchschnitt

Bodenbelagarbeiten							**Preise €**
Nr.	**Kurztext** / Stichworte **Einheit** / Kostengruppe		▶	▷	**brutto ø** netto ø	◁	◀
10	**Untergrund grundieren** Untergrund grundieren; vorbereiten; Bodenbelag						
	m²	**€ brutto**	**1,2**	**2,2**	**2,8**	**3,3**	**4,9**
	KG 395	€ netto	1,0	1,9	2,3	2,8	4,1
11	**Untergrund spachteln** Untergrund spachteln; Dicke bis 2mm; vorbereiten; Bodenbelag						
	m²	**€ brutto**	**3,5**	**4,2**	**5,0**	**5,9**	**6,4**
	KG 395	€ netto	3,0	3,5	4,2	5,0	5,4
12	**Spachtelung, Gewebe** Spachtelung; Gewebe, armiert; zur Vorbereitung von Bodenbelags-arbeiten						
	m²	**€ brutto**	**5,0**	**5,9**	**7,4**	**8,8**	**9,4**
	KG 395	€ netto	4,2	5,0	6,2	7,4	7,9
13	**Ausgleichsspachtelung, bis 10mm** Spachtelung; Dicke 5-10mm; nivellieren; Estrich; inkl. Estrich reinigen						
	m²	**€ brutto**	**1,5**	**3,4**	**4,3**	**6,1**	**9,8**
	KG 395	€ netto	1,3	2,9	3,6	5,1	8,2
14	**Haftgrund, Bodenbelag** Voranstrich/Haftgrund; vorbereiten; Bodenbelag; inkl. Bodenflächen reinigen						
	m²	**€ brutto**	**0,7**	**1,4**	**1,7**	**2,4**	**4,2**
	KG 352	€ netto	0,6	1,2	1,4	2,0	3,5
15	**Boden kugelstrahlen** Boden kugelstrahlen; verschmutzter Untergrund; Abtragsdicke 5mm; vorbereiten; Zementestrich; inkl. absaugen						
	m²	**€ brutto**	**3,5**	**4,5**	**5,0**	**5,0**	**7,5**
	KG 352	€ netto	2,9	3,8	4,2	4,2	6,3
16	**Randstreifen abschneiden** Randstreifen abschneiden; Rippenpappe/Mineralwolle/Polystyrol; abschneiden; Abfall entsorgen						
	m	**€ brutto**	**0,1**	**0,5**	**0,6**	**1,4**	**2,8**
	KG 352	€ netto	0,1	0,4	0,5	1,1	2,3
17	**Textiler Oberbelag, Kunstfaser/Nadelvlies** Textilbelag; Nadelvlies, feinfasrig meliert, B1; Dicke 6mm; geklebt						
	m²	**€ brutto**	**21**	**29**	**31**	**42**	**65**
	KG 352	€ netto	18	24	26	36	55
18	**Textiler Oberbelag, Kunstfaser/Velour/Boucle** Textilbelag; Velours, vollsynthetisch, B1; Dicke 4mm; geklebt						
	m²	**€ brutto**	**24**	**38**	**46**	**57**	**78**
	KG 352	€ netto	20	32	39	48	65

Bodenbelagarbeiten | **Preise €**

Nr.	Kurztext / Stichworte Einheit / Kostengruppe		▶	▷	brutto ø netto ø	◁	◀
19	**Korkunterlage, Linoleum** Dämmunterlage für Linoleumbelag; Kork; Dicke 2mm; verklebt						
	m²	€ brutto	**11**	**16**	**18**	**19**	**24**
	KG 352	€ netto	8,9	13,1	15,3	16,1	20,6
20	**Linoleumbelag, bis 2,5mm** Bodenbelag; Linoleumbahn; Dicke 2,5mm; verlegen, verkleben						
	m²	€ brutto	**22**	**29**	**32**	**36**	**46**
	KG 352	€ netto	19	24	26	30	38
21	**Linoleumbelag, über 2,5mm** Bodenbelag; Linoleumbahn; Dicke 3,2/4,0mm; verlegen, verkleben						
	m²	€ brutto	**25**	**32**	**34**	**38**	**48**
	KG 352	€ netto	21	27	28	32	40
22	**Linoleumbelag verschweißen** Linoleumbahn verschweißen; Schweißschnur; Dicke 4mm; inkl. fräsen						
	m²	€ brutto	**1,4**	**2,1**	**2,6**	**3,1**	**3,8**
	KG 352	€ netto	1,2	1,8	2,2	2,6	3,2
23	**Bodenbelag, PVC** Bodenbelag; PVC, gewerblich geeignet; Dicke 3mm; verlegen, verkleben						
	m²	€ brutto	**25**	**36**	**40**	**45**	**58**
	KG 352	€ netto	21	30	33	38	49
24	**Bodenbelag, Laminat** Bodenbelag; Laminat, beansprucht; schwimmend verlegt; Stuhlrollen-geeignet, Zigarettenglutbeständig						
	m²	€ brutto	**27**	**39**	**44**	**48**	**59**
	KG 352	€ netto	23	33	37	40	50
25	**Treppenstufe, Elastischer Bodenbelag** Stufenbelag; elastisch; Stg: 17,5x28,0cm; verlegen, verkleben; inkl. Kantenschutzprofil						
	St	€ brutto	**20**	**36**	**40**	**43**	**74**
	KG 352	€ netto	17	30	34	36	63
26	**Treppenstufe, Textiler Belag** Stufenbelag; textil; Stg: 17,5x28,0cm; verlegen, verkleben; inkl. Kantenschutzprofil						
	St	€ brutto	**19**	**32**	**37**	**42**	**58**
	KG 352	€ netto	16	27	31	35	48
27	**Treppenkantenprofil, Kunststoff** Treppenkantenprofil; Kunststoff; Schenkellänge bis 45mm; verlegen, verkleben; Stufenkante						
	m	€ brutto	**7,8**	**13,3**	**16,4**	**19,5**	**27,4**
	KG 352	€ netto	6,5	11,2	13,8	16,3	23,0

Bodenbelagarbeiten — Preise €

Nr.	Kurztext / Stichworte Einheit / Kostengruppe		▶	▷	brutto ø netto ø	◁	◀
28	**Trennprofil, Metall** Trennprofil; Edelstahl/Aluminium; Höhe 3mm; Profilschiene						
	m	**€ brutto**	**6,9**	**11,2**	**12,8**	**15,6**	**23,2**
	KG 352	€ netto	5,8	9,4	10,7	13,1	19,5
29	**Übergangsprofil, Metall** Übergangsprofil; Edelstahl/Aluminium, gebürstet; leicht gerundet; Belagwechsel						
	m	**€ brutto**	**5,1**	**8,9**	**10,9**	**11,8**	**15,3**
	KG 352	€ netto	4,3	7,5	9,2	9,9	12,8
30	**Verfugung, elastisch, Silikon** Verfugung, elastisch; Silikon-Dichtstoff; inkl. erf. Flankenvorbehandlung						
	m	**€ brutto**	**1,7**	**3,5**	**4,3**	**5,3**	**8,2**
	KG 352	€ netto	1,4	3,0	3,6	4,5	6,9
31	**Sockelausbildung, Holzleisten** Sockelleiste; Eiche, stoßfest, farblos lackiert; 60x16mm; Profilleisten; inkl. Senkkopfschrauben						
	m	**€ brutto**	**8,0**	**12,4**	**14,0**	**22,5**	**41,4**
	KG 352	€ netto	6,7	10,5	11,8	18,9	34,8
32	**Sockelausbildung, PVC-Leisten, Belag** Sockelleiste für textilen Belag; PVC-Profil, Nadelvlies/Velours/Boucle; Profilleisten; inkl. Senkkopfschrauben						
	m	**€ brutto**	**2,2**	**4,1**	**4,8**	**5,9**	**8,7**
	KG 352	€ netto	1,8	3,4	4,0	4,9	7,3
33	**Sockelausbildung, PVC-Leisten, weich** Sockelleiste; PVC; Höhe 60mm; verschweißt, geschraubt						
	m	**€ brutto**	**2,5**	**4,6**	**5,3**	**7,2**	**12,7**
	KG 352	€ netto	2,1	3,9	4,5	6,1	10,6
34	**Sockelausbildung, Linoleum** Sockelleiste; Linoleum; Höhe 60mm; verschweißt, geschraubt						
	m	**€ brutto**	**4,5**	**8,4**	**10,0**	**14,6**	**23,6**
	KG 352	€ netto	3,8	7,1	8,4	12,3	19,8
35	**Erstpflege PVC/Lino/Kautschuk** Erstpflege PVC/Lino/Kautschuk; Pflegemittel						
	m²	**€ brutto**	**0,6**	**1,3**	**1,5**	**2,0**	**3,1**
	KG 325	€ netto	0,5	1,1	1,3	1,7	2,6
36	**Stundensatz Bodenleger-Facharbeiter** Stundenlohnarbeiten Vorarbeiter, Facharbeiter; Bodenlegerarbeiten						
	h	**€ brutto**	**37**	**47**	**52**	**56**	**67**
		€ netto	31	40	43	47	56

Bodenbelagarbeiten **Preise €**

Nr.	Kurztext / Stichworte Einheit / Kostengruppe		▶	▷ brutto ø netto ø		◁	◀
37	**Stundensatz Bodenleger-Helfer** Stundenlohnarbeiten Werker, Helfer; Bodenlegerarbeiten						
	h	**€ brutto**	**25**	**37**	**43**	**49**	**55**
		€ netto	21	31	37	41	47

Tapezierarbeiten						Preise €
Nr.	Kurztext / Stichworte Einheit / Kostengruppe	▶	▷	brutto ø netto ø	◁	◀
1	**Tapete, 1-lagig, entfernen** Tapete; 1-lagig; Wand/Decke; entfernen/entsorgen					
	m² € brutto	**1,2**	**1,8**	**2,1**	**2,6**	**4,0**
	KG 394 € netto	1,0	1,5	1,8	2,2	3,4
2	**Tapete beschichtet, 1-lagig, entfernen** Tapete; beschichtet; 1-lagig; Wand/Decke; entfernen/entsorgen					
	m² € brutto	**1,5**	**2,0**	**2,4**	**3,0**	**4,5**
	KG 394 € netto	1,3	1,7	2,1	2,5	3,8
3	**Tapete, mehrlagig, entfernen** Tapete; mehrlagig; Wand/Decke; entfernen/entsorgen					
	m² € brutto	**1,8**	**2,3**	**3,0**	**3,9**	**5,3**
	KG 394 € netto	1,5	1,9	2,5	3,3	4,4
4	**Schutzabdeckung, Inneneinrichtung** Abdeckarbeiten; Textil/Folie; staubdicht abkleben; Inneneinrichtung					
	m² € brutto	**0,7**	**1,3**	**1,5**	**1,7**	**2,1**
	KG 397 € netto	0,5	1,1	1,3	1,4	1,8
5	**Schutzabdeckung, Boden, Folie / Schutzvlies** Bodenflächen abdecken; Folie, reißfest / Schutzvlies; staubdicht abkleben					
	m² € brutto	**1,0**	**1,7**	**1,8**	**2,6**	**3,6**
	KG 397 € netto	0,8	1,4	1,5	2,2	3,0
6	**Schutzabdeckung, Boden, Pappe** Bodenflächen abdecken; Pappe / Karton; staubdicht abkleben					
	m² € brutto	**1,9**	**2,2**	**2,4**	**2,7**	**3,1**
	KG 397 € netto	1,6	1,9	2,0	2,3	2,6
7	**Spachtelung/Armiervlies, Putz** Untergrundvorbereitung; Armiervlies, Spachtelung; Putzflächen; Innenwand/Decke					
	m² € brutto	**3,6**	**5,4**	**6,4**	**6,9**	**8,3**
	KG 345 € netto	3,0	4,5	5,3	5,8	7,0
8	**Putzuntergrund vorbehandeln, spachteln/grundieren** Spachtelung, Grundierung; für Tapezierarbeiten; Wand/Decke, Untergrund: Putz/Gipskarton					
	m² € brutto	**0,6**	**1,4**	**1,8**	**2,7**	**4,4**
	KG 345 € netto	0,5	1,1	1,5	2,3	3,7
9	**Gipskartonflächen vorbehandeln, spachteln/grundieren** Wand-/Deckenfläche vorbehandeln; Gipsplattenflächen; spachteln, schleifen; für Tapezierung					
	m² € brutto	**0,7**	**1,1**	**1,1**	**1,3**	**1,7**
	KG 345 € netto	0,6	0,9	0,9	1,1	1,4

Kosten: Stand 3.Quartal 2016, Bundesdurchschnitt

Tapezierarbeiten — Preise €

Nr.	Kurztext / Stichworte Einheit / Kostengruppe		▶	▷	brutto ø netto ø	◁	◀
10	**Untergrund vorbehandeln, teilspachteln/schleifen** Spachtelung; Teilflächen spachteln, schleifen; Wand/Decke, Untergrund: Putz, Gipskarton						
	m²	**€ brutto**	**1,4**	**2,5**	**2,8**	**3,3**	**4,4**
	KG 345	€ netto	1,1	2,1	2,3	2,8	3,7
11	**Raufasertapete, Wand** Tapezieren; Raufasertapete, Körnung; auf Stoß; Wände						
	m²	**€ brutto**	**3,4**	**5,2**	**6,1**	**7,8**	**11,7**
	KG 345	€ netto	2,9	4,4	5,1	6,5	9,8
12	**Raufasertapete, Decke** Tapezieren; Raufasertapete, Körnung; auf Stoß; Decke						
	m²	**€ brutto**	**3,6**	**5,5**	**6,4**	**8,8**	**13,8**
	KG 353	€ netto	3,0	4,6	5,3	7,4	11,6
13	**Raufasertapete, lineare Bauteile** Tapezieren, lineare Bauteile; Raufasertapete; Breite bis 15/30/60cm; auf Stoß kleben; Laibungen/Pfeiler/Stützen/Lisenen						
	m	**€ brutto**	**0,8**	**1,3**	**1,5**	**1,8**	**3,0**
	KG 345	€ netto	0,7	1,1	1,3	1,5	2,5
14	**Raufaser, Dispersionsbeschichtung** Tapezieren, Beschichtung; Raufasertapete, Dispersionsfarbe; auf Stoß, inkl. Grundierung; Wand/Decke						
	m²	**€ brutto**	**5,5**	**7,3**	**8,1**	**10,2**	**15,4**
	KG 345	€ netto	4,6	6,2	6,8	8,6	12,9
15	**Glasfasergewebe, Wand/Decke** Tapezieren; Glasfasertapete; auf Stoß; Wand, Decke						
	m²	**€ brutto**	**6,4**	**8,3**	**9,2**	**10,0**	**11,5**
	KG 345	€ netto	5,4	7,0	7,7	8,4	9,7
16	**Glasfasergewebe, Dispersionsbeschichtung** Tapezieren, Beschichtung; Glasfasertapete, Dispersionsfarbe; Struktur fein/grob; auf Stoß, inkl. Grundierung; Wand/Decke						
	m²	**€ brutto**	**9,4**	**13,1**	**13,8**	**17,9**	**23,3**
	KG 345	€ netto	7,9	11,0	11,6	15,0	19,6
17	**Tapezieren, Kleinflächen** Tapezieren von Kleinflächen; bis 2,50m²; Nischenrückflächen, Pfeiler, Stützen, Lisenen						
	m	**€ brutto**	**0,4**	**1,2**	**1,4**	**1,8**	**2,4**
	KG 345	€ netto	0,3	1,0	1,2	1,5	2,0
18	**Stundensatz Geselle / Facharbeiter, Tapezierarbeiten** Stundenlohnarbeiten Vorarbeiter, Facharbeiter; Tapezierarbeiten						
	h	**€ brutto**	**25**	**33**	**37**	**39**	**47**
		€ netto	21	27	31	32	39

Vorgehängte hinterlüftete Fassaden — Preise €

Nr.	Kurztext / Stichworte Einheit / Kostengruppe		▶	▷	brutto ø netto ø	◁	◀
1	**Wanddämmung entfernen, MW** Wanddämmung entfernen; Mineralwolle; außen; Bauschutt entsorgen						
	m²	**€ brutto**	**4,1**	**6,6**	**8,2**	**9,9**	**11,8**
	KG 394	€ netto	3,5	5,5	6,9	8,3	9,9
2	**Außenwandbekleidung entfernen, Holz** Wandbekleidung entfernen; Holz; inkl. Unterkonstruktion; außen; Bauschutt entsorgen						
	m²	**€ brutto**	**11**	**13**	**16**	**19**	**21**
	KG 394	€ netto	9,5	10,8	13,5	16,2	17,7
3	**Außenwandbekleidung entfernen, Faserzementplatten** Wandbekleidung entfernen; Faserzementplatten; kleinformatig; inkl. Unterkonstruktion; außen; Bauschutt entsorgen						
	m²	**€ brutto**	**8,4**	**10,5**	**12,4**	**15,5**	**16,3**
	KG 394	€ netto	7,1	8,8	10,4	13,0	13,7
4	**Unterkonstruktion, Traglattung** Unterkonstruktion, Traglattung; Nadelholz, S10; 30x50/40x60mm; Außenwandbekleidung						
	m²	**€ brutto**	**7,1**	**9,5**	**10,4**	**12,4**	**16,6**
	KG 335	€ netto	5,9	8,0	8,8	10,4	13,9
5	**Unterkonstruktion, Holz-UK zweilagig** Unterkonstruktion, Traglattung; Nadelholz, S10; 50x30mm; zweilagig; Außenwandbekleidung						
	m²	**€ brutto**	**9,3**	**20,9**	**26,8**	**35,0**	**59,0**
	KG 335	€ netto	7,8	17,6	22,6	29,4	49,6
6	**Fassadendämmung, Mineralwolle, VHF** Fassadendämmung, VHF; Mineralwolle, WLG 035, A1/A2; Dicke 60-160mm; einlagig; zwischen Unterkonstruktion						
	m²	**€ brutto**	**17**	**24**	**26**	**32**	**47**
	KG 335	€ netto	15	20	22	27	40
7	**Unterkonstruktion, Leichtmetall** Unterkonstruktion; Aluminium; Wandwinkel, Tragprofile; Außenwandbekleidung						
	m²	**€ brutto**	**29**	**46**	**52**	**72**	**111**
	KG 335	€ netto	25	39	44	61	93
8	**Winddichtung, Polyestervlies** Abdichtung, Fassade; Polyestervlies, UV-beständig, diffusionsoffen; verkleben, winddicht; Außenwandbekleidung						
	m²	**€ brutto**	**8,5**	**10,6**	**11,2**	**12,1**	**14,1**
	KG 335	€ netto	7,1	8,9	9,4	10,1	11,9

Vorgehängte hinterlüftete Fassaden — Preise €

Nr.	Kurztext / Stichworte Einheit / Kostengruppe		▶	▷	brutto ø netto ø	◁	◀
9	**Fassadenbekleidung, Holz, Stülpschalung** Fassadenwandbekleidung; Nadelholz, dreiseitig gehobelt, sägerau natur; als Stülpschalung, sichtbar befestigt; außen; inkl. Befestigungsmitteln						
	m²	**€ brutto**	**71**	**85**	**92**	**113**	**146**
	KG 335	€ netto	60	72	77	95	122
10	**Fassadenbekleidung, Faserzement-Tafeln** Fassadenwandbekleidung; Faserzement-Fassadentafeln, großformatig; mit vorgebohrten Befestigungspunkten; außen; inkl. Befestigungsmitteln						
	m²	**€ brutto**	**76**	**116**	**132**	**147**	**190**
	KG 335	€ netto	64	97	111	124	160
11	**Fassadenbekleidung, Metall, Wellblech** Fassadenwandbekleidung; Wellblech, feuerverzinkt, Sichtseite Kunststofffarbbeschichtet; 18x76mm; vertikal, sichtbar befestigt; außen; inkl. erf. Befestigungsmittel, Schneide- und Bohrarbeiten						
	m²	**€ brutto**	**46**	**54**	**57**	**60**	**67**
	KG 335	€ netto	39	46	48	50	57
12	**Stundensatz Facharbeiter, vorgehängte Fassaden** Stundenlohnarbeiten Vorarbeiter, Facharbeiter; vorgehängte Fassaden						
	h	**€ brutto**	**45**	**54**	**58**	**63**	**74**
		€ netto	38	45	49	53	62

Trockenbauarbeiten — Preise €

Nr.	Kurztext / Stichworte Einheit / Kostengruppe		▶	▷	brutto ø netto ø	◁	◀
1	**Montagewand abbrechen, GK** Montagewand abbrechen; Metallständer, beidseitig mit GK-Platten beplankt; Bauschutt entsorgen						
	m²	**€ brutto**	**11**	**15**	**20**	**23**	**30**
	KG 394	€ netto	8,8	12,3	16,4	19,7	25,5
2	**Deckenkleidung abbrechen, GK** Deckenbekleidung abbrechen; Gipskartonplatten, einlagig; Bekleidungsdicke 12,5mm; inkl. Unterkonstruktion; Bauschutt entsorgen						
	m²	**€ brutto**	**9,0**	**14,8**	**18,5**	**22,2**	**25,5**
	KG 394	€ netto	7,6	12,4	15,6	18,7	21,4
3	**Unterdecke abbrechen, GK** Unterdecke, abgehängt, abbrechen; Gipskartonplatten auf Metallprofilen; Bauschutt entsorgen						
	m²	**€ brutto**	**7,8**	**11,9**	**14,8**	**17,8**	**22,9**
	KG 394	€ netto	6,5	10,0	12,5	15,0	19,2
4	**Verkofferung abbrechen, GK** Verkofferung von Rohrleitungen abbrechen; Gipskartonplatte; inkl. Unterkonstruktion; Bauschutt entsorgen						
	m²	**€ brutto**	**11**	**16**	**21**	**25**	**29**
	KG 394	€ netto	9,3	13,4	17,3	20,8	24,2
5	**Zwischensparrendämmung, MW 032, 100mm** Zwischensparrendämmung DZ; Mineralwolle WLS 032, A1; Dicke 100mm; einlagig, nachträglich von innen						
	m²	**€ brutto**	**15**	**17**	**21**	**25**	**28**
	KG 363	€ netto	12	14	18	21	24
6	**Zwischensparrendämmung, MW 032, 120mm** Zwischensparrendämmung DZ; Mineralwolle WLS 032, A1; Dicke 120mm; einlagig, nachträglich von innen						
	m²	**€ brutto**	**17**	**19**	**24**	**29**	**32**
	KG 363	€ netto	14	16	20	24	27
7	**Zwischensparrendämmung, MW 032, 140mm** Zwischensparrendämmung DZ; Mineralwolle WLS 032, A1; Dicke 140mm; einlagig, nachträglich von innen						
	m²	**€ brutto**	**19**	**22**	**27**	**33**	**37**
	KG 363	€ netto	16	18	23	28	31
8	**Zwischensparrendämmung, MW 035, 100mm** Zwischensparrendämmung DZ; Mineralwolle WLG 035, A1; Dicke 100mm; einlagig, nachträglich von innen						
	m²	**€ brutto**	**13**	**15**	**18**	**22**	**25**
	KG 363	€ netto	11	12	15	19	21

Kosten: Stand 3.Quartal 2016, Bundesdurchschnitt

Trockenbauarbeiten **Preise €**

Nr.	Kurztext / Stichworte Einheit / Kostengruppe		▶	▷	brutto ø netto ø	◁	◀
9	**Zwischensparrendämmung, MW 035, 120mm** Zwischensparrendämmung DZ; Mineralwolle WLG 035, A1; Dicke 120mm; einlagig, nachträglich von innen						
	m²	**€ brutto**	**15**	**17**	**21**	**25**	**28**
	KG 363	€ netto	12	14	18	21	24
10	**Zwischensparrendämmung, MW 035, 140mm** Zwischensparrendämmung DZ; Mineralwolle WLG 035, A1; Dicke 140mm; einlagig, nachträglich von innen						
	m²	**€ brutto**	**16**	**19**	**23**	**28**	**31**
	KG 363	€ netto	14	16	20	24	26
11	**Decke, abgehängt, GK, einlagig** Decke abgehängt; GK-Platten, inkl. Metallunterkonstruktion; Plattendicke 12,5mm; einlagig, verspachteln, schleifen; Stahlbetondecke						
	m²	**€ brutto**	**32**	**41**	**45**	**50**	**66**
	KG 353	€ netto	27	34	37	42	56
12	**Decke, abgehängt, GK, doppellagig** Decke, abgehängt; GK-Platten, doppellagig, inkl. Unterkonstruktion; Dicke 2x12,5mm; zweilagig, spachteln, schleifen; Stahlbetondecke						
	m²	**€ brutto**	**36**	**45**	**50**	**56**	**69**
	KG 353	€ netto	30	38	42	47	58
13	**Montagewand, Holz, 100mm, GK einlagig, MW** Montagewand; Holz, Kg-Platte, Mineralwolle; Dicke 100mm, GF-Platten 12,5mm, MW 40mm; beidseitig beplankt; inkl. verspachteln, schleifen						
	m²	**€ brutto**	**57**	**64**	**68**	**69**	**73**
	KG 342	€ netto	48	54	57	58	61
14	**Montagewand, Metall, 100mm, GK einlagig, MW** Montagewand; Stahlblech-Profil, GK-Platte, Mineralwolle WLG 040; Dicke 100mm, GK-Platte 12,5mm, MW 40mm; beidseitig beplankt; inkl. verspachteln, schleifen						
	m²	**€ brutto**	**46**	**57**	**61**	**68**	**83**
	KG 342	€ netto	39	47	51	57	69
15	**Montagewand, Metall, 125mm, GK zweilagig, MW, EI 30** Montagewand, EI 30; Stahlblech-Profil, GK-Platte, Mineralwolle WLG 040; Dicke 125mm, GK-Platte 12,5mm, MW 60mm; beidseitig doppelt beplankt; inkl. verspachteln, schleifen						
	m²	**€ brutto**	**44**	**60**	**66**	**79**	**125**
	KG 342	€ netto	37	50	55	66	105

Trockenbauarbeiten						Preise €
Nr.	Kurztext / Stichworte Einheit / Kostengruppe		▶	▷ brutto ø netto ø	◁	◀
16	**Montagewand, Metall, 150mm, GK zweilagig, MW, EI 30** Montagewand, EI 30; Stahlblech-Profil, GK-Platten, Mineralwolle WLG 040; Dicke 150mm, GK-Platte 12,5mm, MW 40mm; beidseitig doppelt beplankt; inkl. verspachteln, schleifen					
	m²	€ brutto	**48**	**60**	**65**	**76**	**102**
	KG 342	€ netto	41	50	54	64	86
17	**Montagewand, Metall, 100mm, GKF zweilagig, MW, EI 90** Montagewand, EI 90; Stahlblech-Profil, GKF-Platten, Mineralwolle WLG 040; Dicke 100mm, GKF-Platte 12,5mm, MW 50mm; beidseitig doppelt beplankt; inkl. verspachteln, schleifen					
	m²	€ brutto	**42**	**63**	**70**	**84**	**124**
	KG 342	€ netto	36	53	59	70	104
18	**Montagewand, Metall, 200mm, GKF zweilagig, Ständerwerk doppelt, EI 90** Montagewand, EI 90; Stahlblech-Profil, GKF-Platte, Mineralwolle WLG 040; Dicke 200mm, GKF-Platte 12,5mm, MW 40mm; doppeltes Ständerwerk, beidseitig doppelt beplankt; inkl. verspachteln, schleifen					
	m²	€ brutto	**38**	**64**	**77**	**85**	**102**
	KG 342	€ netto	32	54	65	71	85
19	**Montagewand, Metall, 125mm, GKF einlagig, Ständerwerk doppelt, MW, EI 30** Montagewand; Stahlblech-Profil, GKF-Platte, Mineralwolle WLG 040; Dicke 125mm, GKF-Platten 12,5mm, MW 80mm; beidseitig, einlagig beplankt; inkl. verspachteln, schleifen					
	m²	€ brutto	**66**	**89**	**97**	**106**	**129**
	KG 342	€ netto	56	75	81	89	109
20	**Innenwand, Gipsbauplatte** Innenwand, nichttragend; GK-Platten; Dicke 80-100mm; Q2, für Putzauftrag					
	m²	€ brutto	**45**	**56**	**60**	**63**	**71**
	KG 342	€ netto	38	47	50	53	59
21	**Anschluss, Montagewand, Dach-/Wandschräge** Randanschluss, Montagewand; GK-Platten; Plattendicke 12,5mm; beidseitig einfach/doppelt beplankt					
	m	€ brutto	**2,5**	**7,0**	**8,6**	**10,6**	**14,3**
	KG 342	€ netto	2,1	5,9	7,3	8,9	12,0
22	**Anschluss, Montagewand, gleitend** Wandanschluss, gleitend; bis 20mm; Montagewand; inkl. aller notwendiger Profilschienen					
	m	€ brutto	**5,9**	**12,9**	**17,5**	**26,8**	**48,0**
	KG 342	€ netto	5,0	10,8	14,7	22,5	40,3

Kosten: Stand 3.Quartal 2016, Bundesdurchschnitt

Trockenbauarbeiten **Preise €**

Nr.	Kurztext / Stichworte Einheit / Kostengruppe		▶	▷	brutto ø netto ø	◁	◀
23	**Ecken, Kantenprofil, Montagewand** Eckausbildung; Eck-/Kantenprofil; rechtwinklig; Montagewand						
	m	**€ brutto**	**3,7**	**7,8**	**9,2**	**12,6**	**22,5**
	KG 342	€ netto	3,1	6,5	7,7	10,6	18,9
24	**Türöffnung, Montagewand** Türöffnung herstellen; Ständerwand, GK-Platten; bxh=750x200mm/ 1.000x2.125mm; Montagewand; inkl. Türpfostenwinkelprofile						
	St	**€ brutto**	**29**	**51**	**58**	**73**	**118**
	KG 342	€ netto	24	43	49	61	99
25	**Fensteröffnung, Montagewand** Fensteröffnung herstellen; GK-Platten; bxh=750x2.000mm/ 1.000x2.125mm, Dicke 75-150mm; Montagewand; inkl. Spezialprofile						
	St	**€ brutto**	**26**	**51**	**61**	**69**	**83**
	KG 342	€ netto	22	43	51	58	70
26	**Vorsatzschale, GK/GF, Feuchträume** Vorsatzschale; Stahlblech-Profile, GK-/GF-Platten; Höhe 2,75m, Dicke 62,5/75/87,5/112,5mm, Plattendicke 12,5mm, Dämmung 20-60mm; freistehend, einseitig ein-/zweilagig beplankt; Nassbereich; inkl. verspachteln, schleifen						
	m²	**€ brutto**	**31**	**47**	**54**	**66**	**96**
	KG 345	€ netto	26	40	45	56	80
27	**Vorsatzschale, GK/GF, MW** Vorsatzschale; GK-/GF-Platten, Schall-und Dämmplatten, WLG 040; Plattendicke 12,5mm; einseitig ein-/zweilagig beplankt; frei gespannt zwischen Stb-Decke und Boden; inkl. verspachteln, schleifen						
	m²	**€ brutto**	**31**	**48**	**55**	**70**	**113**
	KG 345	€ netto	26	41	46	59	95
28	**Vorsatzschale, GK/GF** Vorsatzschale; GK-/GF-Platten; Plattendicke 12,5mm; einseitig ein-/ zweilagig beplankt; inkl. spachteln, schleifen						
	m²	**€ brutto**	**18**	**44**	**52**	**63**	**93**
	KG 345	€ netto	15	37	44	53	78
29	**Verkofferung/Bekleidung, Rohrleitungen** Rohrbekleidung; Metall-/Holzunterkonstruktion, GK-/GF-Platten, Mineralwolle; Plattendicke 12,5mm; verschrauben; inkl. verspachteln, schleifen						
	m	**€ brutto**	**40**	**53**	**60**	**74**	**94**
	KG 345	€ netto	34	45	50	62	79

Trockenbauarbeiten **Preise €**

Nr.	Kurztext / Stichworte Einheit / Kostengruppe		▶	▷	brutto ø netto ø	◁	◀
30	**Installationskanal, GKF-Platte, EI 30** Kabelkanal EI 30; Stahlblech-Profil, GKF-Platten; doppelt beplankt, 15mm; verspachtelt und geschliffen; Deckenraum						
	m	**€ brutto**	**53**	**66**	**73**	**81**	**95**
	KG 353	€ netto	44	56	61	68	80
31	**Trockenputz, GK-Verbundplatte, Dämmung** Innenwandbekleidung; GK-Verbundplatte mit Wärmedämmung, Mineralwolle/Polystyrol; GK-Platte 12,5mm, Dämmung 40/60/80mm; inkl. verspachteln, schleifen						
	m²	**€ brutto**	**27**	**35**	**38**	**51**	**71**
	KG 345	€ netto	23	29	32	43	60
32	**Trockenputz, GK-Platte 12,5mm** Trockenputz; GK-Platte; Dicke 12,5mm; ein-/zweilagig beplankt; Mauerwerk/Stahlbeton; inkl. verspachteln, schleifen						
	m²	**€ brutto**	**19**	**29**	**34**	**42**	**61**
	KG 345	€ netto	16	24	29	35	51
33	**GK-/GF-Bekleidung, einlagig, auf Unterkonstruktion** Bekleidung; GK-/GF-Platten; Dicke 12,5mm; einlagig; Wand, Decke; inkl. verspachteln, schleifen						
	m²	**€ brutto**	**16**	**25**	**29**	**36**	**50**
	KG 364	€ netto	14	21	24	30	42
34	**GKF-Bekleidung, doppelt, EI 90, vorh. Unterkonstruktion** Bekleidung EI90; GKF-Platten; Dicke 12,5mm; zweilagig beplankt; Wand, Decke; inkl. verspachteln, schleifen						
	m²	**€ brutto**	**63**	**83**	**90**	**115**	**167**
	KG 364	€ netto	53	70	76	97	141
35	**Bekleidung, CaSi-Platten** Bekleidung; CaSi-Platten; Einbauhöhe bis 3,50m; befestigen mit Klebmörtel, vollflächig Zahnspachtelauftrag, Q2; zur Innenwand-sanierung aufgrund von Kondensationsfeuchtigkeit						
	m²	**€ brutto**	**64**	**90**	**101**	**119**	**147**
	KG 364	€ netto	54	76	84	100	123
36	**Fensterleibung, GK** Fensterleibung; GK-Platte; Dicke 12,5mm; Q2						
	m	**€ brutto**	**6,7**	**15,0**	**18,2**	**26,4**	**43,0**
	KG 336	€ netto	5,6	12,6	15,3	22,2	36,1
37	**GK-Platte imprägniert** GK-Platte; imprägniert; Dicke 12,5mm; Nassräume						
	m²	**€ brutto**	**0,7**	**2,5**	**3,1**	**4,0**	**6,1**
	KG 342	€ netto	0,6	2,1	2,6	3,4	5,1

Kosten: Stand 3.Quartal 2016, Bundesdurchschnitt

Trockenbauarbeiten							**Preise €**
Nr.	**Kurztext** / Stichworte **Einheit** / Kostengruppe		▶	▷	**brutto ø** netto ø	◁	◀
38	**Trockenestrich, GF-Platten** Trockenestrich; GF-Platte, Klasse A1; Dicke 18/23mm; einlagig einbauen; Beton/Holzbalkendecke/Fußbodenheizung; inkl. Ausgleichsschüttung						
	m²	**€ brutto**	**26**	**36**	**40**	**47**	**59**
	KG 352	€ netto	22	30	34	39	49
39	**Spachtelung, GK-Platten, Qualitätserhöhung** Spachtelung zur Qualitätserhöhung; GK-Platten Q2; Q3/Q4; Wand						
	m²	**€ brutto**	**1,7**	**4,0**	**5,5**	**7,6**	**10,0**
	KG 345	€ netto	1,4	3,4	4,6	6,4	8,4
40	**Stundensatz Facharbeiter, Trockenbau** Stundenlohnarbeiten Vorarbeiter, Facharbeiter; Trockenbau						
	h	**€ brutto**	**35**	**45**	**52**	**56**	**63**
		€ netto	29	38	43	47	53
41	**Stundensatz Helfer, Trockenbau** Stundenlohnarbeiten Werker, Helfer; Trockenbau						
	h	**€ brutto**	**37**	**44**	**46**	**49**	**55**
		€ netto	31	37	39	41	46

C

Gebäudetechnik

Wärmeversorgungsanlagen - Betriebseinrichtungen — Preise €

Nr.	Kurztext / Stichworte				brutto ø		
	Einheit / Kostengruppe		▶	▷	netto ø	◁	◀
1	**Heizkessel ausbauen, Stahl, bis 50kW**						
	Heizkessel ausbauen; Stahl; bis 50kW; Bauschutt entsorgen						
	St	**€ brutto**	**170**	**225**	**250**	**288**	**303**
	KG 494	€ netto	143	189	210	242	254
2	**Gas-Brennwerttherme, Wand, bis 15kW**						
	Gas-Brennwerttherme; Edelstahl/Aluminium; 9-15KW; Wandmontage						
	St	**€ brutto**	**2.898**	**3.256**	**3.423**	**3.571**	**3.921**
	KG 421	€ netto	2.436	2.736	2.877	3.001	3.295
3	**Gas-Brennwerttherme, Wand, bis 25kW**						
	Gasbrennwerttherme; Edelstahl/Aluminium; 16-25kW; Wandmontage						
	St	**€ brutto**	**3.309**	**3.710**	**3.952**	**4.315**	**4.947**
	KG 421	€ netto	2.780	3.118	3.321	3.626	4.157
4	**Gas-Brennwerttherme, Wand, bis 50kW**						
	Gas-Brennwerttherme; Edelstahl/Aluminium; 26-50kW; Wandmontage						
	St	**€ brutto**	**3.748**	**4.343**	**4.446**	**4.611**	**5.073**
	KG 421	€ netto	3.150	3.649	3.736	3.875	4.263
5	**Gas-Niedertemperaturkessel, bis 25kW**						
	Gas-Niedertemperaturkessel; Stahl/Guss; 15-25kW; stehende Montage						
	St	**€ brutto**	**4.041**	**4.692**	**4.942**	**5.267**	**6.506**
	KG 421	€ netto	3.396	3.943	4.153	4.426	5.467
6	**Gas-Niedertemperaturkessel, bis 50kW**						
	Gas-Niedertemperaturkessel; Stahl/Guss; 26-50kW; stehende Montage						
	St	**€ brutto**	**4.344**	**5.078**	**5.253**	**5.890**	**8.217**
	KG 421	€ netto	3.650	4.267	4.415	4.949	6.905
7	**Gas-Niedertemperaturkessel, bis 70kW**						
	Gas-Niedertemperaturkessel; Stahl/Guss; 51-70kW; stehende Montage						
	St	**€ brutto**	**5.335**	**6.185**	**6.399**	**8.019**	**10.131**
	KG 421	€ netto	4.483	5.198	5.378	6.739	8.514
8	**Gas-Brennwertkessel, bis 150kW**						
	Gas-Brennwertkessel; 71-150kW; Kessel wärmegedämmt						
	St	**€ brutto**	**8.087**	**9.845**	**10.854**	**13.358**	**16.451**
	KG 421	€ netto	6.796	8.273	9.121	11.225	13.825
9	**Gas-Brennwertkessel, bis 225kW**						
	Gas-Brennwertkessel; 151-225kW; Kessel wärmegedämmt						
	St	**€ brutto**	**10.565**	**12.406**	**13.372**	**14.256**	**16.570**
	KG 421	€ netto	8.878	10.425	11.237	11.980	13.924
10	**Gas-Brennwertkessel, bis 400kW**						
	Gas-Brennwertkessel; 226-400kW; Kessel wärmegedämmt						
	St	**€ brutto**	**16.983**	**18.610**	**19.344**	**21.792**	**24.850**
	KG 421	€ netto	14.271	15.639	16.256	18.313	20.882

Wärmeversorgungsanlagen - Betriebseinrichtungen — Preise €

Nr.	Kurztext / Stichworte Einheit / Kostengruppe		▶	▷	brutto ø netto ø	◁	◀
11	**Öl-Niedertemperaturkessel, bis 50kW** Öl-Niedertemperaturkessel; Stahl; bis 50kW; Kessel wärmegedämmt						
	St	**€ brutto**	**3.975**	**4.842**	**5.067**	**5.392**	**6.856**
	KG 421	€ netto	3.340	4.069	4.258	4.531	5.761
12	**Öl-Niedertemperaturkessel, bis 150kW** Öl-Niedertemperaturkessel; Stahl; 51-150kW; Kessel wärmegedämmt						
	St	**€ brutto**	**5.317**	**6.258**	**6.487**	**7.418**	**8.708**
	KG 421	€ netto	4.468	5.259	5.451	6.234	7.318
13	**Heizöltank, stehend** Heizöllagerbehälter; Stahl/GKF; stehende Ausführung, oberirdische Lagerung						
	St	**€ brutto**	**1.455**	**6.624**	**8.273**	**13.811**	**23.584**
	KG 421	€ netto	1.223	5.567	6.953	11.606	19.819
14	**Heizöltank, stehend, 3.000l** Heizöllagerbehälter; Stahl/GKF; 3.000l; stehende Ausführung, oberirdische Lagerung						
	St	**€ brutto**	**3.941**	**5.630**	**7.819**	**8.758**	**11.788**
	KG 421	€ netto	3.312	4.731	6.571	7.360	9.906
15	**Holz/Pellet-Heizkessel, bis 25kW** Holz/Pellet-Heizkessel; Stahl/Guss; bis 25kW; stehende Montage						
	St	**€ brutto**	**5.624**	**8.486**	**10.436**	**11.418**	**13.515**
	KG 421	€ netto	4.726	7.131	8.770	9.595	11.357
16	**Holz/Pellet-Heizkessel, bis 50kW** Holz/Pellet-Heizkessel; Stahl/Guss; 26-50kW; stehende Montage						
	St	**€ brutto**	**7.103**	**10.318**	**12.896**	**13.402**	**16.617**
	KG 421	€ netto	5.969	8.671	10.837	11.262	13.964
17	**Holz/Pellet-Heizkessel, bis 120kW** Holz/Pellet-Heizkessel; Stahl/Guss; 51-120kW; stehende Montage						
	St	**€ brutto**	**16.261**	**23.519**	**26.160**	**28.363**	**34.606**
	KG 421	€ netto	13.665	19.764	21.984	23.835	29.081
18	**Pellet-Fördersystem, Förderschnecke** Pellet-Fördersystem, Förderschnecke; Stahl; Durchmesser 120mm, 5/10kg/h; Stirnradgetriebemotor						
	St	**€ brutto**	**820**	**893**	**931**	**953**	**1.026**
	KG 421	€ netto	689	751	783	801	862
19	**Flach-Solarkollektoranlage, thermisch, bis 10m²** Flach-Solarkollektoranlage, thermisch; für Heizung und Trinkwassererwärmung; bis 10m²; Aufdachmontage; mit Solarpumpenregelgruppe						
	St	**€ brutto**	**5.405**	**7.285**	**7.833**	**10.026**	**10.810**
	KG 421	€ netto	4.542	6.122	6.583	8.426	9.084

Wärmeversorgungsanlagen - Betriebseinrichtungen Preise €

Nr.	Kurztext / Stichworte Einheit / Kostengruppe		►	▷	brutto ø netto ø	◁	◄
20	**Flach-Solarkollektoranlage, thermisch, 10-20m²** Flach-Solarkollektoranlage, thermisch; für Heizung und Trinkwassererwärmung; bis 20m²; Aufdachmontage; mit Solarpumpenregelgruppe						
	St	**€ brutto**	**7.704**	**10.058**	**10.700**	**13.482**	**14.231**
	KG 421	€ netto	6.474	8.452	8.991	11.329	11.959
21	**Flach-Solarkollektoranlage, thermisch, 20-30m²** Flach-Solarkollektoranlage, thermisch; für Heizung und Trinkwassererwärmung; bis 30m²; Aufdachmontage; mit Solarpumpenregelgruppe						
	St	**€ brutto**	**11.105**	**15.249**	**16.575**	**20.222**	**21.548**
	KG 421	€ netto	9.332	12.815	13.929	16.993	18.107

Heizflächen, Rohrleitungen, Armaturen — Preise €

Nr.	Kurztext / Stichworte Einheit / Kostengruppe		▶	▷	brutto ø netto ø	◁	◀
1	**Röhrenradiator ausbauen, bis 50kg** Röhrenradiator entleeren und ausbauen; Gewicht bis 50kg; inkl. Verschließen der Anschlussleitung; Bauschutt entsorgen						
	St	**€ brutto**	**16**	**21**	**25**	**29**	**35**
	KG 494	€ netto	13	18	21	24	29
2	**Röhrenradiator ausbauen, 50-100kg** Röhrenradiator entleeren und ausbauen; Gewicht von 50-100kg; inkl. Verschließen der Anschlussleitung; Bauschutt entsorgen						
	St	**€ brutto**	**24**	**31**	**37**	**42**	**45**
	KG 494	€ netto	20	26	31	36	38
3	**Flachheizkörper ausbauen, bis 50kg** Flachheizkörper entleeren und ausbauen; Gewicht bis 50kg; inkl. Verschließen der Anschlussleitung; Bauschutt entsorgen						
	St	**€ brutto**	**9,3**	**18,9**	**22,3**	**25,6**	**47,5**
	KG 494	€ netto	7,8	15,9	18,7	21,5	40,0
4	**Gewinderohrleitung, ausbauen, DN15-25** Gewinderohrleitung, entleert, ausbauen; inkl. Befestigung; DN15-25; inkl. Verschließen der Anschlussleitung; Bauschutt entsorgen						
	m	**€ brutto**	**2,6**	**5,8**	**6,9**	**7,9**	**14,8**
	KG 494	€ netto	2,2	4,9	5,8	6,6	12,4
5	**Gewinderohrleitung, ausbauen, DN65-100** Gewinderohrleitung, entleert, ausbauen; inkl. Befestigung; DN65-100; inkl. Verschließen der Anschlussleitung; Bauschutt entsorgen						
	m	**€ brutto**	**2,8**	**12,5**	**14,8**	**17,0**	**22,4**
	KG 494	€ netto	2,3	10,5	12,4	14,3	18,8
6	**Kupferrohrleitung, ausbauen, 18-22mm** Kupferrohrleitung, entleert ausbauen; inkl. Befestigung; Durchmesser 18-20mm; inkl. Verschließen der Anschlussleitung; Bauschutt entsorgen						
	m	**€ brutto**	**4,0**	**4,9**	**5,8**	**6,6**	**7,3**
	KG 494	€ netto	3,4	4,1	4,8	5,6	6,1
7	**Kompaktheizkörper, Stahl, H=500, L=bis700** Kompaktheizkörper; Stahl; Höhe 500mm, Länge bis 700mm; inkl. Montageset, Anschlussarbeiten						
	St	**€ brutto**	**54**	**162**	**206**	**395**	**632**
	KG 423	€ netto	45	136	173	332	531
8	**Kompaktheizkörper, Stahl, H=600, L=bis700** Kompaktheizkörper; Stahl; Höhe 600mm, Länge bis 700mm; inkl. Montageset, Anschlussarbeiten						
	St	**€ brutto**	**107**	**164**	**191**	**196**	**269**
	KG 423	€ netto	90	138	161	165	226

Heizflächen, Rohrleitungen, Armaturen — Preise €

Nr.	Kurztext / Stichworte Einheit / Kostengruppe		▶	▷	brutto ø netto ø	◁	◀
9	**Kompaktheizkörper, Stahl, H=900, L=bis 700** Kompaktheizkörper; Stahl; Höhe 900mm, Länge bis 700mm; inkl. Montageset, Anschlussarbeiten						
	St	**€ brutto**	**107**	**169**	**192**	**282**	**450**
	KG 423	€ netto	90	142	162	237	378
10	**Kompaktheizkörper, Stahl, H=900, L=bis 2.100** Kompaktheizkörper; Stahl; Höhe 900mm, Länge 1.401-2.100mm; inkl. Montageset, Anschlussarbeiten						
	St	**€ brutto**	**341**	**517**	**577**	**744**	**919**
	KG 423	€ netto	287	434	485	625	773
11	**Rohrleitung, C-Stahlrohr, DN15** Rohrleitung; C-Stahlrohr; DN15; in Stangen, inkl. Fittings						
	m	**€ brutto**	**9,0**	**13,1**	**14,7**	**15,8**	**18,8**
	KG 422	€ netto	7,6	11,0	12,4	13,3	15,8
12	**Rohrleitung, C-Stahlrohr, DN20** Rohrleitung; C-Stahlrohr; DN20; in Stangen, inkl. Fittings						
	m	**€ brutto**	**15**	**17**	**19**	**20**	**23**
	KG 422	€ netto	12	15	16	17	19
13	**Rohrleitung, C-Stahlrohr, DN25** Rohrleitung; C-Stahlrohr; DN25; in Stangen, inkl. Fittings						
	m	**€ brutto**	**18**	**22**	**23**	**25**	**28**
	KG 422	€ netto	15	19	20	21	23
14	**Rohrleitung, C-Stahlrohr, DN32** Rohrleitung; C-Stahlrohr; DN32; in Stangen, inkl. Fittings						
	m	**€ brutto**	**23**	**28**	**29**	**30**	**33**
	KG 422	€ netto	19	24	24	25	28
15	**Rohrleitung, C-Stahlrohr, DN40** Rohrleitung; C-Stahlrohr; DN40; in Stangen, inkl. Fittings						
	m	**€ brutto**	**21**	**29**	**34**	**42**	**53**
	KG 422	€ netto	18	24	28	36	45
16	**Rohrleitung, C-Stahlrohr, DN50** Rohrleitung; C-Stahlrohr; DN50; in Stangen, inkl. Fittings						
	m	**€ brutto**	**22**	**38**	**47**	**50**	**70**
	KG 422	€ netto	19	32	40	42	59

Gas- und Wasseranlagen; Leitungen, Armaturen **Preise €**

Nr.	Kurztext / Stichworte Einheit / Kostengruppe		▶	▷	brutto ø netto ø	◁	◀
1	**Stahlrohrleitung ausbauen, 12-25mm** Stahlrohrleitungen, entleert, ausbauen; Durchmesser 12-25mm; inkl. Verschließen der Anschlussleitung; Bauschutt entsorgen						
	m	**€ brutto**	**1,9**	**5,3**	**6,2**	**7,1**	**15,4**
	KG 494	€ netto	1,6	4,4	5,2	6,0	12,9
2	**Stahlrohrleitung ausbauen, 32-50mm** Stahlrohrleitungen, entleert, ausbauen; inkl. Befestigung; Durchmesser 32-50mm; inkl. Verschließen der Anschlussleitung; Bauschutt entsorgen						
	m	**€ brutto**	**2,6**	**7,2**	**8,5**	**9,8**	**16,4**
	KG 494	€ netto	2,2	6,1	7,1	8,2	13,8
3	**Stahlrohrleitung ausbauen, 65-100mm** Stahlrohrleitungen, entleert, ausbauen; inkl. Befestigung; Durchmesser 65-100mm; inkl. Verschließen der Anschlussleitung; Bauschutt entsorgen						
	m	**€ brutto**	**3,8**	**9,4**	**11,0**	**12,7**	**20,5**
	KG 494	€ netto	3,2	7,9	9,3	10,6	17,2
4	**Leitung, Metallverbundrohr, DN10** Trinkwasserleitung, Metallverbundrohr; Mehrschichtverbundwerkstoff; DN10, Dicke 2mm; inkl. Dichtungs-/Befestigungsmittel, Fittings						
	m	**€ brutto**	**6,1**	**8,9**	**11,0**	**12,5**	**15,2**
	KG 412	€ netto	5,1	7,4	9,3	10,5	12,8
5	**Leitung, Metallverbundrohr, DN15** Trinkwasserleitung, Metallverbundrohr; Mehrschichtverbundwerkstoff; DN15, Dicke 2mm; inkl. Dichtungs-/Befestigungsmittel, Fittings						
	m	**€ brutto**	**11**	**19**	**22**	**22**	**32**
	KG 412	€ netto	9,3	15,6	18,2	18,3	26,6
6	**Leitung, Metallverbundrohr, DN20** Trinkwasserleitung, Metallverbundrohr; Mehrschichtverbundwerkstoff; DN20, Dicke 3mm; inkl. Dichtungs-/Befestigungsmittel, Fittings						
	m	**€ brutto**	**12**	**19**	**22**	**31**	**41**
	KG 412	€ netto	10	16	19	26	35
7	**Leitung, Metallverbundrohr, DN25** Trinkwasserleitung, Metallverbundrohr; Mehrschichtverbundwerkstoff; DN25, Dicke 3mm; inkl. Dichtungs-/Befestigungsmittel, Fittings						
	m	**€ brutto**	**12**	**19**	**23**	**26**	**31**
	KG 412	€ netto	10	16	19	22	26

Gas- und Wasseranlagen; Leitungen, Armaturen — Preise €

Nr.	Kurztext / Stichworte Einheit / Kostengruppe		►	▷	brutto ø netto ø	◁	◄
8	**Leitung, Metallverbundrohr, DN32** Trinkwasserleitung, Metallverbundrohr; Mehrschichtverbundwerkstoff; DN32, Dicke 3,5mm; inkl. Dichtungs-/Befestigungsmittel, Fittings						
	m	**€ brutto**	**14**	**22**	**26**	**30**	**39**
	KG 412	€ netto	12	19	22	25	32
9	**Leitung, Metallverbundrohr, DN40** Trinkwasserleitung, Metallverbundrohr; Mehrschichtverbundwerkstoff; DN40, Dicke 4mm; inkl. Dichtungs-/Befestigungsmittel, Fittings						
	m	**€ brutto**	**35**	**40**	**41**	**44**	**50**
	KG 412	€ netto	29	34	35	37	42
10	**Leitung, Kupferrohr, 35mm** Leitung, Kupferrohr; Stangen; 35x1,5mm; inkl. löten/pressen						
	m	**€ brutto**	**26**	**32**	**35**	**35**	**48**
	KG 412	€ netto	21	27	29	30	40
11	**Leitung, Kupferrohr, 54mm** Leitung, Kupferrohr; Stangen; 54x2,0mm; inkl. löten/pressen						
	m	**€ brutto**	**38**	**51**	**54**	**60**	**69**
	KG 412	€ netto	32	43	46	50	58
12	**Leitung, Kupferrohr, 28mm** Leitung, Kupferrohr; Stangen; 28x1,5mm; inkl. löten/pressen						
	m	**€ brutto**	**19**	**24**	**27**	**31**	**39**
	KG 412	€ netto	16	20	23	26	33
13	**Leitung, Kupferrohr, 22mm** Leitung, Kupferrohr; Stangen; 22x1,0mm; inkl. löten/pressen						
	m	**€ brutto**	**11**	**17**	**20**	**30**	**44**
	KG 412	€ netto	8,9	13,9	16,7	25,2	37,1
14	**Leitung, Kupferrohr, 18mm** Leitung, Kupferrohr; Stangen; 18x1,0mm; inkl. löten/pressen						
	m	**€ brutto**	**15**	**18**	**20**	**23**	**27**
	KG 412	€ netto	13	15	17	19	22
15	**Leitung, Kupferrohr, 15mm** Leitung, Kupferrohr; Stangen; 15x1,0mm; inkl. löten/pressen						
	m	**€ brutto**	**12**	**17**	**19**	**21**	**24**
	KG 412	€ netto	10	14	16	17	20

Abwasseranlagen - Leitungen, Abläufe, Armaturen **Preise €**

Nr.	Kurztext / Stichworte Einheit / Kostengruppe		►	▷	brutto ø netto ø	◁	◄
1	**Gussrohrleitung ausbauen, DN40-100** Gussrohrleitungen ausbauen; DN40-100; inkl. Befestigung; Bauschutt entsorgen						
	m	**€ brutto**	**10**	**13**	**15**	**17**	**22**
	KG 494	€ netto	8,7	10,8	12,7	14,6	18,8
2	**Gussrohrleitung ausbauen, DN125-200** Gussrohrleitungen ausbauen; DN125-200; inkl. Befestigung; Bauschutt entsorgen						
	m	**€ brutto**	**14**	**17**	**21**	**24**	**27**
	KG 494	€ netto	11	15	17	20	23
3	**Stahlrohrleitung ausbauen, DN40-100** Stahlrohrleitungen ausbauen; DN40-100; inkl. Befestigung; Bauschutt entsorgen						
	m	**€ brutto**	**6,6**	**11,5**	**13,5**	**15,5**	**19,5**
	KG 494	€ netto	5,6	9,7	11,4	13,1	16,4
4	**Kunststoff-Rohrleitung, ausbauen, DN40-100** Rohrleitungen ausbauen; Kunststoff; DN40-100; inkl. Befestigung; Bauschutt entsorgen						
	m	**€ brutto**	**3,8**	**7,3**	**8,6**	**9,9**	**17,1**
	KG 494	€ netto	3,2	6,2	7,3	8,3	14,4
5	**Abwasserleitung, Guss, DN70** Abwasserleitung; Gussrohr; DN70; inkl. Verbindungsmitteln; innen						
	m	**€ brutto**	**30**	**33**	**36**	**38**	**40**
	KG 411	€ netto	25	28	30	32	34
6	**Abwasserleitung, Guss, DN100** Abwasserrohr; Gussrohr; DN100; inkl. Verbindungsmitteln; innen						
	m	**€ brutto**	**36**	**45**	**50**	**56**	**67**
	KG 411	€ netto	30	38	42	47	57
7	**Abwasserleitung, Guss, DN125** Abwasserrohr; Gussrohr; DN125; inkl. Verbindungsmitteln; innen						
	m	**€ brutto**	**38**	**56**	**58**	**61**	**71**
	KG 411	€ netto	32	47	49	51	60
8	**Abwasserleitung, Guss, DN150** Abwasserrohr; Gussrohr; DN150; inkl. Verbindungsmitteln; innen						
	m	**€ brutto**	**55**	**69**	**73**	**78**	**98**
	KG 411	€ netto	46	58	61	65	82
9	**Abwasserleitung, HT-Rohr, DN100** Abwasserrohr; HT-Rohr; DN100, Dicke 2,7mm; innen						
	m	**€ brutto**	**21**	**26**	**27**	**32**	**43**
	KG 411	€ netto	17	21	22	27	36

Abwasseranlagen - Leitungen, Abläufe, Armaturen **Preise €**

Nr.	Kurztext / Stichworte Einheit / Kostengruppe		▶	▷	brutto ø netto ø	◁	◀
10	**Abwasserleitung, HT-Rohr, DN70** Abwasserrohr; HT-Rohr; DN70, Dicke 1,9mm; innen						
	m	**€ brutto**	**17**	**20**	**22**	**27**	**36**
	KG 411	€ netto	15	17	18	23	30
11	**Abwasserleitung, HT-Rohr, DN50** Abwasserrohr; HT-Rohr; DN50, Dicke 1,8mm; innen						
	m	**€ brutto**	**11**	**13**	**13**	**14**	**16**
	KG 411	€ netto	9,0	10,9	11,3	12,0	13,7
12	**Abwasserleitung, PE-Rohr, DN70** Abwasserleitung; PE-Rohr; DN70; schallgedämmt, inkl. Rohrbefestigungen; innen						
	m	**€ brutto**	**16**	**20**	**22**	**23**	**33**
	KG 411	€ netto	14	17	18	20	27
13	**Abwasserleitung, PE-Rohr, DN100** Abwasserrohr; PE-Rohr; DN100; schallgedämmt, inkl. Rohrbefestigungen; innen						
	m	**€ brutto**	**19**	**23**	**24**	**26**	**35**
	KG 411	€ netto	16	19	20	22	29
14	**Abflussleitung, PP-Rohre, DN50, schallgedämmt** Abwasserrohr, schallgedämmt; Polypropylen; DN50						
	m	**€ brutto**	**12**	**15**	**22**	**30**	**33**
	KG 411	€ netto	10	13	19	25	28
15	**Abflussleitung, PP-Rohre, DN75, schallgedämmt** Abwasserrohr, schallgedämmt; Polypropylen; DN75						
	m	**€ brutto**	**15**	**19**	**26**	**36**	**40**
	KG 411	€ netto	12	16	22	30	33
16	**Abflussleitung, PP-Rohre, DN90, schallgedämmt** Abwasserrohr, schallgedämmt; Polypropylen; DN90						
	m	**€ brutto**	**16**	**22**	**31**	**40**	**45**
	KG 411	€ netto	14	19	26	33	37
17	**Abflussleitung, PP-Rohre, DN110, schallgedämmt** Abwasserrohr, schallgedämmt; Polypropylen; DN110, Länge 1,00m						
	m	**€ brutto**	**20**	**25**	**35**	**43**	**51**
	KG 411	€ netto	17	21	29	36	43
18	**Abwasserkanal, PVC-U, DN100** Abwasserkanal; PVC-U; DN100, Länge 0,50-5,00m, Tiefe bis 1,00m						
	m	**€ brutto**	**17**	**28**	**31**	**38**	**51**
	KG 411	€ netto	14	23	26	32	43

Abwasseranlagen - Leitungen, Abläufe, Armaturen **Preise €**

Nr.	Kurztext / Stichworte			brutto ø		
	Einheit / Kostengruppe	▶	▷	netto ø	◁	◀
19	**Abwasserkanal, PVC-U, DN150**					
	Abwasserkanal; PVC-U; DN150, Länge 0,50-5,00m, Tiefe bis 1,00m					
	m **€ brutto**	**28**	**37**	**40**	**48**	**63**
	KG 411 € netto	23	31	34	40	53

GWE; Einrichtungsgegenstände, Sanitärausstattungen — Preise €

Nr.	Kurztext / Stichworte Einheit / Kostengruppe		▶	▷	brutto ø netto ø	◁	◀
1	**Montageelement ausbauen** Montageelement für Sanitärausstattung ausbauen; Bauschutt entsorgen						
	St	**€ brutto**	**28**	**35**	**42**	**48**	**52**
	KG 494	€ netto	23	30	35	40	44
2	**Badewanne ausbauen** Badewanne ausbauen; inkl. Ablaufgarnitur; Bauschutt entsorgen						
	St	**€ brutto**	**43**	**50**	**59**	**67**	**110**
	KG 494	€ netto	36	42	49	57	93
3	**Duschwanne ausbauen** Duschwanne ausbauen; inkl. Ablaufgarnitur; Bauschutt entsorgen						
	St	**€ brutto**	**27**	**33**	**39**	**45**	**47**
	KG 494	€ netto	23	28	33	38	39
4	**Waschtisch ausbauen** Waschtisch ausbauen; inkl. Zu- und Ablaufgarnitur; Bauschutt entsorgen						
	St	**€ brutto**	**16**	**24**	**28**	**32**	**38**
	KG 494	€ netto	13	20	23	27	32
5	**WC-Anlage ausbauen** WC-Anlage ausbauen; inkl. Verschließen der Anschlussleitung; Bauschutt entsorgen						
	St	**€ brutto**	**16**	**26**	**31**	**36**	**43**
	KG 494	€ netto	14	22	26	30	36
6	**Waschtischbatterie ausbauen** Waschtischbatterie ausbauen; inkl. Verschließen der Anschlussleitung; Bauschutt entsorgen						
	St	**€ brutto**	**7,1**	**9,7**	**10,8**	**12,4**	**13,1**
	KG 494	€ netto	6,0	8,1	9,0	10,4	11,0
7	**Handwaschbecken, Keramik** Handwaschbecken; Sanitärporzellan; inkl. Befestigung, Schallschutzset						
	St	**€ brutto**	**59**	**108**	**126**	**199**	**348**
	KG 412	€ netto	50	91	106	168	293
8	**Waschtisch, Keramik 500x400mm** Waschtisch; Sanitärporzellan; Größe 500x400mm; inkl. Befestigung, Schallschutzset						
	St	**€ brutto**	**77**	**177**	**222**	**362**	**571**
	KG 412	€ netto	65	149	187	304	480
9	**Waschtisch, Keramik, 600x500mm** Waschtisch; Sanitärporzellan; Größe 600x500mm						
	St	**€ brutto**	**114**	**225**	**246**	**411**	**664**
	KG 412	€ netto	96	189	207	345	558

GWE; Einrichtungsgegenstände, Sanitärausstattungen — Preise €

Nr.	Kurztext / Stichworte Einheit / Kostengruppe		▶	▷	brutto ø netto ø	◁	◀
10	**Waschtisch, unterfahrbar, Keramik, 600x550mm** Waschtisch; Sanitärporzellan; Größe 600x550mm; unterfahrbar						
	St	**€ brutto**	**–**	**235**	**296**	**465**	**–**
	KG 412	€ netto	–	198	248	390	–
11	**Einhebel-Mischbatterie** Einhand-Waschtischbatterie; inkl. Schnellmontagesystem						
	St	**€ brutto**	**130**	**183**	**210**	**281**	**389**
	KG 412	€ netto	109	153	176	236	327
12	**Handtuchspender, Stahlblech** Papierhandtuchspender; Stahlblech; 250/500St; Wandmontage; inkl. Befestigungsmaterial						
	St	**€ brutto**	**50**	**76**	**87**	**158**	**238**
	KG 611	€ netto	42	64	73	132	200
13	**Badewanne, Stahl, 170cm** Badewanne; Stahl; Länge 170cm						
	St	**€ brutto**	**208**	**312**	**355**	**452**	**615**
	KG 412	€ netto	175	262	298	379	517
14	**Badewanne, Stahl 180** Badewanne; Stahl; 180x80cm						
	St	**€ brutto**	**297**	**464**	**501**	**680**	**867**
	KG 412	€ netto	249	390	421	571	728
15	**Badewanne, Stahl 200** Badewanne; Stahl; 200x80cm						
	St	**€ brutto**	**881**	**1.020**	**1.078**	**1.190**	**1.363**
	KG 412	€ netto	741	857	906	1.000	1.145
16	**Einhebelbatterie, Badewanne** Einhandmischbatterie, Badewanne; Metall verchromt; Wandmontage, inkl. Befestigung und Schallschutz						
	St	**€ brutto**	**55**	**173**	**243**	**369**	**504**
	KG 412	€ netto	46	146	204	310	424
17	**WC, wandhängend** Tiefspül-WC; Sanitärporzellan; Wandmontage, inkl. Befestigung und Schallschutz						
	St	**€ brutto**	**163**	**237**	**258**	**325**	**450**
	KG 412	€ netto	137	200	217	273	378
18	**WC-Sitz** WC-Sitz; inkl. Deckel und Scharniere						
	St	**€ brutto**	**47**	**89**	**98**	**118**	**159**
	KG 412	€ netto	40	75	83	100	133

GWE; Einrichtungsgegenstände, Sanitärausstattungen **Preise €**

Nr.	Kurztext / Stichworte Einheit / Kostengruppe		▶	▷	brutto ø netto ø	◁	◀
19	**Duschwanne, Stahl, 80x80** Duschwanne; Stahl; Größe 80x80x6cm						
	St	**€ brutto**	**149**	**206**	**231**	**257**	**336**
	KG 412	€ netto	125	173	194	216	282
20	**Duschwannen, Stahl 90x80** Duschwanne; Stahl; Größe 90x80x6cm						
	St	**€ brutto**	**176**	**276**	**311**	**367**	**513**
	KG 412	€ netto	148	232	261	308	431
21	**Duschwannen, Stahl 90x90** Duschwanne; Stahl; Größe 90x90x6cm						
	St	**€ brutto**	**223**	**354**	**389**	**510**	**660**
	KG 412	€ netto	187	298	327	429	555
22	**Duschwannen, Stahl 100x80** Duschwanne; Stahl; Größe 100x80x6cm						
	St	**€ brutto**	**238**	**432**	**520**	**592**	**727**
	KG 412	€ netto	200	363	437	498	611
23	**Duschwanne, Stahl 100x100** Duschwanne; Stahl; Größe 100x100x6cm						
	St	**€ brutto**	**325**	**455**	**542**	**595**	**820**
	KG 412	€ netto	273	383	456	500	689
24	**Einhandmischarmatur, Dusche** Einhandmischarmatur, Dusche; Metall, verchromt; DN15; Wandmontage						
	St	**€ brutto**	**145**	**373**	**388**	**480**	**667**
	KG 412	€ netto	121	313	326	403	561
25	**Duschabtrennung, Kunststoff** Duschabtrennung; Kunststoff; 80x80x200cm; Drehtür/Schiebetür; inkl. Wandanschlussprofil						
	St	**€ brutto**	**616**	**761**	**833**	**1.058**	**1.343**
	KG 611	€ netto	517	640	700	889	1.128
26	**Montageelement, WC** WC-Montageelement; Stahlrahmen; Unterputz, Wandmontage, inkl. Betätigungsplatte						
	St	**€ brutto**	**175**	**225**	**252**	**283**	**336**
	KG 419	€ netto	147	189	212	237	282
27	**Montageelement, Waschtisch** Waschtisch-Montageelement; Stahlrahmen; DN40/50; Wandmontage						
	St	**€ brutto**	**106**	**152**	**165**	**210**	**285**
	KG 419	€ netto	89	128	139	176	239

GWE; Einrichtungsgegenstände, Sanitärausstattungen							Preise €
Nr.	Kurztext / Stichworte Einheit / Kostengruppe		▶	▷	brutto ø netto ø	◁	◀
28	**Haltegriff, Edelstahl, 600 mm** Haltegriff; Edelstahl, gebürstet; Länge 600mm, Durchmesser 32mm, Wandabstand 50mm, Belastung max: 200kg						
	St	**€ brutto**	**–**	**68**	**103**	**132**	**–**
	KG 412	€ netto	–	57	86	111	–
29	**Duschhandlauf, Messing** Duschhandlauf; Messingrohr, verchromt; 90°-Winkel, Rohrdurchmesser 32mm						
	St	**€ brutto**	**–**	**350**	**465**	**591**	**–**
	KG 412	€ netto	–	294	390	497	–
30	**Stützklappgriff, Edelstahl, 775 mm** Stützklappgriff; Edelstahl, gebürstet; Länge 775mm, Durchmesser 32mm, Belastung max. 150kg						
	St	**€ brutto**	**336**	**390**	**429**	**469**	**523**
	KG 412	€ netto	282	327	361	394	440

Dämm- und Brandschutzarbeiten an techn. Anlagen **Preise €**

Nr.	Kurztext / Stichworte Einheit / Kostengruppe		►	▷	brutto ø netto ø	◁	◄
1	**Kompaktdämmhülse, Rohrleitung DN15** Kompaktdämmhülse; Polyethylen, Gittergewebe, WLG 040, B2; DN15, Dicke 13mm; Rohfußboden						
	m	**€ brutto**	**5,6**	**7,5**	**8,4**	**10,8**	**13,7**
	KG 422	€ netto	4,7	6,3	7,0	9,1	11,6
2	**Kompaktdämmhülse, Rohrleitung DN20** Kompaktdämmhülse, Rohrleitung; Polyethylen, Gittergewebe, WLG 040, B2; DN20, Dicke 13mm; Rohfußboden						
	m	**€ brutto**	**7,0**	**11,6**	**12,1**	**13,6**	**16,8**
	KG 422	€ netto	5,9	9,7	10,2	11,4	14,1
3	**Kompaktdämmhülse, Rohrleitung DN25** Kompaktdämmhülse, Rohrleitung; Polyethylen, Gittergewebe, WLG 040, B2; DN25, Dicke 20mm; Rohfußboden						
	m	**€ brutto**	**5,9**	**11,6**	**14,8**	**19,1**	**25,8**
	KG 422	€ netto	5,0	9,8	12,5	16,0	21,7
4	**Rohrdämmung, MW-alukaschiert, DN15** Rohrdämmung; Mineralwolle, alukaschiert; DN15, Dicke 20mm; Heizungsrohre						
	m	**€ brutto**	**4,3**	**7,3**	**9,8**	**12,1**	**24,0**
	KG 422	€ netto	3,6	6,1	8,2	10,2	20,2
5	**Rohrdämmung, MW-alukaschiert, DN20** Rohrdämmung; Mineralwolle, alukaschiert; DN20, Dicke 20mm; Heizungsrohre						
	m	**€ brutto**	**5,6**	**15,8**	**18,2**	**23,7**	**32,9**
	KG 422	€ netto	4,7	13,3	15,3	19,9	27,7
6	**Rohrdämmung, MW-alukaschiert, DN25** Rohrdämmung; Mineralwolle, alukaschiert; DN25, Dicke 30mm; Heizungsrohre						
	m	**€ brutto**	**9,2**	**15,4**	**19,5**	**26,5**	**37,2**
	KG 422	€ netto	7,8	13,0	16,4	22,3	31,3
7	**Rohrdämmung, MW-alukaschiert, DN32** Rohrdämmung; Mineralwolle, alukaschiert; DN32, Dicke 40mm; Heizungsrohre						
	m	**€ brutto**	**12**	**20**	**25**	**27**	**37**
	KG 422	€ netto	9,9	16,8	21,3	22,5	31,3
8	**Rohrdämmung, MW-alukaschiert, DN50** Rohrdämmung; Mineralwolle, alukaschiert; DN50, Dicke 50mm; Heizungsrohre						
	m	**€ brutto**	**18**	**25**	**30**	**34**	**43**
	KG 422	€ netto	15	21	25	28	36

Kosten: Stand 3.Quartal 2016, Bundesdurchschnitt

Dämm- und Brandschutzarbeiten an techn. Anlagen **Preise €**

Nr.	Kurztext / Stichworte Einheit / Kostengruppe		▶	▷	brutto ø netto ø	◁	◀
9	**Rohrdämmung, MW-alukaschiert, DN65** Rohrdämmung; Mineralwolle, alukaschiert; DN65, Dicke 70mm; Heizungsrohre						
	m	**€ brutto**	**25**	**33**	**39**	**44**	**61**
	KG 422	€ netto	21	27	33	37	52
10	**Brandschutzabschottung, R90, DN15** Brandschutzabschottung R90; Mineralfaser, nicht brennbar; DN15, Länge 1000mm; Wanddurchbruch						
	St	**€ brutto**	**7,9**	**14,6**	**17,1**	**21,7**	**32,0**
	KG 422	€ netto	6,6	12,3	14,4	18,2	26,9
11	**Brandschutzabschottung, R90, DN20** Brandschutzabschottung, Rohrleitung, R90; Mineralwolle; DN20, Länge 1,00m; Wanddurchbruch						
	St	**€ brutto**	**35**	**39**	**40**	**42**	**47**
	KG 422	€ netto	30	33	34	35	39
12	**Brandschutzabschottung, R90, DN25** Brandschutzabschottung, Rohrleitung, R90; Mineralwolle; DN25, Länge 1,00m; Wanddurchbruch						
	St	**€ brutto**	**35**	**40**	**43**	**44**	**49**
	KG 422	€ netto	29	34	36	37	42
13	**Brandschutzabschottung, R90, DN32** Brandschutzabschottung, Rohrleitung, R90; Mineralwolle; DN32, Länge 1,00m; Wanddurchbruch						
	St	**€ brutto**	**44**	**46**	**52**	**60**	**63**
	KG 422	€ netto	37	39	43	50	53
14	**Brandschutzabschottung, R90, DN40** Brandschutzabschottung, Rohrleitung, R90; Mineralwolle; DN40, Länge 1,00m; Wanddurchbruch						
	St	**€ brutto**	**53**	**58**	**63**	**67**	**80**
	KG 422	€ netto	45	49	53	56	68
15	**Brandschutzabschottung, R90, DN50** Brandschutzabschottung, Rohrleitung, R90; Mineralwolle; DN50, Länge 1,00m; Wanddurchbruch						
	St	**€ brutto**	**90**	**95**	**100**	**104**	**115**
	KG 422	€ netto	76	80	84	87	97
16	**Brandschutzabschottung, R90, DN65** Brandschutzabschottung, Rohrleitung, R90; Mineralwolle; DN65, Länge 1,00m; Wanddurchbruch						
	St	**€ brutto**	**96**	**104**	**111**	**116**	**127**
	KG 422	€ netto	81	87	94	98	107

Dämm- und Brandschutzarbeiten an techn. Anlagen | **Preise €**

Nr.	Kurztext / Stichworte Einheit / Kostengruppe		▶	▷	brutto ø netto ø	◁	◀
17	**Wärmedämmung, Schrägsitzventil, DN15** Wärmedämmung Schrägsitzventile; Polyethylen, WLG 034, B1; DN15, lxbxh=130x70x112mm						
	St	**€ brutto**	**12**	**15**	**18**	**22**	**23**
	KG 422	€ netto	10	13	15	18	20
18	**Wärmedämmung, Schrägsitzventil, DN20** Wärmedämmung Schrägsitzventile; Polyethylen, WLG 034, B1; DN20, lxbxh=130x70x112mm						
	St	**€ brutto**	**17**	**20**	**24**	**28**	**31**
	KG 422	€ netto	14	17	20	24	26
19	**Wärmedämmung, Schrägsitzventil, DN25** Wärmedämmung Schrägsitzventile; Polyethylen, WLG 034, B1; DN25, lxbxh=145x80x130mm						
	St	**€ brutto**	**21**	**24**	**29**	**37**	**39**
	KG 422	€ netto	17	20	25	31	32
20	**Wärmedämmung, Schrägsitzventil, DN32** Wärmedämmung Schrägsitzventile; Polyethylen, WLG 034, B1; DN32, lxbxh=195x137x203mm						
	St	**€ brutto**	**21**	**28**	**32**	**41**	**43**
	KG 422	€ netto	18	23	27	34	36
21	**Wärmedämmung, Schrägsitzventil, DN40** Wärmedämmung Schrägsitzventile; Polyethylen, WLG 034, B1; DN40, lxbxh=196x163x230mm						
	St	**€ brutto**	**29**	**35**	**42**	**48**	**55**
	KG 422	€ netto	24	30	35	41	46

D

Freianlagen

Titel des Leistungsbereichs	LB-Nr.
Landschaftsbauarbeiten	303
Landschaftsbauarbeiten - Pflanzen	304
Straßen, Wege, Plätze	380

Landschaftsbauarbeiten **Preise €**

Nr.	Kurztext / Stichworte Einheit / Kostengruppe		▶	▷	brutto ø netto ø	◁	◀
1	**Baugelände abräumen** Baugelände abräumen; Sträucher, Bäume, Beton; StD bis 15cm; inkl. unterirdische Bauwerke, Fundamente; Räumgut entsorgen						
	m²	**€ brutto**	**1,3**	**3,4**	**5,0**	**5,7**	**7,1**
	KG 214	€ netto	1,1	2,9	4,2	4,8	6,0
2	**Metallzaun abbrechen, entsorgen** Metallzaun abbrechen; Stahlpfosten; Bauschutt inkl. Stahlpfosten entsorgen; Bauschutt entsorgen						
	m	**€ brutto**	**7,1**	**10,9**	**13,0**	**14,6**	**16,8**
	KG 212	€ netto	6,0	9,1	10,9	12,2	14,1
3	**Maschendrahtzaun abbrechen, entsorgen** Maschendrahtzaun abbrechen; Metall, kunststoffummantelt, Stahlpfosten; Bauschutt entsorgen						
	m	**€ brutto**	**6,4**	**8,4**	**9,1**	**10,7**	**14,1**
	KG 212	€ netto	5,4	7,0	7,6	9,0	11,9
4	**Bauzaun aufstellen** Bauzaun; Baustahlgewebe; Höhe 2,00m; aufstellen, vorhalten, abbauen						
	m	**€ brutto**	**5,4**	**7,8**	**8,6**	**9,6**	**12,7**
	KG 591	€ netto	4,5	6,5	7,2	8,0	10,6
5	**Baum fällen, bis StD 15cm, entsorgen** Baum fällen, Wurzelstock roden; StD bis 15cm; Räumgut entsorgen						
	St	**€ brutto**	**34**	**55**	**64**	**73**	**90**
	KG 214	€ netto	28	46	54	61	75
6	**Baum fällen, bis StD 30cm, entsorgen** Baum fällen, Wurzelstock roden; StD bis 30cm; Räumgut entsorgen						
	St	**€ brutto**	**84**	**104**	**117**	**141**	**184**
	KG 214	€ netto	71	88	98	118	155
7	**Baum fällen, bis StD 50cm, entsorgen** Baum fällen, Wurzelstock roden; StD bis 50cm; Räumgut entsorgen						
	St	**€ brutto**	**96**	**133**	**151**	**174**	**232**
	KG 214	€ netto	81	112	127	146	195
8	**Baum fällen, über StD 50cm, entsorgen** Baum fällen, Wurzelstock roden; StD über 50cm; Räumgut entsorgen						
	St	**€ brutto**	**147**	**182**	**205**	**235**	**288**
	KG 214	€ netto	124	153	172	197	242
9	**Baugelände roden** Baugelände roden; Busch-, Hecken- und Baumbestand; StD bis 10cm; Räumgut entsorgen						
	m²	**€ brutto**	**6,5**	**9,2**	**10,4**	**10,8**	**14,0**
	KG 214	€ netto	5,5	7,8	8,8	9,1	11,8

Kosten: Stand 3.Quartal 2016, Bundesdurchschnitt

Landschaftsbauarbeiten							**Preise €**
Nr.	**Kurztext** / Stichworte				**brutto ø**		
	Einheit / Kostengruppe		►	▷	netto ø	◁	◄
10	**Baugelände abräumen, entsorgen**						
	Baugelände abräumen; Steine, Schutt, Unrat unbelastet; Räumgut entsorgen						
	t	**€ brutto**	**96**	**140**	**158**	**188**	**229**
	KG 212	€ netto	81	117	133	158	192
11	**Grasnarbe abschälen**						
	Grasnarbe abtragen; Dicke bis 5cm; Stoffe entsorgen						
	m²	**€ brutto**	**0,9**	**2,0**	**2,4**	**3,1**	**4,7**
	KG 214	€ netto	0,8	1,7	2,1	2,6	3,9
12	**Aufwuchs entfernen**						
	Aufwuchs mähen; Gräser, Kräuter; Höhe bis 0,70m; Schnittgut entsorgen						
	m²	**€ brutto**	**0,9**	**1,5**	**1,7**	**2,3**	**3,4**
	KG 214	€ netto	0,8	1,3	1,4	2,0	2,9
13	**Oberboden abtragen, entsorgen**						
	Oberboden abtragen; laden, abfahren; inkl. Vegetationsdecke						
	m³	**€ brutto**	**11**	**15**	**17**	**19**	**23**
	KG 511	€ netto	9,5	13,0	14,2	15,8	19,0
14	**Oberboden lösen, lagern**						
	Oberboden abtragen; in Mieten aufsetzen, lagern; inkl. Vegetations-schicht						
	m³	**€ brutto**	**7,2**	**8,6**	**9,1**	**10,8**	**14,5**
	KG 512	€ netto	6,1	7,2	7,6	9,1	12,1
15	**Oberboden liefern, einbauen**						
	Oberboden liefern; Boden frei von keimfähigen Samen und Schadstoffe; Dicke bis 30cm, Sollhöhe +/-3cm; einbauen						
	m³	**€ brutto**	**22**	**27**	**30**	**33**	**39**
	KG 571	€ netto	19	23	25	27	33
16	**Oberboden liefern, andecken**						
	Oberboden liefern; Boden frei von keimfähigen Samen und Schadstoffen; andecken						
	m³	**€ brutto**	**21**	**27**	**29**	**31**	**38**
	KG 571	€ netto	18	22	24	26	32
17	**Oberboden auftragen, lagernd**						
	Oberboden auftragen; Lagermaterial; laden, fördern, einbauen; bis 500m						
	m³	**€ brutto**	**5,0**	**8,2**	**9,8**	**11,6**	**16,4**
	KG 571	€ netto	4,2	6,9	8,3	9,7	13,8

Landschaftsbauarbeiten						Preise €
Nr.	Kurztext / Stichworte Einheit / Kostengruppe	▶	▷	brutto ø netto ø	◁	◀
18	**Feinplanum, Rasenfläche** Feinplanum, Rasenfläche; Abweichung +/-3cm; Fremdkörper, Pflanzenteile, Unkraut abräumen; anfallende Stoffe entsorgen					
	m² € brutto	**0,7**	**1,5**	**1,7**	**2,2**	**3,2**
	KG 574 € netto	0,6	1,2	1,4	1,9	2,7
19	**Ansaat, Spielrasen** Rasenansaat; Spielrasen; 25g/m²; aufbringen, zwei Arbeitsgänge					
	m² € brutto	**0,6**	**1,2**	**1,5**	**1,9**	**2,5**
	KG 575 € netto	0,5	1,0	1,2	1,6	2,1
20	**Ansaat, Gebrauchsrasen** Rasenansaat; Gebrauchsrasen; 25g/m²; aufbringen, zwei Arbeitsgänge					
	m² € brutto	**0,4**	**0,6**	**0,7**	**0,8**	**1,2**
	KG 575 € netto	0,3	0,5	0,6	0,7	1,0
21	**Feinplanum, Pflanzfläche** Feinplanum Pflanzfläche; Abweichung +/-3cm; Fremdkörper, Pflanzenteile, Unkraut abräumen; anfallende Stoffe entsorgen					
	m² € brutto	**0,6**	**1,2**	**1,4**	**1,7**	**2,6**
	KG 574 € netto	0,5	1,0	1,1	1,5	2,2
22	**Pflanzgrube ausheben, bis 0,80x0,80m** Pflanzgrube ausheben; Solitär, Hochstamm; 0,80x0,80m; Aushub lagern, Sohle lockern, Gießrand anlegen, überschüssigen Boden seitlich einbauen					
	St € brutto	**14**	**22**	**25**	**27**	**37**
	KG 571 € netto	12	18	21	23	31
23	**Pflanzgrube ausheben, bis 1,00x1,00m** Pflanzgrube ausheben; Solitär, Hochstamm; 1,00x1,00m; Aushub lagern, Sohle lockern, Gießrand anlegen, überschüssigen Boden seitlich einbauen					
	St € brutto	**18**	**25**	**27**	**33**	**41**
	KG 571 € netto	15	21	23	27	35
24	**Pflanzgrube ausheben, bis 1,50x1,50m** Pflanzgrube ausheben; Solitär, Hochstamm; 1,50x1,50m; Aushub lagern, Sohle lockern, Gießrand anlegen, überschüssigen Boden seitlich einbauen					
	St € brutto	**26**	**38**	**44**	**52**	**65**
	KG 571 € netto	22	32	37	44	54

Kosten: Stand 3.Quartal 2016, Bundesdurchschnitt

Landschaftsbauarbeiten — Preise €

Nr.	Kurztext / Stichworte Einheit / Kostengruppe		▶	▷	brutto ø netto ø	◁	◀
25	**Pflanzgrube ausheben, bis 2,00x2,00m** Pflanzgrube ausheben; Solitär, Hochstamm; 2,00x2,00m; Aushub lagern, Sohle lockern, Gießrand anlegen, überschüssigen Boden seitlich einbauen						
	St	**€ brutto**	**44**	**53**	**56**	**65**	**86**
	KG 571	€ netto	37	44	47	55	72
26	**Pflanzgrube verfüllen, Pflanzsubstrat** Pflanzgrube verfüllen; Pflanzsubstrat; Dicke bis 50cm						
	St	**€ brutto**	**24**	**34**	**39**	**42**	**51**
	KG 574	€ netto	20	29	33	35	43
27	**Pflanzgrube verfüllen, Baumsubstrat** Pflanzgrube verfüllen; Humus-Basis 0/16; Dicke 30m						
	St	**€ brutto**	**38**	**44**	**47**	**56**	**67**
	KG 574	€ netto	32	37	39	47	56
28	**Hochstamm/Solitär, liefern/pflanzen, 100-125cm** Hochstamm/Solitär pflanzen; mDb; Höhe 100-125cm; Pflanzgrube ausheben, wiederverfüllen, wässern; inkl. Baumscheibe						
	St	**€ brutto**	**18**	**51**	**56**	**74**	**99**
	KG 574	€ netto	15	43	47	63	83
29	**Hochstamm/Solitär, liefern/pflanzen, 150-200cm** Hochstamm/Solitär pflanzen; mDb.; Höhe 150-200cm; Pflanzgrube ausheben, wiederverfüllen, wässern; inkl. Baumscheibe						
	St	**€ brutto**	**51**	**93**	**108**	**156**	**225**
	KG 574	€ netto	43	78	91	131	189
30	**Fertigstellungspflege, Baum** Fertigstellungspflege Bäume; Pflanzfläche lockern, unerwünschten Aufwuchs entfernen, Unrat ablesen, tote Triebe entfernen, Wunden behandeln; 5 Arbeitsgänge pro Jahr						
	St	**€ brutto**	**30**	**38**	**41**	**50**	**64**
	KG 574	€ netto	25	32	34	42	54
31	**Fertigstellungspflege, Sträucher** Entwicklungspflege Sträucher; zwei Vegetationsperioden mit 5 Pflegegängen je Vegetationsperiode						
	St	**€ brutto**	**29**	**44**	**57**	**59**	**69**
	KG 574	€ netto	24	37	48	50	58
32	**Pflanzflächen wässern, bauseits vorhanden** Unterhaltspflege Pflanzfläche wässern; je Arbeitsgang 25l/m²; Wasser aus bauseits vorhandenen Zapfstellen						
	m²	**€ brutto**	**0,8**	**1,2**	**1,5**	**1,8**	**2,2**
	KG 574	€ netto	0,6	1,0	1,2	1,5	1,9

Landschaftsbauarbeiten						Preise €
Nr.	**Kurztext** / Stichworte		**brutto ø**			
	Einheit / Kostengruppe	▶	▷	netto ø	◁	◀
33	**Pflanzflächen wässern, liefern**					
	Unterhaltspflege Pflanzfläche wässern; je Arbeitsgang 25l/m²; Wasser liefern					
	m² € brutto	**0,9**	**1,6**	**2,0**	**2,4**	**3,3**
	KG 574 € netto	0,7	1,4	1,7	2,0	2,8
34	**Pflanzenverankerung, Pfahl-Zweibock**					
	Pflanzenverankerung Pfahl-Zweibock; Baumpfähle senkrecht, unbehandelt, geschält, Kokosstrick; Länge 300cm					
	St € brutto	**30**	**38**	**41**	**48**	**63**
	KG 574 € netto	25	32	34	41	53
35	**Pflanzenverankerung, Pfahl-Dreibock**					
	Pflanzenverankerung Pfahl-Dreibock; Baumpfähle senkrecht, unbehandelt, geschält, Kokosstrick; Länge 300cm					
	St € brutto	**40**	**54**	**62**	**78**	**102**
	KG 574 € netto	33	45	52	66	86
36	**Maschendrahtzaun, 0,80m**					
	Maschendrahtzaun; kunststoffummantelt, Rundrohrpfosten; Höhe 0,80m; Vierdrahtgeflecht; inkl. Fundament-, Verspannarbeiten					
	m € brutto	**14**	**19**	**22**	**25**	**29**
	KG 531 € netto	12	16	18	21	25
37	**Maschendrahtzaun, 1,25m**					
	Maschendrahtzaun; kunststoffummantelt, Rundrohrpfosten; Höhe 1,25m; Vierdrahtgeflecht; inkl. Fundament-, Verspannarbeiten					
	m € brutto	**25**	**30**	**33**	**35**	**39**
	KG 531 € netto	21	25	28	30	33
38	**Maschendrahtzaun, 2,00m**					
	Maschendrahtzaun; kunststoffummantelt, Rundrohrpfosten; Höhe 2,00m; Vierdrahtgeflecht; inkl. Fundament-, Verspannarbeiten					
	m € brutto	**40**	**57**	**62**	**70**	**95**
	KG 531 € netto	34	48	52	59	80
39	**Stabgitterzaun, 0,80m**					
	Stabgitterzaun; Stahlgittermatten, Doppelstab, verzinkt; Höhe 0,80m, MW 50x200mm, Dicke 8mm					
	m € brutto	**36**	**44**	**52**	**63**	**75**
	KG 531 € netto	30	37	44	53	63
40	**Stabgitterzaun, 1,40m**					
	Stabgitterzaun; Stahlgittermatten, Doppelstab, verzinkt; Höhe 1,40m, MW 50x200mm, Dicke 8mm					
	m € brutto	**47**	**55**	**64**	**73**	**88**
	KG 531 € netto	40	47	54	61	74

Kosten: Stand 3.Quartal 2016, Bundesdurchschnitt

Landschaftsbauarbeiten							**Preise €**
Nr.	**Kurztext** / Stichworte **Einheit** / Kostengruppe		▶	▷	**brutto ø** netto ø	◁	◀
41	**Stabgitterzaun, 1,80m** Stabgitterzaun; Stahlgittermatten, Doppelstab, verzinkt; Höhe 1,80m, MW 50x200mm, Dicke 8mm						
	m	**€ brutto**	**56**	**64**	**75**	**84**	**95**
	KG 531	€ netto	47	54	63	71	79
42	**Stahltor, einflüglig, beschichtet** Tor, einflüglig; Stahl, verzinkt, beschichtet; 1,50x1,20m; liefern und montieren; komplette Leistung						
	St	**€ brutto**	**801**	**973**	**1.099**	**1.154**	**1.444**
	KG 531	€ netto	673	818	924	970	1.214
43	**Stahltor, zweiflüglig, beschichtet** Drehtor; Stahl, verzinkt, beschichtet; 5,00x1,60m; zweiflüglig						
	St	**€ brutto**	**1.110**	**1.354**	**1.405**	**1.567**	**1.900**
	KG 531	€ netto	933	1.137	1.181	1.317	1.597
44	**Zaunpfosten, Stahlrohr** Zaunpfosten; Stahlrohr, verzinkt; Höhe 2,00m, Durchmesser 40mm; inkl. Fundamentarbeiten						
	St	**€ brutto**	**32**	**47**	**51**	**60**	**79**
	KG 531	€ netto	27	40	43	51	66
45	**Spielgerät, Federwipptier** Spielgerät Federwipptier; einbauen						
	St	**€ brutto**	**922**	**1.107**	**1.145**	**1.234**	**1.463**
	KG 552	€ netto	775	930	963	1.037	1.230
46	**Spielgerät, Einfachschaukel** Spielgerät Gerüstschaukel, Einfachschaukel; Gummisitz, Edelstahlkette; einbauen; Fundamente bauseits						
	St	**€ brutto**	**1.849**	**2.406**	**2.471**	**2.689**	**3.086**
	KG 552	€ netto	1.554	2.022	2.077	2.259	2.594

Landschaftsbauarbeiten - Pflanzen — Preise €

Nr.	Kurztext / Stichworte Einheit / Kostengruppe		▶	▷	brutto ø netto ø	◁	◀
1	**Heckenpflanze, Hainbuche** Hainbuche - Carpinus betulus; Heckenpflanze; Str 2xv mB, Höhe 100-150cm; pflanzen						
	St	**€ brutto**	**9,3**	**11,5**	**12,2**	**13,7**	**16,5**
	KG 574	€ netto	7,8	9,7	10,2	11,5	13,9
2	**Heckenpflanze, Buchsbaum** Buchsbaum - Buxus sempervierens; Heckenpflanze; Str 2xv mB/Co, Höhe 20-25cm; pflanzen						
	St	**€ brutto**	**2,7**	**4,7**	**5,8**	**7,9**	**10,1**
	KG 574	€ netto	2,3	3,9	4,9	6,6	8,5
3	**Heckenpflanze, Liguster** Liguster - Ligustrum vulgare; Heckenpflanze; Str 2xv 5-7 Tr., Höhe 20-25cm; pflanzen						
	St	**€ brutto**	**2,9**	**4,0**	**4,7**	**5,5**	**7,1**
	KG 574	€ netto	2,5	3,3	3,9	4,6	6,0
4	**Heckenpflanze, Kirschlorbeer** Kirschlorbeer - Prunus laurocerrasus; Heckenpflanze; Str 2xv 5-7 Tr., Höhe 80-100cm; pflanzen						
	St	**€ brutto**	**20**	**29**	**33**	**41**	**56**
	KG 574	€ netto	17	25	28	35	47
5	**Solitärbaum, Säulen-Hainbuche** Säulen-Hainbuche - Carpinus betulus; Solitär; Hst 3xv mDb, StU 10-12cm; in herzustellender Pflanzgrube pflanzen; inkl. Zweibockverankerung						
	St	**€ brutto**	**102**	**132**	**140**	**142**	**191**
	KG 574	€ netto	85	111	117	119	160
6	**Solitärbaum, Rotblühende Rosskastanie** Rotblühende-Rosskastanie - Aesculus carnea; Solitär; Hst 4xv mDb, StU 18-20cm; pflanzen						
	St	**€ brutto**	**292**	**364**	**375**	**384**	**474**
	KG 574	€ netto	245	306	316	322	398
7	**Solitärbaum, Spitz-Ahorn** Spitz-Ahorn - Acer platanoides; Solitär; Hst 4xv mDb, StU 18-20cm; in herzustellender Pflanzgrube pflanzen						
	St	**€ brutto**	**268**	**324**	**343**	**364**	**436**
	KG 574	€ netto	225	272	289	306	366
8	**Solitärbaum, Feld-Ahorn** Feld-Ahorn - Acer campestre; Solitär; Hst 3xv mDb, StU 18-20cm; in herzustellender Pflanzgrube pflanzen						
	St	**€ brutto**	**201**	**286**	**326**	**349**	**439**
	KG 574	€ netto	169	240	274	293	369

Landschaftsbauarbeiten - Pflanzen **Preise €**

Nr.	Kurztext / Stichworte Einheit / Kostengruppe		►	▷	brutto ø netto ø	◁	◄
9	**Solitärbaum, Vogelkirsche** Vogelkirsche - Prunus avium; Solitär; Hst 4xv mDb, StU 20-22cm; in herzustellender Pflanzgrube pflanzen						
	St	**€ brutto**	**225**	**253**	**266**	**272**	**315**
	KG 574	€ netto	189	213	223	229	265
10	**Solitärbaum, Winterlinde** Winterlinde - Tilia cordata; Solitär; Hst 4xv mDb, StU 25-30cm, Höhe 400-500cm; in herzustellender Pflanzgrube pflanzen						
	St	**€ brutto**	**263**	**320**	**356**	**390**	**450**
	KG 574	€ netto	221	269	299	327	378
11	**Solitärbaum, Wald-Kiefer** Wald-Kiefer - Pinus sylvestris; Solitär; Hst 4xv mDb, StU 18-20cm, Höhe 100-150cm; in herzustellender Pflanzgrube pflanzen						
	St	**€ brutto**	**231**	**427**	**454**	**470**	**572**
	KG 574	€ netto	194	359	382	395	480
12	**Solitärbaum, Hänge-Birke** Hänge-Birke - Betula pendula; Solitär; 3xv, StU 16-18cm; in herzustellender Pflanzgrube pflanzen						
	St	**€ brutto**	**229**	**270**	**280**	**302**	**350**
	KG 574	€ netto	192	227	235	254	294
13	**Solitärbaum, Hainbuche** Hainbuche - Carpinus betulus; Solitär; Hst 3xv, StU 16-18cm; in herzustellender Pflanzgrube pflanzen						
	St	**€ brutto**	**166**	**225**	**257**	**321**	**411**
	KG 574	€ netto	140	189	216	270	345
14	**Solitärbaum, gemeine Esche** Gemeine Esche - Fraxinus excelsior; Solitär; Hst 3xv mDb, StU 16-18cm; in herzustellender Pflanzgrube pflanzen						
	St	**€ brutto**	**194**	**238**	**244**	**263**	**315**
	KG 574	€ netto	163	200	205	221	265
15	**Solitärbaum, gemeine Eberesche** Eberesche - Sorbus aucuparia; Solitär; Hst 3xv mDb, StU 16-18cm; in herzustellender Pflanzgrube pflanzen						
	St	**€ brutto**	**154**	**194**	**216**	**238**	**286**
	KG 574	€ netto	129	163	182	200	240
16	**Solitärbaum, Baum-Hasel** Baumhasel - Corylus colurna; Solitär; Hst 3xv mDb, StU 16-18cm; in herzustellender Pflanzgrube pflanzen						
	St	**€ brutto**	**207**	**250**	**273**	**315**	**358**
	KG 574	€ netto	174	210	229	264	301

Landschaftsbauarbeiten - Pflanzen | **Preise €**

Nr.	Kurztext / Stichworte Einheit / Kostengruppe		▶	▷	brutto ø netto ø	◁	◀
17	**Solitärbaum, Scharlach-Blühende Rosskastanie** Scharlach-Blühende Rosskastanie - Aesculus carnea; Solitär 3xv mDb; Hst 3xv mDb, StU 16-18cm; in herzustellender Pflanzgrube pflanzen						
	St	**€ brutto**	**292**	**361**	**371**	**371**	**474**
	KG 574	€ netto	245	303	311	312	398
18	**Obstgehölz, Apfel in Sorten** Apfelbaum - Malus; Obstgehölz; Hst 3xv mDb, StU 16-18cm; in herzustellender Pflanzgrube pflanzen						
	St	**€ brutto**	**146**	**225**	**243**	**304**	**388**
	KG 574	€ netto	123	189	205	255	326
19	**Obstgehölz, Zier-Apfel \`Evereste\`** Zier-Apfel - Malus Evereste; Obstgehölz; Hst 3xv mDb, StU 16-18cm; in herzustellender Pflanzgrube pflanzen						
	St	**€ brutto**	**141**	**228**	**286**	**349**	**447**
	KG 574	€ netto	119	191	240	294	376
20	**Obstgehölz, Zier-Apfel \`Eleyi\`** Zier-Apfel - Malus Eleyi; Obstgehölz; Hst 3xv mDb, StU 16-18cm; in herzustellender Pflanzgrube pflanzen						
	St	**€ brutto**	**33**	**46**	**51**	**52**	**68**
	KG 574	€ netto	28	38	43	44	57
21	**Stadt-/Straßenbaum Stadt-Birne, StU 16-18cm** Stadtbirne - Pyrus Calleryana; Obstgehölz; Hst 3xv mDb, StU 16-18cm; in herzustellender Pflanzgrube pflanzen						
	St	**€ brutto**	**285**	**350**	**377**	**383**	**483**
	KG 574	€ netto	240	294	317	322	406
22	**Obstgehölz, japanische Blütenkirsche, StU 12-14** Japanische Blütenkirsche - Prunus serrulata; Obstgehölz; Hst 3xv mDb, StU 12-14cm; in herzustellender Pflanzgrube pflanzen						
	St	**€ brutto**	**229**	**267**	**285**	**302**	**326**
	KG 574	€ netto	192	224	240	254	274
23	**Weidentunnel, Silber-Weide** Silber-Weide - Salix alba; zweijährig, biegsam; Länge 3,00m; pflanzen; für Weidentunnel						
	St	**€ brutto**	**1,9**	**3,2**	**3,9**	**4,7**	**7,1**
	KG 574	€ netto	1,6	2,7	3,3	4,0	6,0
24	**Strauchpflanze, Purpur-Weide** Purpur-Weide - Salix purpurea; Str 4 Tr. oB, Höhe 100-150cm; in herzustellender Pflanzgrube pflanzen						
	St	**€ brutto**	**1,3**	**1,9**	**2,1**	**2,4**	**3,7**
	KG 574	€ netto	1,1	1,6	1,8	2,0	3,1

Landschaftsbauarbeiten - Pflanzen **Preise €**

Nr.	Kurztext / Stichworte Einheit / Kostengruppe		▶	▷	brutto ø netto ø	◁	◀
25	**Strauchpflanze, Kupfer-Felsenbirne** Kupfer-Felsenbirne - Amelanchier lamarckii; Str 3xv 3-5 Tr. mB, Höhe 100-150cm; in herzustellender Pflanzgrube pflanzen						
	St	**€ brutto**	**28**	**34**	**37**	**39**	**52**
	KG 574	€ netto	23	29	31	33	44
26	**Strauchpflanze, Hängende Felsenbirne** Hängende Felsenbirne - Amelanchier laevis; Str 3xv mDb, Höhe 125-150cm; in herzustellender Pflanzgrube pflanzen						
	St	**€ brutto**	**76**	**83**	**84**	**89**	**97**
	KG 574	€ netto	64	70	71	75	81
27	**Strauchpflanze, Gewöhnliche Haselnuss** Gewöhnliche Haselnuss - Corylus avellana; Str 3xv mB, Höhe 125-150cm; in herzustellender Pflanzgrube pflanzen						
	St	**€ brutto**	**16**	**20**	**21**	**22**	**27**
	KG 574	€ netto	14	17	18	19	23
28	**Strauchpflanze, Rhododendron in Sorten** Rhododendron; Str im Co, Höhe 40-50cm; in herzustellender Pflanzgrube pflanzen						
	St	**€ brutto**	**28**	**35**	**37**	**41**	**50**
	KG 574	€ netto	24	29	31	35	42
29	**Strauchpflanze, Hortensie in Sorten** Hortensie - Hydrangea; Str 2xv im Co 3l, Höhe 40-60cm; in herzustellender Pflanzgrube pflanzen						
	St	**€ brutto**	**8,7**	**11,2**	**12,9**	**15,2**	**20,5**
	KG 574	€ netto	7,3	9,4	10,8	12,8	17,3
30	**Strauchpflanze, Flieder in Sorten** Gemeiner Flieder - Syringa vulgaris; Str 3xv mB, Höhe 125-150cm; in herzustellender Pflanzgrube pflanzen						
	St	**€ brutto**	**26**	**42**	**49**	**52**	**70**
	KG 574	€ netto	22	36	41	44	59
31	**Strauchpflanze, Kornelkirsche** Kornelkirsche - Cornus mas; Str 3xv mB, Höhe 150-175; in herzustellender Pflanzgrube pflanzen						
	St	**€ brutto**	**16**	**26**	**31**	**35**	**42**
	KG 574	€ netto	14	22	26	29	35
32	**Strauchpflanze, Europäische Eibe** Europäische Eibe - Taxus baccata; Str 5xv mDb, Höhe 80-100cm; in herzustellender Pflanzgrube pflanzen						
	St	**€ brutto**	**51**	**80**	**95**	**111**	**150**
	KG 574	€ netto	42	67	80	94	126

Landschaftsbauarbeiten - Pflanzen							Preise €

Nr.	Kurztext / Stichworte Einheit / Kostengruppe		▶	▷	brutto ø netto ø	◁	◀
33	**Strauchpflanze, Heckeneibe** Heckeneibe - Taxus media; Str 5xv mDb; Str 5xv mDb, Höhe 80-100cm; in herzustellender Pflanzgrube pflanzen						
	St	**€ brutto**	**22**	**49**	**49**	**66**	**90**
	KG 574	€ netto	19	41	42	56	76
34	**Strauchpflanze, Berberitze in Sorten** Berberitze - Berberis; Str 2xv mB, Höhe 40-50cm; in herzustellender Pflanzgrube pflanzen						
	St	**€ brutto**	**11**	**15**	**16**	**17**	**20**
	KG 574	€ netto	9,7	12,3	13,8	14,0	17,0
35	**Strauchpflanze, Zwergmispel in Sorten** Zwergmispel - Cotoneaster; Str 2xv Co 2l; Höhe 40-60cm; in herzustellender Pflanzgrube pflanzen						
	St	**€ brutto**	**1,5**	**2,4**	**2,8**	**3,4**	**5,1**
	KG 574	€ netto	1,3	2,0	2,3	2,8	4,3
36	**Strauchpflanze, Rotdorn in Sorten** Rotdorn - Crataegus; Str 4xv mDb, StU 20-25cm; in herzustellender Pflanzgrube pflanzen						
	St	**€ brutto**	**209**	**273**	**281**	**324**	**413**
	KG 574	€ netto	175	229	236	272	347
37	**Strauchpflanze, Immergrüne Heckenkirsche** Immergrüne Heckenkirsche - Lonicera nitida; Str 2xv mTb, Höhe 40-60cm; in herzustellender Pflanzgrube pflanzen						
	St	**€ brutto**	**1,3**	**2,0**	**2,3**	**3,4**	**5,0**
	KG 574	€ netto	1,1	1,7	1,9	2,8	4,2
38	**Strauchpflanze, rote Heckenkirsche** Rote Heckenkirsche - Lonicera xylosteum; Str .....xv 5 Tr. oB, Höhe 100-150cm; in herzustellender Pflanzgrube pflanzen						
	St	**€ brutto**	**1,6**	**3,6**	**4,0**	**5,5**	**8,8**
	KG 574	€ netto	1,3	3,0	3,3	4,6	7,4
39	**Staude, Ziergräser in Sorten** Ziergras; Staude; Topfballen; pflanzen						
	St	**€ brutto**	**1,2**	**1,9**	**2,2**	**2,7**	**3,5**
	KG 574	€ netto	1,0	1,6	1,8	2,3	2,9
40	**Staude, Feinhalm-Chinaschilf** Feinhalm-Chinaschilf - Miscanthus sinensis; Staude; Topfballen; pflanzen						
	St	**€ brutto**	**3,4**	**4,0**	**4,1**	**4,4**	**5,1**
	KG 574	€ netto	2,8	3,4	3,4	3,7	4,3

Kosten: Stand 3.Quartal 2016, Bundesdurchschnitt

Landschaftsbauarbeiten - Pflanzen							**Preise €**
Nr.	**Kurztext** / Stichworte **Einheit** / Kostengruppe		▶	▷	**brutto ø** netto ø	◁	◀
41	**Staude, Heckenrose** Heckenrose - Rosa canina; Str 1xv 3-4 Tr. oB, Höhe 60-100cm; pflanzen						
	St	**€ brutto**	**1,3**	**2,1**	**2,1**	**2,8**	**3,7**
	KG 574	€ netto	1,1	1,7	1,8	2,3	3,1
42	**Staude, wilde Rosen in Sorten** Wilde Rosen - Rosa in Sorten; Str 1xv 3-4Tr. oB, Höhe 40-60cm; pflanzen						
	St	**€ brutto**	**3,0**	**3,6**	**3,8**	**4,0**	**4,9**
	KG 574	€ netto	2,6	3,0	3,2	3,4	4,1
43	**Staude, Kleines Immergrün** Kleinblättriges Immergrün - Vinca minor; Staude; 2xv 6-10 Tr. mB; pflanzen						
	St	**€ brutto**	**1,4**	**1,6**	**1,7**	**2,0**	**2,4**
	KG 574	€ netto	1,2	1,4	1,5	1,7	2,0
44	**Staude, Frauenmantel** Frauenmantel - Alchemilla mollis; Staude; Topfballen; pflanzen						
	St	**€ brutto**	**1,5**	**1,7**	**1,8**	**1,9**	**2,2**
	KG 574	€ netto	1,2	1,4	1,5	1,6	1,9
45	**Staude, Balkan-Storchenschnabel** Balkan Storchschnabel - Geranium macororrhizum; Staude; Topfballen; pflanzen						
	St	**€ brutto**	**1,2**	**1,6**	**1,7**	**1,9**	**2,4**
	KG 574	€ netto	1,0	1,4	1,4	1,6	2,0
46	**Staude, Weißer Blut-Storchenschnabel** Weißer Blut-Storchenschnabel - Geranium sanguineum; Staude; Topfballen; pflanzen						
	St	**€ brutto**	**1,2**	**1,6**	**1,7**	**1,7**	**2,3**
	KG 574	€ netto	1,0	1,3	1,4	1,4	1,9
47	**Staude, Pracht-Storchenschnabel** Pracht-Storchenschnabel - Geranium x magnificum; Staude; Topfballen; pflanzen						
	St	**€ brutto**	**1,1**	**2,0**	**2,6**	**2,7**	**3,2**
	KG 574	€ netto	1,0	1,7	2,2	2,3	2,7

Straßen, Wege, Plätze **Preise €**

Nr.	Kurztext / Stichworte Einheit / Kostengruppe	►	▷	brutto ø netto ø	◁	◄
1	**Asphaltbelag aufbrechen, entsorgen** Asphaltbelag aufbrechen, unbelastet; Tiefe bis 15cm, Breite 70-100cm; inkl. Unterbau; Bauschutt entsorgen					
	m² € brutto	**11**	**14**	**16**	**17**	**19**
	KG 594 € netto	9,4	11,9	13,3	14,1	16,2
2	**Betonplatten aufnehmen, entsorgen** Plattenbelag im Sandbett aufnehmen; Beton; 50x50x5cm, Bettung bis 10cm; Stoffe verwerten, recyceln					
	m² € brutto	**3,0**	**4,6**	**5,2**	**6,5**	**9,8**
	KG 594 € netto	2,5	3,9	4,4	5,4	8,3
3	**Betonpflaster aufnehmen, lagern** Pflasterdecke im Sandbett aufnehmen; Beton; Pflaster Dicke 8cm; reinigen, zur Wiederverwendung stapeln; Förderweg bis 50m					
	m² € brutto	**4,0**	**5,8**	**6,6**	**8,3**	**10,4**
	KG 594 € netto	3,4	4,9	5,5	7,0	8,8
4	**Betonbordstein aufnehmen, entsorgen** Bordstein aufnehmen; Beton; 15x30cm; inkl. Rückenstützen, Bettung C12/15; Bauschutt entsorgen					
	m € brutto	**6,7**	**8,9**	**9,9**	**11,0**	**13,3**
	KG 594 € netto	5,6	7,5	8,3	9,2	11,2
5	**Befestigte Flächen aufnehmen, lagern** Pflasterdecke im Sandbett aufnehmen; Naturstein/Betonwerkstein; Dicke 8cm; reinigen, zur Wiederverwendung stapeln; Förderweg bis 50m					
	m² € brutto	**4,1**	**6,0**	**7,0**	**8,5**	**12,2**
	KG 594 € netto	3,4	5,1	5,9	7,1	10,2
6	**Treppen/Bordsteine/Kantensteine aufnehmen, entsorgen** Fertigteile entsorgen; Beton inkl. Fundamente; aufnehmen, sortenrein entsorgen					
	m € brutto	**4,4**	**6,3**	**7,1**	**8,7**	**13,6**
	KG 594 € netto	3,7	5,3	6,0	7,3	11,4
7	**Tragschicht, Schotter entsorgen** Tragschicht entsorgen; Schotter; Dicke bis 40cm; zwischengelagert, laden, abfahren entsorgen					
	m³ € brutto	**14**	**19**	**21**	**24**	**30**
	KG 594 € netto	12	16	18	20	26
8	**Schotter aufnehmen, lagern** Tragschicht aufbrechen; Schotter 0/56; Dicke bis 30cm; Material säubern					
	m² € brutto	**2,3**	**3,9**	**4,4**	**4,8**	**5,9**
	KG 594 € netto	2,0	3,3	3,7	4,0	5,0

Kosten: Stand 3.Quartal 2016, Bundesdurchschnitt

Straßen, Wege, Plätze — Preise €

Nr.	Kurztext / Stichworte Einheit / Kostengruppe		▶	▷	brutto ø netto ø	◁	◀
9	**Untergrund verdichten, Wegeflächen** Untergrund verdichten; DPr100%, Abweichung +/-3cm; Wegeflächen						
	m²	**€ brutto**	**0,5**	**0,9**	**1,0**	**1,5**	**2,4**
	KG 520	€ netto	0,4	0,7	0,8	1,3	2,1
10	**Untergrund verdichten, Fundamente** Untergrund verdichten, Fundamente; DPr 97%, Abweichung +/-2cm; inkl. Planum						
	m²	**€ brutto**	**0,5**	**0,9**	**1,1**	**1,2**	**1,4**
	KG 533	€ netto	0,4	0,8	0,9	1,0	1,2
11	**Planum herstellen** Planum herstellen, befestigte Flächen; Auf-/Abtrag bis 5cm, Abweichung +/-2cm; überschüssigen Boden entsorgen						
	m²	**€ brutto**	**0,7**	**1,0**	**1,1**	**1,3**	**1,7**
	KG 520	€ netto	0,6	0,9	0,9	1,1	1,4
12	**Frostschutzschicht, Schotter 0/16, bis 30cm** Frostschutzschicht; Schotter 0/16; Dicke bis 30cm; einbauen, verdichten						
	m²	**€ brutto**	**8,4**	**10,3**	**11,2**	**13,2**	**16,7**
	KG 520	€ netto	7,0	8,7	9,4	11,1	14,1
13	**Frostschutzschicht, Schotter 0/32, bis 30cm** Frostschutzschicht; Schotter 0/32; Dicke bis 30cm; einbauen, verdichten						
	m²	**€ brutto**	**8,5**	**12,0**	**13,3**	**14,9**	**18,3**
	KG 520	€ netto	7,2	10,0	11,1	12,6	15,4
14	**Frostschutzschicht, Schotter 0/45, bis 30cm** Frostschutzschicht; Schotter 0/45; Dicke bis 30cm; einbauen, verdichten						
	m²	**€ brutto**	**10**	**14**	**15**	**18**	**24**
	KG 520	€ netto	8,7	11,6	12,6	14,8	19,9
15	**Frostschutzschicht, RCL 0/56, bis 30cm** Frostschutzschicht; Recyclingmaterial 0/56; einbauen, verdichten; Fahr- und Parkstreifen						
	m²	**€ brutto**	**7,6**	**9,9**	**10,8**	**12,1**	**13,9**
	KG 520	€ netto	6,4	8,3	9,1	10,1	11,7
16	**Frostschutzschicht, Kies 0/16, bis 30cm** Frostschutzschicht; Kies 0/16; Dicke bis 30cm; einbauen, verdichten						
	m²	**€ brutto**	**7,5**	**10,0**	**10,7**	**11,7**	**13,6**
	KG 520	€ netto	6,3	8,4	9,0	9,8	11,5
17	**Frostschutzschicht, Kies 0/32, bis 30cm** Frostschutzschicht; Kies 0/32; Dicke bis 30cm; einbauen, verdichten						
	m²	**€ brutto**	**10**	**12**	**13**	**14**	**18**
	KG 520	€ netto	8,4	9,9	10,8	11,8	14,9

Straßen, Wege, Plätze **Preise €**

Nr.	Kurztext / Stichworte Einheit / Kostengruppe		▶	▷	brutto ø netto ø	◁	◀
18	**Frostschutzschicht, Kies 0/45, bis 30cm** Frostschutzschicht; Kies 0/45; Dicke bis 30cm; profilgerecht einbauen, verdichten						
	m²	€ brutto	**11**	**13**	**15**	**16**	**17**
	KG 520	€ netto	9,5	11,2	12,4	13,2	14,4
19	**Tragschicht, Schotter 0/16, bis 30cm** Tragschicht; Schotter 0/16; Dicke bis 30cm, Abweichung +/-1,5cm; einbauen, DPr mind. 95%						
	m²	€ brutto	**7,4**	**9,1**	**9,7**	**10,8**	**12,7**
	KG 520	€ netto	6,2	7,6	8,1	9,1	10,7
20	**Tragschicht, Schotter 0/32, bis 30cm** Tragschicht; Schotter 0/32; Dicke bis 30cm, Abweichung +/-1,5cm; einbauen, DPr mind. 95%						
	m²	€ brutto	**8,5**	**10,6**	**10,7**	**11,7**	**13,5**
	KG 520	€ netto	7,2	8,9	9,0	9,8	11,4
21	**Tragschicht, Schotter 0/45, bis 30cm** Tragschicht; Schotter 0/45; Dicke bis 30cm, Abweichung +/-1,5cm; einbauen, verdichten, DPr mind. 95%						
	m²	€ brutto	**11**	**13**	**13**	**17**	**21**
	KG 520	€ netto	9,3	10,6	11,2	14,2	17,6
22	**Tragschicht, Kies 0/16, bis 30cm** Tragschicht; Kies 0/16, frostbeständig; Dicke bis 30cm, Abweichung +/-2cm; einbauen, DPr mind. 103%						
	m²	€ brutto	**7,9**	**9,0**	**9,3**	**10,0**	**11,7**
	KG 520	€ netto	6,6	7,5	7,8	8,4	9,9
23	**Tragschicht, Kies 0/32, bis 30cm** Tragschicht; Kies 0/32, frostbeständig; Dicke bis 30cm, Abweichung +/-2cm; einbauen, DPr mind. 103%						
	m²	€ brutto	**9,3**	**11,0**	**11,8**	**14,4**	**18,0**
	KG 520	€ netto	7,8	9,3	9,9	12,1	15,1
24	**Tragschicht, Kies 0/45, bis 30cm** Tragschicht; Kies 0/45, frostbeständig; Dicke bis 30cm, Abweichung +/-2cm; einbauen, DPr mind. 103%						
	m²	€ brutto	**12**	**14**	**15**	**17**	**20**
	KG 520	€ netto	9,9	11,9	13,0	14,6	17,0
25	**Asphalttragschicht, 10cm** Asphalttragschicht; Mischgut CS, 0/32; Dicke 10cm; einbauen, verdichten DPr 98%						
	m²	€ brutto	**15**	**18**	**19**	**21**	**24**
	KG 520	€ netto	12	15	16	17	21

Kosten: Stand 3.Quartal 2016, Bundesdurchschnitt

Straßen, Wege, Plätze — Preise €

Nr.	Kurztext / Stichworte Einheit / Kostengruppe		▶	▷	brutto ø netto ø	◁	◀
26	**Betonplattenbelag, 40x40cm** Plattenbelag; Beton, Sandbettung 0/4; 40x40cm; verlegen, 20mm breiten Rasenfugen; inkl. Unterbau						
	m²	**€ brutto**	**41**	**48**	**52**	**55**	**64**
	KG 520	€ netto	34	41	44	46	53
27	**Betonplattenbelag, großformatig** Plattenbelag, großformatig; Beton, Brechsand-Splitt-Gemisch 0/5mm; Dicke bis 8cm; verlegen, abrütteln; ohne Lieferung						
	m²	**€ brutto**	**46**	**53**	**56**	**59**	**66**
	KG 520	€ netto	39	45	47	49	56
28	**Pflasterdecke, Betonpflaster** Pflasterdecke; Beton, Sandbettung 0/4; verlegen, abrütteln; ohne Lieferung						
	m²	**€ brutto**	**29**	**33**	**35**	**38**	**46**
	KG 520	€ netto	24	28	29	32	38
29	**Rasenpflaster aus Beton** Rasenpflaster; Beton-Rasenfugenstein, Splitt 3/5, Lava 3/5; verlegen, verfüllen mit Splitt, Lava; inkl. Rasenschnittarbeiten						
	m²	**€ brutto**	**38**	**42**	**43**	**45**	**50**
	KG 524	€ netto	32	35	36	38	42
30	**Pflasterdecke, Granit, 8x8** Pflasterdecke; Granit; 8x8x8cm; im Mörtelbett verlegen						
	m²	**€ brutto**	**79**	**88**	**90**	**92**	**99**
	KG 521	€ netto	67	74	76	78	83
31	**Pflasterdecke, Granit 9x9** Pflasterdecke; Granit; 9x9x9cm; im Mörtelbett verlegen						
	m²	**€ brutto**	**86**	**94**	**101**	**109**	**121**
	KG 521	€ netto	72	79	85	92	102
32	**Pflasterdecke, Granit, 10x10** Pflasterdecke; Granit; 10x10x10cm; im Mörtelbett verlegen; Fußgängerfläche						
	m²	**€ brutto**	**96**	**101**	**108**	**115**	**126**
	KG 521	€ netto	80	85	91	97	106
33	**Pflasterdecke, Granit, 11x11** Pflasterdecke; Granit; 11x11x11cm; im Mörtelbett verlegen						
	m²	**€ brutto**	**100**	**111**	**118**	**119**	**130**
	KG 521	€ netto	84	93	99	100	109

Straßen, Wege, Plätze — **Preise €**

Nr.	Kurztext / Stichworte Einheit / Kostengruppe		▶	▷	brutto ø netto ø	◁	◀
34	**Pflasterzeile, Granit, einzeilig, 15x17x17** Pflasterstreifen; Granitgroßsteine; 15x17x17cm; im Verband, einzeilig, gebunden verlegen; Wegeeinfassung						
	m	**€ brutto**	**30**	**35**	**37**	**45**	**60**
	KG 520	€ netto	25	29	31	38	50
35	**Pflasterzeile, Granit, dreizeilig** Pflasterzeile; Granit; 15x17x17cm, dreizeilig; im Mörtelbett verlegen						
	m	**€ brutto**	**39**	**49**	**51**	**68**	**88**
	KG 521	€ netto	32	41	43	57	74
36	**Pflasterzeile, Großformat, einzeilig** Pflasterstreifen; Naturstein gebraucht, Basalt-Bruchsand 0/3; einzeilig, in C12/15 setzen; Wegeeinfassung						
	m	**€ brutto**	**24**	**30**	**30**	**34**	**41**
	KG 521	€ netto	20	25	25	29	35
37	**Bordstein, Beton, 12x15x25cm, L=100cm** Bordstein; Beton; 12x15x25cm, Länge 100cm; als Hochbord, in C12/15 setzen						
	m	**€ brutto**	**25**	**28**	**29**	**31**	**35**
	KG 520	€ netto	21	24	25	26	29
38	**Bordstein, Beton, 12x15x30cm, L=100cm** Bordstein; Beton; 12x15x30cm, Länge 100cm; als Hochbord, in C12/15 setzen						
	m	**€ brutto**	**26**	**32**	**36**	**37**	**42**
	KG 520	€ netto	22	27	31	31	35
39	**Bordstein, Beton, 8x25 cm, L=100cm** Bordstein; Beton; 8x25cm, Länge 100cm; als Tiefbord, in C12/15 setzen						
	m	**€ brutto**	**20**	**24**	**24**	**27**	**32**
	KG 520	€ netto	17	20	20	23	27
40	**Bordstein, Beton, 10x25 cm, L=100cm** Bordstein; Beton; 10x25cm, Länge 100cm; als Tiefbord, in C12/15 setzen						
	m	**€ brutto**	**22**	**24**	**24**	**25**	**28**
	KG 520	€ netto	19	20	20	21	23
41	**Bordstein, Granit** Bordstein; Granit, spaltrau, frostbeständig F1; Breite 14-15cm; in C12/15 setzen						
	m	**€ brutto**	**35**	**48**	**51**	**57**	**83**
	KG 520	€ netto	30	41	43	48	70

Straßen, Wege, Plätze — **Preise €**

Nr.	Kurztext / Stichworte Einheit / Kostengruppe		▶	▷	brutto ø netto ø	◁	◀
42	**Blockstufe, Beton, 100x35x15cm** Blockstufe; Betonfertigteil, sandgestrahlt, Kanten gefast; 15x35x100cm; in C20/25 setzen; inkl. Nebenarbeiten						
	St	**€ brutto**	**79**	**135**	**161**	**172**	**199**
	KG 534	€ netto	66	113	135	145	167
43	**Pflastersteine schneiden, Beton** Pflastersteine schneiden; Beton; Diamanttrennscheibe; Schnittgut entsorgen						
	m	**€ brutto**	**12**	**15**	**16**	**20**	**26**
	KG 520	€ netto	10	13	13	16	22
44	**Plattenbelag schneiden, Beton** Plattenbelag schneiden; Beton; Nassschneidegerät						
	m	**€ brutto**	**14**	**15**	**16**	**17**	**18**
	KG 520	€ netto	12	13	13	14	15
45	**Wassergebundene Decke** Wassergebundene Decke herstellen; Kies-Sand 0/3; Gefälle max. 3%, Dicke 2cm; verdichten; eingebaute Tragschicht						
	m²	**€ brutto**	**9,4**	**10,6**	**10,9**	**12,0**	**13,7**
	KG 521	€ netto	7,9	8,9	9,2	10,0	11,5
46	**Schotterrasen herstellen** Schotterrasen herstellen; Schotter-Humus-Gemisch; abwalzen, einsanden						
	m²	**€ brutto**	**9,4**	**12,9**	**14,3**	**17,9**	**25,1**
	KG 575	€ netto	7,9	10,8	12,0	15,0	21,1

E

Instandsetzung / Abbruch

Betonerhaltungsarbeiten **Preise €**

Nr.	Kurztext / Stichworte Einheit / Kostengruppe		▶	▷	brutto ø netto ø	◁	◀
1	**Trockenstrahlen, Betonfläche, unbeschichtet** Trockenstrahlen, Betonoberfläche, unbeschichtet; feste Strahlmittel; Entfernen loser und mürber Teile; inkl. Nachreinigen						
	m²	**€ brutto**	**8,9**	**9,5**	**10,2**	**11,0**	**11,8**
	KG 395	€ netto	7,5	8,0	8,6	9,2	9,9
2	**Feuchtestrahlen, Betonfläche, unbeschichtet** Strahlen, Betonoberfläche, unbeschichtet; feste Strahlmittel und Wasser; Entfernen loser und mürber Teile; inkl. Nachreinigen						
	m²	**€ brutto**	**12**	**13**	**14**	**15**	**16**
	KG 395	€ netto	10	11	12	12	13
3	**Feuchtestrahlen, Beton beschichtet** Strahlen, Betonoberfläche; feste Strahlmittel und Wasser; Entfernen von Beschichtungen; inkl. Nachreinigen						
	m²	**€ brutto**	**12**	**16**	**17**	**18**	**20**
	KG 395	€ netto	10	13	14	15	16
4	**HDWS, Betonflächen, bis Bewehrung** Hochdruckwasserstrahlen, Betonoberfläche; Abtragen bis zur Bewehrungslage; inkl. Nachreinigen						
	m²	**€ brutto**	**22**	**24**	**25**	**27**	**29**
	KG 395	€ netto	18	20	21	22	24
5	**HDWS, Betonflächen, hinter Bewehrung** Hochdruckwasserstrahlen, Betonoberfläche; Abtragen bis hinter die Bewehrungslage; inkl. Nachreinigen						
	m²	**€ brutto**	**40**	**43**	**45**	**49**	**52**
	KG 395	€ netto	33	36	38	41	44
6	**Kugelstrahlen, Betonflächen, Boden** Kugelstrahlen, Betonoberfläche; Boden; inkl. Nachreinigen						
	m²	**€ brutto**	**37**	**40**	**42**	**45**	**49**
	KG 395	€ netto	31	34	36	38	41
7	**Betonausbruch, 10x3cm** Betonausbruch; Breite bis 10cm, Tiefe bis 3cm; bis Bewehrung ausstemmen; inkl. Bauschutt entsorgen						
	m	**€ brutto**	**13**	**14**	**15**	**16**	**17**
	KG 395	€ netto	11	12	12	13	14
8	**Betonausbruch, 20x5cm** Betonausbruch; Breite bis 20cm, Tiefe bis 5cm; bis hinter Bewehrung ausstemmen; inkl. Bauschutt entsorgen						
	m	**€ brutto**	**22**	**24**	**25**	**27**	**29**
	KG 395	€ netto	19	20	21	23	24

Kosten: Stand 3.Quartal 2016, Bundesdurchschnitt

Betonerhaltungsarbeiten **Preise €**

Nr.	Kurztext / Stichworte Einheit / Kostengruppe		▶	▷	brutto ø netto ø	◁	◀
9	**Betonausbruch, Mehrtiefe 1cm** Betonausbruch; pro 1cm Mehrtiefe; inkl. Bauschutt entsorgen						
	m	**€ brutto**	**2,8**	**3,0**	**3,2**	**3,4**	**3,7**
	KG 395	€ netto	2,4	2,5	2,7	2,9	3,1
10	**Stemmarbeiten, Kanten, 15x15cm** Stemmarbeiten, Kanten; Beton; Länge 15x15cm; inkl. Bauschutt entsorgen						
	m	**€ brutto**	**19**	**21**	**22**	**23**	**25**
	KG 395	€ netto	16	17	18	20	21
11	**Stemmarbeiten, Kanten, 5cm Mehrlänge** Stemmarbeiten, Kanten; Beton; pro 5cm Mehrlänge; inkl. Bauschutt entsorgen						
	m	**€ brutto**	**3,0**	**3,2**	**3,4**	**3,6**	**3,9**
	KG 395	€ netto	2,5	2,7	2,9	3,1	3,3
12	**Betonausbruch, bis 0,25m² x 3cm** Betonausbruch, punktuell; bis Bewehrung ausstemmen; Größe 0,25m², Tiefe bis 3cm; markierte Stellen; inkl. Bauschutt entsorgen						
	St	**€ brutto**	**34**	**37**	**39**	**42**	**45**
	KG 395	€ netto	29	31	33	35	38
13	**Betonausbruch, bis 0,50m² x 5cm** Betonausbruch, punktuell; bis hinter Bewehrung ausstemmen; Tiefe bis 5cm, Größe von 0,01-0,50m²; inkl. Bauschutt entsorgen						
	St	**€ brutto**	**89**	**98**	**103**	**110**	**118**
	KG 395	€ netto	75	82	86	92	99
14	**Betonausbruch, bis 5cm** Betonausbruch, flächig; bis hinter Bewehrung ausstemmen; Tiefe bis 5cm; inkl. Bauschutt entsorgen						
	m²	**€ brutto**	**81**	**88**	**93**	**99**	**107**
	KG 395	€ netto	68	74	78	83	90
15	**Betonausbruch, bis 3cm** Betonausbruch, flächig; bis Bewehrung ausstemmen; Tiefe bis 3cm; inkl. Bauschutt entsorgen						
	m²	**€ brutto**	**44**	**48**	**51**	**54**	**58**
	KG 395	€ netto	37	40	43	46	49
16	**Betonausbruch, Mehrtiefe** Betonausbruch, flächig; Mehrtiefe 1cm; inkl. Bauschutt entsorgen						
	m²	**€ brutto**	**9,6**	**11,4**	**12,0**	**12,8**	**14,4**
	KG 395	€ netto	8,1	9,6	10,1	10,8	12,1

Betonerhaltungsarbeiten | **Preise €**

Nr.	Kurztext / Stichworte Einheit / Kostengruppe		▶	▷	brutto ø netto ø	◁	◀
17	**Bewehrung abtrennen, bis 16mm** Bewehrung, freigelegt; bis 16mm; abtrennen; inkl. Bauschutt entsorgen						
	St	**€ brutto**	**4,0**	**4,3**	**4,6**	**4,9**	**5,5**
	KG 395	€ netto	3,3	3,7	3,8	4,1	4,6
18	**Bewehrung abtrennen, über 16mm** Bewehrung, freigelegt; über 16mm; abtrennen; inkl. Bauschutt entsorgen						
	St	**€ brutto**	**4,9**	**5,5**	**5,7**	**6,1**	**6,8**
	KG 395	€ netto	4,2	4,6	4,8	5,1	5,7
19	**Bewehrung befestigen** Bewehrung, lose; befestigen mit Dübeln, bzw. Haken						
	St	**€ brutto**	**3,4**	**3,8**	**4,0**	**4,2**	**4,7**
	KG 395	€ netto	2,9	3,2	3,3	3,6	4,0
20	**Bewehrung strahlen** Bewehrung, freigelegt, linienförmig strahlen; Strahlmittel, fest; Längen bis 1,00m; inkl. Nachreinigen						
	m	**€ brutto**	**5,2**	**5,6**	**5,9**	**6,4**	**7,1**
	KG 395	€ netto	4,3	4,7	5,0	5,3	6,0
21	**Bewehrung strahlen Sa 2** Bewehrung, freigelegt, strahlen; Sa 2; Vorbereitung für Auftrag; inkl. Nachreinigen						
	m²	**€ brutto**	**18**	**20**	**21**	**22**	**25**
	KG 395	€ netto	15	17	17	19	21
22	**Bewehrung strahlen Sa 2 1/2** Bewehrung, freigelegt, strahlen; Sa 2 1/2; Vorbereitung für Auftrag; inkl. Nachreinigen						
	m²	**€ brutto**	**21**	**23**	**25**	**26**	**30**
	KG 395	€ netto	18	20	21	22	25
23	**Korrosionsschutz, mineralisch** Korrosionsschutz; Zementschlämme, kunststoffmodifiziert; Schichtdicke größer 1000µm; Bewehrungsstahl, entrostet, Sa 2 1/2						
	m	**€ brutto**	**4,1**	**4,4**	**4,8**	**5,1**	**5,7**
	KG 395	€ netto	3,5	3,7	4,0	4,3	4,8
24	**Korrosionsschutz, Epoxidharz** Korrosionsschutz, Epoxidharz; reaktionshärtendes System; 1. Schichtdicke größer 200µm, 2. Schichtdicke größer 100µm; Bewehrungsstahl, entrostet, Sa 2 1/2						
	m	**€ brutto**	**6,6**	**7,2**	**7,5**	**8,1**	**9,1**
	KG 395	€ netto	5,5	6,0	6,3	6,8	7,6

Kosten: Stand 3.Quartal 2016, Bundesdurchschnitt

Betonerhaltungsarbeiten — Preise €

Nr.	Kurztext / Stichworte Einheit / Kostengruppe		►	▷	brutto ø netto ø	◁	◄
25	**Schutzbeschichtung, SPCC** Schutzbeschichtung des Korrosionsschutzes; für Spritzmörtelauftrag; auf Bewehrung						
	m	**€ brutto**	**4,2**	**4,5**	**4,9**	**5,2**	**5,9**
	KG 395	€ netto	3,6	3,8	4,1	4,4	4,9
26	**Reprofilierung, PCC, bis 0,25m² x 3cm** Reprofilierung Fehlstellen, örtlich; PCC-Instandsetzungsmörtel; Größe bis 0,25m², Tiefe bis 3cm; inkl. Haftbrücke; sowie Schutz gegen Witterungseinflüsse						
	St	**€ brutto**	**18**	**20**	**21**	**22**	**24**
	KG 395	€ netto	15	17	18	19	20
27	**Reprofilierung, PCC, bis 0,50m² x 5cm** Reprofilierung Fehlstellen, örtlich; PCC-Instandsetzungsmörtel; Größe bis 0,50m², Tiefe bis 5cm; inkl. Haftbrücke; sowie Schutz gegen Witterungseinflüsse						
	St	**€ brutto**	**47**	**51**	**54**	**58**	**62**
	KG 395	€ netto	40	43	46	49	52
28	**Reprofilierung, PCC, bis 3cm, linear** Reprofilierung Fehlstellen, linear; PCC-Instandsetzungsmörtel; Tiefe bis 3cm, Länge bis 10cm; incl. Haftbrücke; inkl. Schutz gegen Witterungseinflüsse						
	m	**€ brutto**	**9,8**	**10,5**	**11,3**	**12,0**	**13,5**
	KG 395	€ netto	8,2	8,8	9,5	10,1	11,3
29	**Reprofilierung, PCC, bis 5cm, linear** Reprofilierung Fehlstellen, linear; PCC-Instandsetzungsmörtel; Tiefe bis 5cm, Länge bis 20cm; inkl. Haftbrücke; sowie Schutz gegen Witterungseinflüsse						
	m	**€ brutto**	**25**	**27**	**28**	**30**	**32**
	KG 395	€ netto	21	23	24	25	27
30	**Reprofilierung, PCC, Mehrtiefe, linear** Reprofilierung Fehlstellen, linear; PCC-Instandsetzungsmörtel; pro cm Mehrtiefe						
	m	**€ brutto**	**9,4**	**10,2**	**10,8**	**11,5**	**14,0**
	KG 395	€ netto	7,9	8,6	9,0	9,7	11,8
31	**Reprofilierung, PCC, flächig bis 3cm** Reprofilierung Fehlstellen, flächig; PCC-Instandsetzungsmörtel; Tiefe bis 3cm; inkl. Haftbrücke; inkl. Schutz gegen Witterungseinflüsse						
	m²	**€ brutto**	**58**	**64**	**67**	**72**	**77**
	KG 395	€ netto	49	54	56	60	65

Betonerhaltungsarbeiten — Preise €

Nr.	Kurztext / Stichworte Einheit / Kostengruppe		▶	▷	brutto ø netto ø	◁	◀
32	**Reprofilierung, PCC, flächig bis 5cm** Reprofilierung Fehlstellen, flächig; PCC-Instandsetzungsmörtel; Tiefe bis 5cm; inkl. Haftbrücke; inkl. Schutz gegen Witterungseinflüsse						
	m²	**€ brutto**	**112**	**122**	**129**	**138**	**148**
	KG 395	€ netto	94	103	108	116	124
33	**Reprofilierung, PCC, Mehrtiefe, flächig** Reprofilierung Fehlstellen, flächig; PCC-Instandsetzungsmörtel; pro cm Mehrtiefe						
	m²	**€ brutto**	**14**	**15**	**16**	**17**	**19**
	KG 395	€ netto	12	13	13	14	16
34	**Reprofilierung, Kante, 15x15cm, PCC** Reprofilierung, Kanten; PCC-Instandsetzungsmörtel; Länge 15x15cm						
	m	**€ brutto**	**33**	**36**	**38**	**41**	**44**
	KG 395	€ netto	28	30	32	34	37
35	**Reprofilierung, PCC, Mehrtiefe** Reprofilierung Fehlstellen, linear; PCC-Instandsetzungsmörtel; pro cm Mehrtiefe						
	m	**€ brutto**	**8,3**	**8,9**	**9,5**	**10,2**	**11,4**
	KG 395	€ netto	7,0	7,4	8,0	8,6	9,6
36	**Kantenschalung, SPPC** Schalung, Kanten; SPCC-Spritzmörtel; einseitige Schalung						
	m	**€ brutto**	**10**	**11**	**12**	**13**	**14**
	KG 395	€ netto	8,7	9,5	10,0	10,7	12,0
37	**Spritzmörtel, SPCC, 3cm** Reprofilierung, flächig; SPCC-Spritzmörtel; Tiefe bis 3cm; Betongüte min. C20/25; inkl. Schutz gegen Witterungseinflüsse						
	m²	**€ brutto**	**79**	**86**	**90**	**97**	**104**
	KG 395	€ netto	66	72	76	81	87
38	**Spritzmörtel, SPCC, 7cm** Reprofilierung, flächig; SPCC-Spritzmörtel; Tiefe bis 7cm; Betongüte min. C20/25; inkl. Schutz gegen Witterungseinflüsse						
	m²	**€ brutto**	**139**	**152**	**160**	**171**	**184**
	KG 395	€ netto	117	128	135	144	155
39	**Spritzmörtel, SPCC, Mehrtiefe** Reprofilierung, flächig; SPCC-Spritzmörtel; pro cm Mehrtiefe						
	m²	**€ brutto**	**16**	**17**	**18**	**19**	**21**
	KG 395	€ netto	13	14	15	16	18
40	**Kantenschalung, Dreikantleisten** Kantenschalung; Dreikantleisten; Herstellung von Kanten						
	m	**€ brutto**	**14**	**15**	**16**	**17**	**19**
	KG 395	€ netto	12	13	14	15	16

Kosten: Stand 3.Quartal 2016, Bundesdurchschnitt

Betonerhaltungsarbeiten — Preise €

Nr.	Kurztext / Stichworte Einheit / Kostengruppe		▶	▷	brutto ø netto ø	◁	◀
41	**Füllbeschichtung, Schlämme** Füllbeschichtung; Zementschlämme, kunststoffmodifiziert; Füllen von Poren und Lunkern; in zwei Arbeitsgängen						
	m2	**€ brutto**	**16**	**18**	**18**	**20**	**21**
	KG 395	€ netto	13	15	15	16	18
42	**Feinspachtelung, 2mm, vollflächig** Feinspachtelung, vollflächig; Zementschlämme, kunststoffmodifiziert; Dicke 2mm; Füllen von Fehlstellen, Poren und Lunkern; in zwei Arbeitsgängen						
	m2	**€ brutto**	**15**	**16**	**17**	**18**	**21**
	KG 395	€ netto	13	14	14	15	17
43	**Feinspachtelung, 3mm, vollflächig** Feinspachtelung, vollflächig; Zementschlämme, kunststoffmodifiziert; Dicke 3mm; Füllen von Fehlstellen, Poren und Lunkern; in zwei Arbeitsgängen						
	m2	**€ brutto**	**18**	**20**	**21**	**22**	**25**
	KG 395	€ netto	15	17	17	19	21
44	**Feinspachtelung, Mehrstärke, vollflächig** Feinspachtelung, vollflächig; pro cm Mehrstärke						
	m2	**€ brutto**	**4,1**	**4,4**	**4,7**	**5,0**	**5,9**
	KG 395	€ netto	3,4	3,7	3,9	4,2	4,9
45	**Grundierung, Betonfläche** Grundierung; Betonfläche; Reduzierung der Saugfähigkeit, Verfestigung des Untergrunds; unpigmentiert						
	m2	**€ brutto**	**4,7**	**5,5**	**5,9**	**6,4**	**7,1**
	KG 395	€ netto	4,0	4,6	5,0	5,3	6,0
46	**Hydrophobierung OS 1** Hydrophobierung OS 1; Silan-/Siloxanbasis; unpigmentiert; vorbeugender Oberflächenschutz; frei bewitterter Betonfläche; mind. zwei Schichten						
	m2	**€ brutto**	**9,2**	**10,7**	**11,5**	**12,3**	**13,8**
	KG 395	€ netto	7,7	9,0	9,7	10,3	11,6
47	**Beschichtung OS 2** Beschichtung OS 2; Silan-/Siloxanbasis; Mindestschichtdicke: 130µm; vorbeugender Oberflächenschutz; nicht begeh-/befahrbare und freibewitterte Betonflächen; in mind. zwei Schichten						
	m2	**€ brutto**	**18**	**19**	**20**	**22**	**23**
	KG 395	€ netto	15	16	17	18	19

Betonerhaltungsarbeiten **Preise €**

Nr.	Kurztext / Stichworte Einheit / Kostengruppe		►	▷	brutto ø netto ø	◁	◄
48	**Beschichtung OS 4** Beschichtung OS 4; erhöhte Dichtheit; Mindestschichtdicke: 130µm; inkl. Kratzspachtelung und Oberflächenschutzschicht; nicht begeh-/befahrbare und freibewitterte Betonflächen						
	m²	€ brutto	**15**	**16**	**17**	**18**	**20**
	KG 395	€ netto	13	14	14	15	17
49	**Beschichtung OS 5a** Beschichtung OS 5a; Polymerdispersion; Mindestschichtdicke: 370µm; inkl. Kratzspachtelung und zwei Oberflächenschutzschichten; nicht begeh-/befahrbare und freibewitterte Betonflächen; mit mind. geringer Rissüberbrückungsfähigkeit						
	m²	€ brutto	**16**	**17**	**18**	**19**	**21**
	KG 395	€ netto	13	15	15	16	18
50	**Beschichtung OS 5b** Beschichtung OS 5b; Polymer-/Zementgemisch; Mindestschichtdicke: 2.250µm; inkl. Kratzspachtelung und zwei elastischen Oberflächenschutzschichten; nicht begeh-/befahrbare und freibewitterte Betonflächen; mit mind. geringer Rissüberbrückungsfähigkeit						
	m²	€ brutto	**25**	**27**	**28**	**30**	**32**
	KG 395	€ netto	21	23	24	25	27
51	**Beschichtung OS 8** Beschichtung OS 8; Reaktionsharzbasis; Mindestschichtdicke: 1.750µm; inkl. Grundierung, Kratzspachtelung und Deckschicht; begeh-/befahrbare, chemisch widerstandsfähige und mechanisch stark belastete Betonflächen						
	m²	€ brutto	**52**	**57**	**60**	**64**	**69**
	KG 395	€ netto	44	48	51	54	58
52	**Beschichtung OS 11a** Beschichtung OS 11a; Reaktionsharzbasis mit Quarzsand; Mindestschichtdicke: 3.300µm; inkl. Grundierung, Kratzspachtelung und Deckschicht; begeh-/befahrbare, chemisch widerstandsfähige und mechanisch stark belastete Betonflächen; mit erhöhter dynamischer Rissüberbrückung						
	m²	€ brutto	**117**	**128**	**135**	**144**	**155**
	KG 395	€ netto	98	107	113	121	130

Kosten: Stand 3.Quartal 2016, Bundesdurchschnitt

Betonerhaltungsarbeiten **Preise €**

Nr.	Kurztext / Stichworte Einheit / Kostengruppe		►	▷	brutto ø netto ø	◁	◄
53	**Beschichtung OS 11b** Beschichtung OS 11b; Reaktionsharzbasis mit Quarzsand; Mindestschichtdicke: 4.750µm; inkl. Grundierung, Kratzspachtelung und Deckversiegelung; begeh-/befahrbare, chemisch widerstandsfähige und mechanisch stark belastete Betonflächen; mit erhöhter dynamischer Rissüberbrückung						
	m²	**€ brutto**	**90**	**98**	**104**	**111**	**119**
	KG 395	€ netto	76	83	87	93	100
54	**Beschichtung OS 13** Beschichtung OS 13; Reaktionsharzbasis mit Quarzsand; Mindestschichtdicke: 3.250µm; inkl. Grundierung, Kratzspachtelung und Deckversiegelung; begeh-/befahrbare, chemisch widerstandsfähige und mechanisch stark belastete Betonflächen; mit nicht dynamischer Rissüberbrückung						
	m²	**€ brutto**	**74**	**80**	**85**	**91**	**97**
	KG 395	€ netto	62	68	71	76	82
55	**Spachtelung, Rautiefe über 1mm** Spachtelung, Betonfläche; Reaktionsharzmörtel; Tiefe über 1mm						
	m²	**€ brutto**	**11**	**13**	**13**	**14**	**15**
	KG 395	€ netto	9,1	10,5	11,3	12,1	13,0
56	**Kratzspachtelung, Rautiefe über 5mm** Kratzspachtelung, Betonfläche; Reaktionsharzmörtel; Vertiefungen über 5mm						
	m²	**€ brutto**	**17**	**19**	**21**	**22**	**25**
	KG 395	€ netto	14	16	17	19	21
57	**Beschichtung abstreuen, Quarzsand** Beschichtung abstreuen; Quarzsand						
	m²	**€ brutto**	**4,1**	**4,5**	**4,8**	**5,1**	**5,7**
	KG 395	€ netto	3,5	3,8	4,0	4,3	4,8
58	**Deckversiegelung, OS** Deckversiegelung OS; Oberflächenschutzsystem						
	m²	**€ brutto**	**6,8**	**7,5**	**7,9**	**8,4**	**9,4**
	KG 395	€ netto	5,7	6,3	6,6	7,1	7,9
59	**Deckversiegelung, mit Abstreuung, OS** Deckversiegelung OS; Oberflächenschutzsystem mit Quarzsand						
	m²	**€ brutto**	**7,1**	**7,8**	**8,2**	**8,7**	**9,8**
	KG 395	€ netto	6,0	6,5	6,9	7,3	8,2

Abbruch- und Rückbauarbeiten — Preise €

Nr.	Kurztext / Stichworte Einheit / Kostengruppe		▶	▷	brutto ø netto ø	◁	◀
1	**Baugelände freimachen** Baugelände abräumen; Sträucher, Bäume, Beton; StD bis 15cm; abfahren, entsorgen						
	m²	**€ brutto**	**1,0**	**3,0**	**3,8**	**5,7**	**8,8**
	KG 214	€ netto	0,8	2,6	3,2	4,8	7,4
2	**Büsche, Kleingehölze roden** Büsche / Kleingehölze roden; Holzteile; häckseln, innerhalb des Baugeländes verteilen						
	m²	**€ brutto**	**2,6**	**5,1**	**6,6**	**7,5**	**9,3**
	KG 214	€ netto	2,2	4,3	5,6	6,3	7,9
3	**Oberboden abtragen, lagern, 30cm** Oberboden abtragen; Dicke 30cm; fördern, lagern						
	m²	**€ brutto**	**0,8**	**2,1**	**2,3**	**2,8**	**4,5**
	KG 311	€ netto	0,7	1,7	1,9	2,4	3,8
4	**Asphalt schneiden** Asphalt schneiden; Dicke 150mm; streifenförmig						
	m	**€ brutto**	**5,0**	**9,1**	**11,2**	**12,8**	**18,6**
	KG 221	€ netto	4,2	7,6	9,4	10,8	15,6
5	**Aufbruch, Schwarzdecken, entsorgen** Aufbruch, Bituminöser Belag; Tiefe bis 15cm, Breite 70-100cm; abfahren, entsorgen; inkl. Unterbau						
	m²	**€ brutto**	**3,0**	**9,2**	**11,3**	**14,2**	**18,9**
	KG 212	€ netto	2,5	7,8	9,5	12,0	15,9
6	**Aufbruch, Gehwegfläche** Aufbruch Asphaltbelag; Tiefe bis 15cm; laden, abfahren, entsorgen; inkl. Unterbau						
	m²	**€ brutto**	**6,8**	**17,7**	**25,9**	**32,6**	**43,5**
	KG 221	€ netto	5,7	14,9	21,7	27,4	36,6
7	**Abwasserleitung abbrechen, bis DN100** Abbruch Abwasserkanal; Kunststoff/Keramik; bis DN100; Stoffe aufnehmen, entsorgen						
	m	**€ brutto**	**0,7**	**3,0**	**3,9**	**6,2**	**9,5**
	KG 394	€ netto	0,6	2,5	3,2	5,2	8,0
8	**Abwasserleitung abbrechen, bis DN150** Abbruch Abwasserleitung; Kunststoff/Keramik; über DN100-DN150; Stoffe aufnehmen, entsorgen						
	m	**€ brutto**	**3,9**	**11,6**	**15,5**	**16,3**	**35,2**
	KG 394	€ netto	3,3	9,8	13,0	13,7	29,6

Abbruch- und Rückbauarbeiten **Preise €**

Nr.	Kurztext / Stichworte Einheit / Kostengruppe		▶	▷	brutto ø netto ø	◁	◀
9	**Gussrohrleitung abbrechen, bis DN100** Abbruch, Gussrohrleitung; DN100; laden, abfahren, entsorgen; inkl. Befestigung, Formstücke						
	m	**€ brutto**	**3,3**	**8,4**	**11,5**	**18,3**	**29,6**
	KG 394	€ netto	2,8	7,1	9,6	15,3	24,8
10	**Fundamentmauerwerk abbrechen, entsorgen** Fundamentmauerwerk abbrechen, entsorgen; Mauerziegel, Mörtel; Bauschutt entsorgen						
	m³	**€ brutto**	**–**	**223**	**298**	**357**	**–**
	KG 394	€ netto	–	188	250	300	–
11	**Streifenfundamente abbrechen, entsorgen** Streifenfundament abbrechen; Bauschutt entsorgen						
	m	**€ brutto**	**–**	**42**	**53**	**63**	**–**
	KG 394	€ netto	–	35	44	53	–
12	**Fundament abbrechen, Stahlbeton** Fundament abbrechen; Stahlbeton; teilweise Handarbeit, Bauschutt entsorgen; in Gebäuden						
	m³	**€ brutto**	**70**	**106**	**142**	**170**	**198**
	KG 394	€ netto	59	89	119	143	167
13	**Bodenplatte abbrechen, Beton** Bodenplatte abbrechen; Beton, unbewehrt; Bauschutt entsorgen						
	m³	**€ brutto**	**80**	**111**	**148**	**178**	**219**
	KG 394	€ netto	67	93	124	149	184
14	**Bodenplatte abbrechen, Stahlbeton** Bodenplatte abbrechen; Stahlbeton; Bauschutt entsorgen						
	m³	**€ brutto**	**105**	**161**	**201**	**242**	**269**
	KG 394	€ netto	88	135	169	203	226
15	**Kellerboden abbrechen, Ziegel** Kellerboden abbrechen; Ziegelsteine; Bauschutt entsorgen						
	m²	**€ brutto**	**–**	**18**	**23**	**27**	**–**
	KG 394	€ netto	–	15	19	23	–
16	**Kelleraußenwände abbrechen, Beton** Kelleraußenwand abbrechen; Beton, unbewehrt; verschiedene Dicken; Bauschutt entsorgen						
	m³	**€ brutto**	**163**	**197**	**227**	**254**	**279**
	KG 394	€ netto	137	166	191	214	235
17	**Kelleraußenwände abbrechen, Stahlbeton** Kelleraußenwand abbrechen; Stahlbeton; verschiedene Dicken; Bauschutt entsorgen						
	m³	**€ brutto**	**178**	**215**	**248**	**277**	**305**
	KG 394	€ netto	150	181	208	233	256

Abbruch- und Rückbauarbeiten — Preise €

Nr.	Kurztext / Stichworte Einheit / Kostengruppe		▶	▷	brutto ø netto ø	◁	◀
18	**Außenwände abbrechen, Stahlbeton** Außenwand abbrechen; Stahlbeton; verschiedene Dicken; Bauschutt entsorgen						
	m³	**€ brutto**	**174**	**210**	**242**	**270**	**297**
	KG 394	€ netto	146	177	203	227	250
19	**Außenmauerwerk abbrechen, Ziegel 36,5cm** Außenwand abbrechen; Ziegelmauerwerk, beidseitig verputzt; Dicke 36,5cm; Bauschutt entsorgen						
	m³	**€ brutto**	**80**	**104**	**123**	**147**	**190**
	KG 394	€ netto	67	88	103	124	160
20	**Bruchsteinmauerwerk abbrechen** Bruchsteinmauerwerk abbrechen; Dicke bis 80cm; Bauschutt entsorgen						
	m³	**€ brutto**	**–**	**124**	**155**	**186**	**–**
	KG 394	€ netto	–	104	130	156	–
21	**Verblendmauerwerk, abbrechen** Verblendmauerwerk abbrechen; Mauerwerkssteine; Bauschutt entsorgen						
	m²	**€ brutto**	**–**	**37**	**47**	**56**	**–**
	KG 394	€ netto	–	31	39	47	–
22	**Ziegelpflaster abbrechen, Außenbereich** Ziegelpflaster abbrechen; Bauschutt entsorgen; außen						
	m²	**€ brutto**	**–**	**14**	**18**	**21**	**–**
	KG 394	€ netto	–	12	15	18	–
23	**Außentreppenstufen abbrechen, Beton** Außentreppenstufen abbrechen; Beton, inkl. Unterbau; Breite 2,00m						
	St	**€ brutto**	**126**	**152**	**175**	**196**	**216**
	KG 594	€ netto	106	128	147	165	181
24	**Innenwand abbrechen, Gipsdielen, 10cm** Innenwand abbrechen; Gipsdielen; Dicke 10cm; Bauschutt entsorgen						
	m²	**€ brutto**	**–**	**27**	**34**	**40**	**–**
	KG 394	€ netto	–	23	28	34	–
25	**Innenwand abbrechen, Porenbeton, 17,5cm** Innenwand abbrechen; Porenbeton; Dicke bis 17,5cm; Bauschutt entsorgen						
	m²	**€ brutto**	**14**	**30**	**37**	**45**	**55**
	KG 394	€ netto	12	25	31	37	46
26	**Innenwand abbrechen, Mauerwerk 11,5cm** Innenwand abbrechen; Mauerwerk, verputzt; Dicke 11,5cm; Bauschutt entsorgen						
	m²	**€ brutto**	**16**	**23**	**29**	**35**	**45**
	KG 394	€ netto	13	20	25	30	38

Abbruch- und Rückbauarbeiten — Preise €

Nr.	Kurztext / Stichworte Einheit / Kostengruppe		►	▷	brutto ø netto ø	◁	◄
27	**Innenwand abbrechen, Mauerwerk 24cm** Innenwand abbrechen; Mauerwerk, verputzt; Dicke bis 24cm; Bauschutt entsorgen						
	m²	**€ brutto**	**17**	**32**	**40**	**47**	**55**
	KG 394	€ netto	15	27	33	40	46
28	**Innenwand abbrechen, Stb. bis 15cm** Innenwand abbrechen; Stahlbeton, nicht tragend; Dicke bis 15cm; Bauschutt entsorgen						
	m³	**€ brutto**	**159**	**192**	**221**	**247**	**272**
	KG 394	€ netto	134	162	186	208	228
29	**Innenwand abbrechen, Stb. bis 25cm** Innenwand abbrechen; Stahlbeton, tragend; Dicke bis 25cm; Bauschutt entsorgen						
	m³	**€ brutto**	**177**	**213**	**245**	**275**	**302**
	KG 394	€ netto	148	179	206	231	253
30	**Decke abbrechen, Kappendecke** Kappendecke abbrechen; Dicke bis 25cm; Bauschutt entsorgen						
	m²	**€ brutto**	**45**	**60**	**75**	**91**	**149**
	KG 394	€ netto	38	51	63	76	125
31	**Decke abbrechen, Ziegelhohlkörper** Decke abbrechen; Ziegelhohlkörper, Aufbeton; Dicke 21cm; Bauschutt entsorgen						
	m²	**€ brutto**	**–**	**35**	**44**	**52**	**–**
	KG 394	€ netto	–	29	37	44	–
32	**Decke abbrechen, Stb-Hohldielen** Decke abbrechen; Stb-Hohldielen inkl. Aufbeton; Dicke 15cm; Bauschutt entsorgen						
	m²	**€ brutto**	**–**	**38**	**47**	**56**	**–**
	KG 394	€ netto	–	32	39	47	–
33	**Stahlbetonstützen abbrechen** Stahlbetonstützen abbrechen; verschiedene Querschnitte; Bauschutt entsorgen						
	m³	**€ brutto**	**233**	**282**	**324**	**363**	**399**
	KG 394	€ netto	196	237	272	305	335
34	**Geschossdecke abbrechen, Stahlbeton 25cm** Geschossdecke abbrechen; Stahlbeton; Dicke bis 25cm; Bauschutt entsorgen						
	m³	**€ brutto**	**172**	**214**	**246**	**283**	**320**
	KG 394	€ netto	145	180	207	238	269

Abbruch- und Rückbauarbeiten **Preise €**

Nr.	Kurztext / Stichworte Einheit / Kostengruppe		▶	▷	brutto ø netto ø	◁	◀
35	**Geschossdecke abbrechen, Hohldielen 25cm** Geschossdecke abbrechen; Stahlbeton-Hohldielen; Dicke bis 25cm; Bauschutt entsorgen						
	m²	**€ brutto**	**33**	**40**	**47**	**52**	**63**
	KG 394	€ netto	27	34	39	44	53
36	**Stürze/Unterzüge abbrechen, Stahlbeton** Stürze, Unterzüge abbrechen; Stahlbeton; verschiedene Querschnitte; Bauschutt entsorgen						
	St	**€ brutto**	**239**	**288**	**332**	**371**	**408**
	KG 394	€ netto	201	242	279	312	343
37	**Stahlbetontreppe abbrechen** Stahlbetontreppe abbrechen; Stahlbeton, eingeschossig; Stufen 14St, Stg. 27/18cm, Breite bis 1,50m; Bauschutt entsorgen						
	St	**€ brutto**	**472**	**570**	**655**	**734**	**793**
	KG 394	€ netto	397	479	551	617	666
38	**Natursteinbelag abbrechen, Mörtelbett** Plattenbelag im Mörtelbett, abbrechen; Naturwerkstein; Dicke 6cm; Bauschutt entsorgen						
	m²	**€ brutto**	**9,3**	**13,2**	**16,5**	**19,8**	**33,0**
	KG 394	€ netto	7,8	11,1	13,9	16,6	27,8
39	**Natursteinbelag abbrechen, Unterbeton** Plattenbelag im Mörtelbett, abbrechen; Naturwerkstein; Dicke 15cm; Bauschutt entsorgen						
	m²	**€ brutto**	**–**	**35**	**43**	**52**	**–**
	KG 394	€ netto	–	29	36	44	–
40	**Naturstein-Treppenbelag abbrechen** Plattenbelag im Mörtelbett, abbrechen; Naturwerkstein; Dicke 6cm, Breite bis 1,30m; Bauschutt entsorgen						
	m	**€ brutto**	**–**	**22**	**28**	**33**	**–**
	KG 394	€ netto	–	19	23	28	–
41	**Natursteinbekleidung abbrechen** Fassadenbekleidung abbrechen; Natursteinplatten; Dicke bis 50mm; Bauschutt entsorgen						
	m²	**€ brutto**	**–**	**33**	**41**	**49**	**–**
	KG 394	€ netto	–	27	34	41	–
42	**Fensterbank abbrechen, Naturstein außen** Fensterbank abbrechen; Naturwerkstein; Dicke 3cm, Breite bis 30cm; Bauschutt entsorgen; außen; inkl. Auflagerfläche neu vorbereiten						
	m	**€ brutto**	**–**	**11**	**13**	**15**	**–**
	KG 394	€ netto	–	9,2	11	13	–

Abbruch- und Rückbauarbeiten — Preise €

Nr.	Kurztext / Stichworte Einheit / Kostengruppe		►	▷	brutto ø netto ø	◁	◄
43	**Fensterbank abbrechen, Naturstein, innen** Fensterbank abbrechen; Naturwerkstein; Bauschutt entsorgen; innen; inkl. Auflagerfläche neu vorbereiten						
	St	**€ brutto**	**11**	**15**	**18**	**22**	**29**
	KG 394	€ netto	8,8	12,4	15,5	18,3	24,6
44	**Betonwerksteinplatten abbrechen** Plattenbelag in Sand/-Splittbett ausbauen; Betonwerkstein; bis 50x50x5cm; Bauschutt entsorgen						
	m²	**€ brutto**	–	**11**	**14**	**17**	–
	KG 394	€ netto	–	9,3	12	14	–
45	**Treppenbelag abbrechen, Betonwerkstein** Treppenbelag im Mörtelbett, abbrechen; Betonwerkstein; Dicke bis 8cm, Stg. 17,5x28cm; Untergrund reinigen, Bauschutt entsorgen						
	m	**€ brutto**	–	**27**	**34**	**41**	–
	KG 394	€ netto	–	23	29	34	–
46	**Podestbelag abbrechen, Betonwerkstein** Podestplatte im Mörtelbett, abbrechen; Betonwerkstein; Dicke 5cm; Untergrund reinigen, Bauschutt entsorgen						
	m²	**€ brutto**	–	**18**	**22**	**27**	–
	KG 394	€ netto	–	15	19	23	–
47	**Betonwerksteinbelag abbrechen** Bodenplatten mit Mörtelbett abbrechen; Betonwerkstein; Dicke bis 12cm; Untergrund reinigen, Bauschutt entsorgen; inkl. Estrich						
	m²	**€ brutto**	–	**18**	**22**	**27**	–
	KG 394	€ netto	–	15	19	23	–
48	**Fensterbank abbrechen, Betonwerkstein, innen** Fensterbank abbrechen; Betonwerkstein; Bauschutt entsorgen; innen						
	m	**€ brutto**	–	**11**	**13**	**15**	–
	KG 394	€ netto	–	9,2	11	13	–
49	**Gehwegplatten abbrechen, Betonwerkstein** Gehwegplatten ausbauen; Betonwerkstein; Bauschutt entsorgen; inkl. Unterbau, Einfassung entsorgen						
	m²	**€ brutto**	–	**7,9**	**9,9**	**12**	–
	KG 394	€ netto	–	6,7	8,3	10	–
50	**Wandbekleidung entfernen, Holz** Wandbekleidung entfernen; Holz; Bauschutt entsorgen; inkl. Befestigung						
	m²	**€ brutto**	**6,0**	**7,6**	**9,6**	**11,7**	**19,3**
	KG 394	€ netto	5,0	6,4	8,0	9,8	16,2

Abbruch- und Rückbauarbeiten | **Preise €**

Nr.	Kurztext / Stichworte Einheit / Kostengruppe	▶	▷	brutto ø netto ø	◁	◀
51	**Deckenbekleidung entfernen, Holz** Deckenbekleidung entfernen; Holz; Bauschutt entsorgen; inkl. Unterkonstruktion					
	m² € brutto	**10**	**14**	**18**	**22**	**29**
	KG 394 € netto	8,6	12,1	15,2	18,2	24,6
52	**Außenwandbekleidung entfernen, Holz** Wandbekleidung entfernen; Holz; Bauschutt entsorgen; außen; inkl. Unterkonstruktion					
	m² € brutto	**–**	**13**	**16**	**19**	**–**
	KG 394 € netto	–	11	14	16	–
53	**Wanddämmung entfernen, MW** Wanddämmung entfernen; Mineralwolle; Bauschutt entsorgen; außen					
	m² € brutto	**4,1**	**6,6**	**8,2**	**9,9**	**11,8**
	KG 394 € netto	3,5	5,5	6,9	8,3	9,9
54	**Zwischensparrendämmung entfernen, MW** Zwischensparrendämmung entfernen; Mineralwolle; Dicke bis 100mm; Bauschutt entsorgen					
	m² € brutto	**4,0**	**6,8**	**8,5**	**10,1**	**14,0**
	KG 394 € netto	3,4	5,7	7,1	8,5	11,8
55	**Dachflächenfenster entfernen** Dachflächenfenster entfernen; Größe bis 2,00m²; Bauschutt entsorgen					
	St € brutto	**30**	**57**	**71**	**86**	**101**
	KG 394 € netto	26	48	60	72	85
56	**Lattentrennwand abbrechen** Lattentrennwand abbrechen; Holz; Bauschutt entsorgen; Keller, Speicher					
	m² € brutto	**6,0**	**10,3**	**12,8**	**15,4**	**23,4**
	KG 394 € netto	5,0	8,6	10,8	12,9	19,7
57	**Holzständerwand abbrechen** Holzständerwand abbrechen; Bauschutt entsorgen; ohne Beplankung					
	m² € brutto	**–**	**16**	**20**	**23**	**–**
	KG 394 € netto	–	13	16	20	–
58	**Holztreppe abbrechen** Holztreppe abbrechen; Höhe bis 3,00m, Breite bis 1,20m; Bauschutt entsorgen; inkl. Geländer und Handlauf					
	St € brutto	**104**	**137**	**171**	**205**	**335**
	KG 394 € netto	87	115	143	172	282

Kosten: Stand 3.Quartal 2016, Bundesdurchschnitt

Abbruch- und Rückbauarbeiten — Preise €

Nr.	Kurztext / Stichworte Einheit / Kostengruppe		▶	▷	brutto ø netto ø	◁	◀
59	**Bodeneinschubtreppe abbrechen** Bodeneinschubtreppe abbrechen; Bauschutt entsorgen; inkl. Deckenklappe und Zarge						
	St	**€ brutto**	**–**	**44**	**55**	**69**	**–**
	KG 394	€ netto	–	37	47	58	–
60	**Holztrittstufen entfernen** Holztrittstufe entfernen; Bauschutt entsorgen						
	m²	**€ brutto**	**–**	**15**	**19**	**23**	**–**
	KG 394	€ netto	–	13	16	20	–
61	**Holzleiter abbrechen** Holzleiter entfernen; Bauschutt entsorgen; Dachraum						
	St	**€ brutto**	**–**	**8,4**	**11**	**13**	**–**
	KG 394	€ netto	–	7,1	8,9	11	–
62	**Holzhandlauf entfernen** Holzhandlauf entfernen; Bauschutt entsorgen; inkl. Halterung und Befestigung						
	m	**€ brutto**	**–**	**7,3**	**9,1**	**11**	**–**
	KG 394	€ netto	–	6,1	7,6	9,5	–
63	**Holzfußboden entfernen, Bodenbretter** Fußbodenbretter entfernen; Holz; Bauschutt entsorgen; inkl. Sockelleiste						
	m²	**€ brutto**	**5,9**	**7,8**	**9,7**	**11,7**	**20,4**
	KG 394	€ netto	4,9	6,5	8,2	9,8	17,1
64	**Holzfußboden entfernen, Bretter/Lagerhölzer** Fußbodenbretter auf Lagerhölzern entfernen; Holz; Bauschutt entsorgen; inkl. Sockelleiste						
	m²	**€ brutto**	**7,3**	**9,2**	**11,5**	**13,9**	**23,4**
	KG 394	€ netto	6,1	7,8	9,7	11,6	19,7
65	**Spanplattenboden abbrechen** Spanplattenboden abbrechen; Dicke bis 25mm; Bauschutt entsorgen; inkl. Untergrund reinigen						
	m²	**€ brutto**	**9,6**	**14,4**	**18,0**	**21,6**	**30,2**
	KG 394	€ netto	8,1	12,1	15,2	18,2	25,3
66	**Schüttung entfernen, Lagerhölzer** Schüttung entfernen; Höhe bis 7cm; Bauschutt entsorgen; zwischen Lagerhölzern						
	m²	**€ brutto**	**–**	**8,3**	**10**	**12**	**–**
	KG 394	€ netto	–	7,0	8,7	10	–

Abbruch- und Rückbauarbeiten **Preise €**

Nr.	Kurztext / Stichworte Einheit / Kostengruppe		▶	▷	brutto ø netto ø	◁	◀
67	**Schüttung entfernen, Holzbalkendecke** Schüttung entfernen; Höhe bis 15cm; Bauschutt entsorgen; aus Holzbalkendecke						
	m²	**€ brutto**	**7,9**	**14,8**	**18,5**	**22,2**	**27,6**
	KG 394	€ netto	6,6	12,4	15,5	18,6	23,2
68	**Fehlboden entfernen** Fehlboden entfernen; Bauschutt entsorgen						
	m²	**€ brutto**	**6,8**	**9,7**	**12,2**	**14,6**	**21,5**
	KG 394	€ netto	5,7	8,2	10,2	12,3	18,1
69	**Deckenbalken abbrechen** Deckenbalken abbrechen; Bauschutt entsorgen; inkl. Abstützmaßnahmen						
	m	**€ brutto**	**5,6**	**8,4**	**10,5**	**12,7**	**18,5**
	KG 394	€ netto	4,7	7,1	8,9	10,6	15,6
70	**Unterzug abbrechen, Holz** Unterzug abbrechen; Holz; Bauschutt entsorgen; inkl. Abstützmaßnahmen						
	m	**€ brutto**	**–**	**9,3**	**12**	**14**	**–**
	KG 394	€ netto	–	7,8	9,8	12	–
71	**Holzbalkendecke abbrechen** Holzbalkendecke komplett ausbauen; Bauschutt entsorgen; inkl. Sicherungsmaßnahmen						
	m²	**€ brutto**	**30**	**55**	**68**	**82**	**90**
	KG 394	€ netto	25	46	57	69	76
72	**Dachstuhlhölzer abbrechen** Dachstuhlhölzer ausbauen; Bauschutt entsorgen; inkl. Sicherungsmaßnahmen						
	m	**€ brutto**	**6,8**	**11,7**	**14,6**	**17,6**	**23,4**
	KG 394	€ netto	5,7	9,8	12,3	14,8	19,7
73	**Bodenabdichtung entfernen, Bitumen, 1-lagig** Bodenabdichtung einlagig, entfernen; Bitumenbahn; Rückstände reinigen, Bauschutt entsorgen						
	m²	**€ brutto**	**–**	**7,2**	**9,0**	**11**	**–**
	KG 394	€ netto	–	6,1	7,6	9,1	–
74	**Bodenabdichtung entfernen, Bitumen, 2-lagig** Bodenabdichtung zweilagig, entfernen; Bitumenbahn; Rückstände reinigen, Bauschutt entsorgen						
	m²	**€ brutto**	**–**	**12**	**15**	**17**	**–**
	KG 394	€ netto	–	9,8	12	15	–

Abbruch- und Rückbauarbeiten — Preise €

Nr.	Kurztext / Stichworte Einheit / Kostengruppe		►	▷	brutto ø netto ø	◁	◄
75	**Bitumenbeschichtung entfernen, Wand** Bitumenbeschichtung entfernen; Mauerwerk; Rückstände reinigen, Bauschutt entsorgen; Kelleraußenwand						
	m²	**€ brutto**	**9,3**	**13,2**	**16,5**	**19,8**	**23,4**
	KG 394	€ netto	7,8	11,1	13,9	16,7	19,7
76	**Bitumenbahnen entfernen, Wand** Wandabdichtung entfernen; Bitumenbahn; Rückstände reinigen, Bauschutt entsorgen; Kelleraußenmauerwerk						
	m²	**€ brutto**	**–**	**16**	**19**	**23**	**–**
	KG 394	€ netto	–	13	16	19	–
77	**Schutzbahn entfernen, Wand** Schutzbahn entfernen; Kunststoff-Eckschutzschiene; Wandfläche, erdberührt						
	m²	**€ brutto**	**–**	**11**	**13**	**16**	**–**
	KG 394	€ netto	–	9,4	11	13	–
78	**Dachdeckung entfernen** Dachdeckung entfernen; Ziegel, Betonstein; Bauschutt entsorgen						
	m²	**€ brutto**	**5,4**	**8,8**	**10,8**	**12,6**	**14,6**
	KG 394	€ netto	4,5	7,4	9,0	10,6	12,3
79	**Schieferdeckung, entfernen** Dachdeckung entfernen; Schiefer; Bauschutt entsorgen						
	m²	**€ brutto**	**8,6**	**14,3**	**16,8**	**19,6**	**24,1**
	KG 394	€ netto	7,3	12,0	14,1	16,5	20,3
80	**Schieferdeckung, entfernen, lagern** Schieferdeckung zur Wiederverwendung aufnehmen; lagern						
	m²	**€ brutto**	**–**	**16**	**20**	**24**	**–**
	KG 395	€ netto	–	13	17	20	–
81	**Faserzement-Wellplattendeckung entfernen** Faserzement-Wellplattendeckung abbrechen; nicht asbesthaltig; Bauschutt entsorgen						
	m²	**€ brutto**	**6,4**	**8,3**	**9,2**	**11,0**	**17,3**
	KG 394	€ netto	5,4	7,0	7,7	9,3	14,5
82	**Formziegel entfernen, gemörtelt** First- und Grateindeckung entfernen; Formziegel eingemörtelt; Bauschutt entsorgen						
	m	**€ brutto**	**2,6**	**5,1**	**6,4**	**7,7**	**12,9**
	KG 394	€ netto	2,2	4,3	5,4	6,4	10,8
83	**Dachlattung entfernen** Dachlattung entfernen; Lattenweite: 320-340mm; Bauschutt entsorgen						
	m²	**€ brutto**	**1,5**	**2,4**	**2,8**	**3,4**	**3,6**
	KG 394	€ netto	1,3	2,0	2,4	2,9	3,0

Abbruch- und Rückbauarbeiten						Preise €
Nr.	**Kurztext** / Stichworte			**brutto ø**		
	Einheit / Kostengruppe	▶	▷	netto ø	◁	◀
84	**Bitumendachbahn entfernen, 1-lagig** Bitumendachbahn entfernen; Bauschutt entsorgen; einlagig auf Holzschalung					
	m2 € brutto	**3,6**	**7,0**	**8,8**	**10,6**	**17,3**
	KG 394 € netto	3,0	5,9	7,4	8,9	14,5
85	**Bitumendachbahn entfernen, 2-lagig** Bitumenbahn entfernen; Bauschutt entsorgen; zweilagig auf Holzschalung					
	m2 € brutto	**4,1**	**9,7**	**12,1**	**14,5**	**19,3**
	KG 394 € netto	3,5	8,1	10,2	12,2	16,2
86	**Dachschalung entfernen** Dachschalung entfernen; Bauschutt entsorgen					
	m2 € brutto	**7,8**	**11,9**	**14,9**	**17,9**	**24,8**
	KG 394 € netto	6,5	10,0	12,5	15,0	20,8
87	**Ortgangbrett entfernen** Ortgangbrett entfernen; Bauschutt entsorgen					
	m2 € brutto	**3,9**	**6,7**	**8,4**	**10,1**	**12,1**
	KG 394 € netto	3,3	5,7	7,1	8,5	10,2
88	**Blechteile entfernen, bis Z 600** Blechteile entfernen; bis Z 600; Bauschutt entsorgen; Dachdeckung					
	m € brutto	**1,1**	**2,9**	**3,6**	**4,3**	**7,3**
	KG 394 € netto	0,9	2,4	3,0	3,6	6,1
89	**Schneefanggitter entfernen** Schneefanggitter entfernen; Bauschutt entsorgen					
	m € brutto	**0,8**	**2,3**	**2,9**	**3,1**	**6,8**
	KG 394 € netto	0,6	1,9	2,4	2,6	5,7
90	**Blitzableiter entfernen** Blitzableiter entfernen; Bauschutt entsorgen; inkl. Befestigung					
	m € brutto	**–**	**1,1**	**1,4**	**1,6**	**–**
	KG 394 € netto	–	0,9	1,1	1,4	–
91	**Entlüftungsrohr entfernen** Ent- oder Belüftungsrohr entfernen; Dachdeckung					
	St € brutto	**1,5**	**6,7**	**8,4**	**10,1**	**20,0**
	KG 394 € netto	1,3	5,7	7,1	8,5	16,8
92	**Laufrost entfernen** Laufrost entfernen; Bauschutt entsorgen; Dach; inkl. Stützen					
	m € brutto	**1,9**	**4,2**	**5,3**	**6,3**	**9,3**
	KG 394 € netto	1,6	3,5	4,4	5,3	7,8

Abbruch- und Rückbauarbeiten — Preise €

Nr.	Kurztext / Stichworte Einheit / Kostengruppe		▶	▷	brutto ø netto ø	◁	◀
93	**Dachfenster ausbauen** Dachfenster entfernen; Bauschutt entsorgen; inkl. Blechrahmen und Flügel						
	St	**€ brutto**	**26**	**51**	**64**	**77**	**86**
	KG 394	€ netto	22	43	54	64	73
94	**Dachluke entfernen** Dachluke entfernen; Bauschutt entsorgen						
	St	**€ brutto**	**11**	**18**	**23**	**27**	**39**
	KG 394	€ netto	9,1	15,4	19,2	23,1	32,6
95	**Unterspannbahn entfernen** Unterspannbahn entfernen; Bauschutt entsorgen						
	m²	**€ brutto**	**1,8**	**3,9**	**4,9**	**5,4**	**5,9**
	KG 394	€ netto	1,5	3,3	4,1	4,5	4,9
96	**Dachrinne vorgehängt, entfernen** Dachrinne, vorgehängt, demontieren; Bauschutt entsorgen; inkl. Rinnenhaken						
	m	**€ brutto**	**1,7**	**3,0**	**3,8**	**4,7**	**6,4**
	KG 394	€ netto	1,4	2,5	3,2	3,9	5,4
97	**Kastenrinne entfernen** Kastenrinne, innenliegend, demontieren; Bauschutt entsorgen; inkl. Rinnenhaken						
	m	**€ brutto**	**2,8**	**4,2**	**5,3**	**6,5**	**8,5**
	KG 394	€ netto	2,3	3,5	4,5	5,5	7,1
98	**Schneefanggitter entfernen** Schneefanggitter entfernen; Bauschutt entsorgen; inkl. Befestigung						
	m	**€ brutto**	**2,4**	**3,7**	**4,3**	**5,3**	**9,1**
	KG 394	€ netto	2,1	3,1	3,6	4,5	7,7
99	**Fallrohr entfernen** Fallrohr entfernen; Bauschutt entsorgen; inkl. Befestigung und Verbindung zur Dachrinne						
	m	**€ brutto**	**1,4**	**2,8**	**3,6**	**4,4**	**6,1**
	KG 394	€ netto	1,2	2,4	3,0	3,7	5,1
100	**Standrohr entfernen** Standrohr abschneiden; Gusseisen; DN100; Bauschutt entsorgen						
	St	**€ brutto**	**3,5**	**8,0**	**10,1**	**12,5**	**22,9**
	KG 394	€ netto	2,9	6,7	8,5	10,5	19,2
101	**Traufblech entfernen** Traufblech entfernen; Breite bis 500mm; Bauschutt entsorgen						
	m	**€ brutto**	**1,8**	**2,1**	**2,6**	**3,2**	**6,4**
	KG 394	€ netto	1,5	1,7	2,2	2,7	5,4

Abbruch- und Rückbauarbeiten **Preise €**

Nr.	Kurztext / Stichworte Einheit / Kostengruppe		►	▷	brutto ø netto ø	◁	◄
102	**Winkelkehle entfernen** Windkehle entfernen; Blech; Bauschutt entsorgen						
	m	**€ brutto**	**2,0**	**3,2**	**4,0**	**4,9**	**7,3**
	KG 394	€ netto	1,7	2,7	3,4	4,1	6,1
103	**Verwahrung entfernen** Verwahrung entfernen; Bauschutt entsorgen						
	m	**€ brutto**	**2,6**	**4,1**	**5,1**	**6,3**	**9,9**
	KG 394	€ netto	2,2	3,4	4,3	5,3	8,3
104	**Ortgangverblechung entfernen** Ortgangverblechung entfernen; Bauschutt entsorgen; inkl. Windleiste, Blechabdeckung						
	m	**€ brutto**	**2,3**	**3,8**	**4,8**	**5,8**	**9,8**
	KG 394	€ netto	1,9	3,2	4,0	4,9	8,2
105	**Wandanschlussprofile entfernen** Wandanschlussprofil entfernen; Bauschutt entsorgen; inkl. Befestigungsmittel						
	m	**€ brutto**	**4,0**	**7,4**	**9,4**	**11,5**	**14,6**
	KG 394	€ netto	3,4	6,2	7,9	9,7	12,3
106	**Fensterblech entfernen** Fensterblech entfernen; Bauschutt entsorgen; inkl. Befestigungsmittel						
	m	**€ brutto**	**2,1**	**3,5**	**4,4**	**5,4**	**8,5**
	KG 394	€ netto	1,8	2,9	3,7	4,5	7,1
107	**Blechabdeckung entfernen** Blechabdeckung entfernen; Breite bis 600mm; Bauschutt entsorgen						
	m	**€ brutto**	**2,4**	**5,0**	**6,3**	**7,8**	**11,1**
	KG 394	€ netto	2,0	4,2	5,3	6,5	9,4
108	**Schornsteinverblechung entfernen** Schornsteinverblechung entfernen; Bauschutt entsorgen						
	m²	**€ brutto**	**9,8**	**15,3**	**19,4**	**23,9**	**34,8**
	KG 394	€ netto	8,3	12,9	16,3	20,0	29,2
109	**Gaubenverblechung entfernen** Gaubenverblechung entfernen; Bauschutt entsorgen; inkl. Anschlüsse						
	m²	**€ brutto**	**5,3**	**9,3**	**11,8**	**14,5**	**23,0**
	KG 394	€ netto	4,4	7,8	9,9	12,2	19,3
110	**Blech-Dachdeckung entfernen** Dacheindeckung entfernen; Metallblech; Bauschutt entsorgen; auf Holzschalung						
	m²	**€ brutto**	**5,5**	**12,7**	**16,0**	**19,7**	**28,4**
	KG 394	€ netto	4,6	10,6	13,5	16,6	23,9

Abbruch- und Rückbauarbeiten — Preise €

Nr.	Kurztext / Stichworte Einheit / Kostengruppe		►	▷	brutto ø netto ø	◁	◄
111	**Blechbekleidung entfernen** Blechbekleidung entfernen; Bauschutt entsorgen; Außenwand						
	m²	**€ brutto**	**–**	**14**	**18**	**22**	**–**
	KG 394	€ netto	–	12	15	18	–
112	**Außenputz abschlagen, Mauerwerk** Außenputz zweilagig, abschlagen; Dicke bis 30mm; reinigen, Bauschutt entsorgen; Wand						
	m²	**€ brutto**	**7,0**	**11,3**	**12,9**	**15,5**	**21,8**
	KG 394	€ netto	5,9	9,5	10,8	13,0	18,3
113	**Außenputz abschlagen, Teilflächen** Außenputz zweilagig, abschlagen; Teilflächen bis 1,00m², Dicke bis 30mm; reinigen, Bauschutt entsorgen; Wand						
	m²	**€ brutto**	**8,3**	**14,0**	**15,9**	**18,4**	**26,5**
	KG 394	€ netto	6,9	11,8	13,4	15,5	22,3
114	**Sockelputz abschlagen** Sockelputz abschlagen; Dicke bis 30mm; reinigen, Bauschutt entsorgen						
	m²	**€ brutto**	**7,0**	**10,0**	**11,3**	**13,1**	**18,8**
	KG 394	€ netto	5,9	8,4	9,5	11,0	15,8
115	**Deckenputz abschlagen** Deckenputz abschlagen; Dicke bis 30mm; Bauschutt entsorgen						
	m²	**€ brutto**	**9,0**	**14,4**	**16,3**	**19,0**	**23,3**
	KG 394	€ netto	7,6	12,1	13,7	15,9	19,6
116	**Deckenputz abschlagen, Teilflächen** Deckenputz abschlagen; Teilflächen bis 1,00m², Dicke bis 30mm; Bauschutt entsorgen						
	m²	**€ brutto**	**9,8**	**15,8**	**19,8**	**22,9**	**26,5**
	KG 394	€ netto	8,2	13,3	16,6	19,3	22,3
117	**Putzträger entfernen, Wand** Putzträger ausbauen; Streckmetall; Bauschutt entsorgen; Wand						
	m²	**€ brutto**	**6,9**	**10,2**	**11,6**	**13,4**	**20,8**
	KG 394	€ netto	5,8	8,6	9,7	11,3	17,5
118	**Putzträger entfernen, Decke** Putzträger ausbauen; Streckmetall; Bauschutt entsorgen; Decke						
	m²	**€ brutto**	**7,5**	**14,2**	**16,1**	**18,7**	**23,8**
	KG 394	€ netto	6,3	11,9	13,6	15,7	20,0
119	**Eckschutzschiene abbrechen** Eckschutzschiene abbrechen; Länge bis 1,50m; Bauschutt entsorgen; inkl. Befestigungsanker						
	m	**€ brutto**	**4,0**	**4,5**	**5,1**	**6,0**	**11,1**
	KG 394	€ netto	3,4	3,8	4,3	5,0	9,4

Abbruch- und Rückbauarbeiten							Preise €
Nr.	Kurztext / Stichworte Einheit / Kostengruppe		▶	▷	brutto ø netto ø	◁	◀
120	**Bodenfliesen entfernen, geklebt** Bodenbelag, Fliesen entfernen, verklebt; Dicke bis 2cm; Bauschutt entsorgen						
	m²	**€ brutto**	**9,3**	**12,0**	**15,0**	**18,0**	**23,5**
	KG 394	€ netto	7,8	10,1	12,6	15,1	19,8
121	**Bodenfliesen entfernen, Mörtelbett** Bodenbelag, Fliesen entfernen, Mörtelbett; Dicke bis 5cm; Bauschutt entsorgen						
	m²	**€ brutto**	**9,0**	**13,4**	**16,7**	**20,1**	**27,1**
	KG 394	€ netto	7,6	11,2	14,1	16,9	22,8
122	**Sockelfliesen entfernen** Sockelbelag, Fliesen entfernen; keramisch; Bauschutt entsorgen						
	m	**€ brutto**	**2,0**	**3,7**	**4,7**	**5,6**	**8,4**
	KG 394	€ netto	1,7	3,1	3,9	4,7	7,0
123	**Treppenbelag, Fliesen entfernen** Treppenbelag, Fliesen entfernen; als Tritt- und Setzstufen; Dicke bis 5cm; Bauschutt entsorgen; inkl. Abschluss- und Anschlussprofile entsorgen						
	m²	**€ brutto**	**–**	**18**	**22**	**27**	**–**
	KG 394	€ netto	–	15	19	22	–
124	**Wandfliesen entfernen, Dünnbett** Wandbelag, Fliesen entfernen, Dünnbett; Dicke bis 2cm; Bauschutt entsorgen						
	m²	**€ brutto**	**6,5**	**10,8**	**13,4**	**16,1**	**22,9**
	KG 394	€ netto	5,5	9,0	11,3	13,6	19,2
125	**Wandfliesen entfernen, Dickbett** Wandbelag Fliesen entfernen, Dickbett; Dicke bis 4cm; Bauschutt entsorgen						
	m²	**€ brutto**	**7,3**	**12,2**	**15,3**	**18,3**	**23,6**
	KG 394	€ netto	6,1	10,3	12,8	15,4	19,9
126	**Verbundestrich abbrechen, bis 25mm** Verbundestrich abbrechen; Zementestrich bis C30; Dicke bis 25mm; Bauschutt entsorgen						
	m²	**€ brutto**	**–**	**8,7**	**11**	**13**	**–**
	KG 394	€ netto	–	7,3	9,1	11	–
127	**Verbundestrich abbrechen, bis 50mm** Verbundestrich abbrechen; Zementestrich; Dicke bis 50mm; Bauschutt entsorgen						
	m²	**€ brutto**	**9,8**	**13,5**	**16,9**	**21,1**	**26,3**
	KG 394	€ netto	8,3	11,4	14,2	17,7	22,1

Abbruch- und Rückbauarbeiten **Preise €**

Nr.	Kurztext / Stichworte Einheit / Kostengruppe		▶	▷	brutto ø netto ø	◁	◀
128	**Verbundestrich abbrechen, bis 70mm** Verbundestrich abbrechen; Zementestrich; Dicke bis 70mm; Bauschutt entsorgen						
	m²	**€ brutto**	**14**	**19**	**23**	**29**	**36**
	KG 394	€ netto	12	16	20	24	30
129	**Kunstharzestrich abbrechen, bis 20mm** Verbundestrich abbrechen; Kunstharzestrich; Dicke bis 20mm; Bauschutt entsorgen						
	m²	**€ brutto**	**–**	**6,7**	**8,4**	**10**	**–**
	KG 394	€ netto	–	5,6	7,0	8,7	–
130	**Estrich, schwimmend, abbrechen** Estrich schwimmend abbrechen; Estrichdicke 40mm, Dammdicke 30mm; Bauschutt entsorgen; inkl. Dämmung, Trennschicht						
	m²	**€ brutto**	**12**	**17**	**21**	**26**	**32**
	KG 394	€ netto	9,7	14,4	18,0	21,6	26,7
131	**Estrich bewehrt, schwimmend, abbrechen** Estrich bewehrt, schwimmend, abbrechen; Estrichdicke 50mm, Dammdicke bis 100mm; Bauschutt entsorgen; inkl. Dämmung, Trennschicht						
	m²	**€ brutto**	**13**	**26**	**32**	**38**	**45**
	KG 394	€ netto	11	21	27	32	37
132	**Heizestrich abbrechen** Heizestrich abbrechen; Estrichdicke bis 70mm, Dammdicke bis 40mm; Bauschutt entsorgen; inkl. Dämmung, Trennschicht						
	m²	**€ brutto**	**–**	**28**	**35**	**42**	**–**
	KG 394	€ netto	–	24	30	36	–
133	**Heizestrich, bewehrt, abbrechen** Heizestrich abbrechen, bewehrt; Estrichdicke bis 70mm, Dammdicke bis 40mm; Bauschutt entsorgen; inkl. Dämmung, Trennschicht						
	m²	**€ brutto**	**–**	**30**	**38**	**46**	**–**
	KG 394	€ netto	–	25	32	39	–
134	**Schutzestrich abbrechen** Schutzestrich abbrechen; Dicke bis 80mm; Bauschutt entsorgen						
	m²	**€ brutto**	**13**	**22**	**27**	**33**	**41**
	KG 394	€ netto	11	18	23	27	35
135	**Kellerfenster ausbauen, Holz, 0,5m²** Kellerfenster ausbauen; Holz; Größe bis 0,5m²; Bauschutt entsorgen						
	St	**€ brutto**	**12**	**18**	**22**	**26**	**53**
	KG 394	€ netto	10	15	18	22	44

Abbruch- und Rückbauarbeiten **Preise €**

Nr.	Kurztext / Stichworte Einheit / Kostengruppe		▶	▷	brutto ø netto ø	◁	◀
136	**Fenster ausbauen, Holz, bis 1,5m²** Fenster ausbauen; Holz; Größe bis 1,5m²; Bauschutt entsorgen; inkl. Flügel und Fensterrahmen						
	St	**€ brutto**	**21**	**39**	**49**	**59**	**91**
	KG 394	€ netto	18	33	41	49	77
137	**Fenster ausbauen, Holz, bis 2,5m²** Fenster ausbauen; Holz; Größe bis 2,5m²; Bauschutt entsorgen; inkl. Flügel und Rahmen						
	St	**€ brutto**	**24**	**49**	**62**	**74**	**123**
	KG 394	€ netto	20	41	52	62	103
138	**Fenstertür ausbauen, Holz, bis 3,5m²** Fenster ausbauen; Holz; Größe bis 3,5m²; Bauschutt entsorgen; inkl. Flügel und Rahmen						
	St	**€ brutto**	**29**	**63**	**78**	**94**	**148**
	KG 394	€ netto	24	53	66	79	124
139	**Fenster ausbauen, Kunststoff, bis 1,5m²** Fenster ausbauen; Kunststoff; Größe bis 1,5m²; Bauschutt entsorgen; inkl. Flügel, Rahmen und Innen- und Außenfensterbank						
	St	**€ brutto**	**19**	**31**	**39**	**46**	**60**
	KG 394	€ netto	16	26	32	39	50
140	**Fenster ausbauen, Kunststoff, bis 2,5m²** Fenster ausbauen; Kunststoff; Größe bis 2,5m²; Bauschutt entsorgen; inkl. Flügel, Rahmen und Innen- und Außenfensterbank						
	St	**€ brutto**	**24**	**43**	**53**	**64**	**75**
	KG 394	€ netto	20	36	45	54	63
141	**Fenstertür ausbauen, Kunststoff, bis 3,5m²** Fenstertür ausbauen; Kunststoff; Größe bis 3,5m²; Bauschutt entsorgen; inkl. Flügel und Rahmen						
	St	**€ brutto**	**43**	**70**	**87**	**104**	**148**
	KG 394	€ netto	36	58	73	88	124
142	**Hauseingangstür ausbauen, bis 4,0m²** Hauseingangstür ausbauen; Größe bis 4m²; Bauschutt entsorgen; inkl. Türblatt und Rahmen						
	St	**€ brutto**	**53**	**96**	**120**	**144**	**158**
	KG 394	€ netto	44	81	101	121	132
143	**Kelleraußentür ausbauen, bis 2,5m²** Kelleraußentür ausbauen; Größe bis 2,5m²; Bauschutt entsorgen; inkl. Türblatt und Rahmen						
	St	**€ brutto**	**–**	**39**	**49**	**59**	**–**
	KG 394	€ netto	–	33	41	49	–

Abbruch- und Rückbauarbeiten — Preise €

Nr.	Kurztext / Stichworte Einheit / Kostengruppe		▶	▷	brutto ø netto ø	◁	◀
144	**Innentür, 1-flüglig, entfernen** Innentür, einflüglig, ausbauen; Holz; Größe bis 2,00m²; Bauschutt entsorgen; inkl. Türfutter						
	St	**€ brutto**	**23**	**33**	**42**	**50**	**59**
	KG 394	€ netto	19	28	35	42	49
145	**Wandbekleidung entfernen** Wandbekleidung entfernen; Holzwerkstoff; Bauschutt entsorgen						
	m²	**€ brutto**	**5,9**	**14,4**	**18,0**	**21,6**	**30,0**
	KG 394	€ netto	4,9	12,1	15,1	18,2	25,2
146	**Deckenbekleidung entfernen** Deckenbekleidung entfernen; Holzbretter; Bauschutt entsorgen; inkl. Sparschalung						
	m²	**€ brutto**	**–**	**18**	**22**	**27**	**–**
	KG 394	€ netto	–	15	19	23	–
147	**Fensterbank ausbauen, Holz, bis 1,5m** Fensterbank ausbauen; Holz; Länge bis 1,5m, Breite bis 25cm, Dicke bis 4cm; Bauschutt entsorgen						
	St	**€ brutto**	**7,6**	**12,7**	**15,9**	**19,0**	**27,9**
	KG 394	€ netto	6,4	10,7	13,3	16,0	23,4
148	**Fensterbank ausbauen, Holz, bis 2,5m** Fensterbank ausbauen; Holz; Länge bis 2,5m, Breite bis 25cm, Dicke bis 4cm; Bauschutt entsorgen						
	St	**€ brutto**	**14**	**20**	**25**	**30**	**41**
	KG 394	€ netto	12	17	21	26	35
149	**Leibungsbekleidung entfernen** Leibungsbekleidung innen ausbauen; Holz; Bauschutt entsorgen; inkl. Befestigungsholz						
	m	**€ brutto**	**–**	**10**	**13**	**15**	**–**
	KG 394	€ netto	–	8,7	11	13	–
150	**Montagewand abbrechen, GK** Montagewand abbrechen; Metallständer, beidseitig mit GK-Platten beplankt; Bauschutt entsorgen						
	m²	**€ brutto**	**11**	**15**	**20**	**23**	**30**
	KG 394	€ netto	8,8	12,3	16,4	19,7	25,5
151	**Deckenkleidung abbrechen; GK** Deckenbekleidung abbrechen; Gipskartonplatten, einlagig; Bekleidungsdicke 12,5mm; Bauschutt entsorgen; inkl. Unterkonstruktion						
	m²	**€ brutto**	**9,0**	**14,8**	**18,5**	**22,2**	**25,5**
	KG 394	€ netto	7,6	12,4	15,6	18,7	21,4

Abbruch- und Rückbauarbeiten — Preise €

Nr.	Kurztext / Stichworte Einheit / Kostengruppe		▶	▷	brutto ø netto ø	◁	◀
152	**Unterdecke abbrechen, GK** Unterdecke, abgehängt abbrechen; Gipskartonplatten auf Metallprofilen; Bauschutt entsorgen						
	m²	**€ brutto**	**7,8**	**11,9**	**14,8**	**17,8**	**22,9**
	KG 394	€ netto	6,5	10,0	12,5	15,0	19,2
153	**Verkofferung abbrechen, GK** Verkofferung von Rohrleitungen abbrechen; Bauschutt entsorgen; inkl. Unterkonstruktion						
	m²	**€ brutto**	**11**	**16**	**21**	**25**	**29**
	KG 394	€ netto	9,3	13,4	17,3	20,8	24,2
154	**Stundensatz Facharbeiter, Abbrucharbeiten** Stundenlohnarbeiten Vorarbeiter, Facharbeiter; Abbrucharbeiten						
	h	**€ brutto**	**38**	**47**	**51**	**55**	**66**
	KG 394	€ netto	32	40	43	46	55
155	**Stundensatz Helfer, Abbrucharbeiten** Stundenlohnarbeiten Werker, Helfer; Abbrucharbeiten						
	h	**€ brutto**	**32**	**41**	**45**	**49**	**60**
	KG 394	€ netto	27	34	38	41	50

Nachträgliche Querschnittsabdichtung in Mauerwerk — Preise €

Nr.	Kurztext / Stichworte Einheit / Kostengruppe		▶	▷	brutto ø netto ø	◁	◀
1	**Außenputz abschlagen, lose haftend** Außenputz abschlagen; lose haftend; Mauerwerk; inkl. Flächen nachreinigen und Bauschutt entsorgen						
	m²	**€ brutto**	**11**	**12**	**15**	**18**	**19**
	KG 395	€ netto	9,2	9,9	12,4	14,8	16,1
2	**Außenputz abschlagen, fest haftend** Außenputz abschlagen; fest haftend; Mauerwerk; inkl. Flächen nachreinigen und Bauschutt entsorgen						
	m²	**€ brutto**	**15**	**17**	**21**	**25**	**27**
	KG 395	€ netto	12	14	18	21	23
3	**Beschichtungen entfernen** Beschichtungen entfernen; Kelleraußenwand; inkl. Bauschutt entsorgen						
	m²	**€ brutto**	**8,2**	**7,9**	**9,9**	**11,9**	**12,9**
	KG 395	€ netto	6,9	6,6	8,3	10,0	10,8
4	**Wandflächen reinigen, abbürsten** Wandflächen reinigen; Auskratzen der Fugen und kräftiges Abbürsten; mit Stahlbesen						
	m²	**€ brutto**	**4,3**	**5,5**	**6,9**	**8,3**	**9,0**
	KG 395	€ netto	3,6	4,7	5,8	7,0	7,6
5	**Trockenstrahlen, Flächenreinigung** Flächenreinigung, Mauerwerk; Trockenstrahlen, festes Strahlmittel; Entfernen loser und haftungsmindernder Bestandteile; inkl. Strahlgut und Bauschutt entsorgen						
	m²	**€ brutto**	**8,7**	**9,9**	**12,4**	**14,8**	**16,1**
	KG 395	€ netto	7,3	8,3	10,4	12,5	13,5
6	**Trockenstrahlen, Flächen beschichtet** Flächenreinigung, Mauerwerk; Trockenstrahlen, festes Strahlmittel; Entfernen von Beschichtung; inkl. Strahlgut und Bauschutt entsorgen						
	m²	**€ brutto**	**16**	**15**	**19**	**23**	**25**
	KG 395	€ netto	13	13	16	19	21
7	**Feuchtnebel-Strahlen, Flächenreinigung** Flächenreinigung, Mauerwerk; Feuchtnebel-Strahlen; Entfernen der losen und haftungsmindernder Bestandteile; inkl. Bauschutt entsorgen						
	m²	**€ brutto**	**11**	**12**	**14**	**16**	**18**
	KG 395	€ netto	9,1	9,7	11,4	13,7	14,9
8	**Flächenreinigung, Druckluftnadelhammer** Flächenreinigung, Mauerwerk; Druckluftnadelhammer; Entfernen der losen und unreinen Bestandteile; inkl. Bauschutt entsorgen						
	m²	**€ brutto**	**12**	**13**	**15**	**18**	**19**
	KG 395	€ netto	10	11	12	15	16

Nachträgliche Querschnittsabdichtung in Mauerwerk						Preise €
Nr.	**Kurztext** / Stichworte			**brutto ø**		
	Einheit / Kostengruppe	▶	▷	netto ø	◁	◀
9	**Untergrund aufrauen, Druckluftnadelhammer**					
	Untergrund aufrauen, Mauerwerk; Druckluftnadelhammer; inkl. reinigen					
	m² € brutto	**7,3**	**7,8**	**8,7**	**10,4**	**11,3**
	KG 395 € netto	6,1	6,5	7,3	8,7	9,5
10	**Horizontalsperre, Stahlbleche, bis 13cm**					
	Horizontalabdichtung, Stahlbleche; Edelstahl; Mauerdicke bis 13cm; eintreiben in Lagerfuge; Mauerwerk; inkl. Fugen schließen					
	m € brutto	**54**	**58**	**61**	**65**	**70**
	KG 395 € netto	46	49	51	55	59
11	**Horizontalsperre, Stahlbleche, bis 25cm**					
	Horizontalabdichtung, Stahlbleche; Edelstahl; Mauerdicke bis 25cm; eintreiben in Lagerfuge; Mauerwerk; inkl. Fugen schließen					
	m € brutto	**75**	**80**	**84**	**90**	**97**
	KG 395 € netto	63	67	71	76	81
12	**Horizontalsperre, Stahlbleche, bis 38cm**					
	Horizontalabdichtung, Stahlbleche; Edelstahl; Mauerdicke bis 38cm; eintreiben in Lagerfuge; Mauerwerk; inkl. Fugen schließen					
	m € brutto	**101**	**108**	**114**	**122**	**131**
	KG 395 € netto	85	91	96	102	110
13	**Horizontalsperre, Stahlbleche, bis 50cm**					
	Horizontalabdichtung, Stahlbleche; Edelstahl; Mauerdicke bis 50cm; eintreiben in Lagerfuge; Mauerwerk; inkl. Fugen schließen					
	m € brutto	**134**	**143**	**151**	**161**	**173**
	KG 395 € netto	113	120	127	136	146
14	**Horizontalsperre, Stahlbleche, bis 70cm**					
	Horizontalabdichtung, Stahlbleche; Edelstahl; Mauerdicke bis 70cm; eintreiben in Lagerfuge; Mauerwerk; inkl. Fugen schließen					
	m € brutto	**175**	**187**	**197**	**210**	**226**
	KG 395 € netto	147	157	165	177	190
15	**Horizontalsperre, Stahlbleche, bis 100cm**					
	Horizontalabdichtung, Stahlbleche; Edelstahl; Mauerdicke bis 100cm; eintreiben in Lagerfuge; Mauerwerk; inkl. Fugen schließen					
	m € brutto	**240**	**256**	**270**	**288**	**310**
	KG 395 € netto	202	215	227	242	260
16	**Horizontalsperre, Sägen, weich, bis 13cm**					
	Horizontalabdichtung, Sägeverfahren; Platten/Bahnen; Mauerdicke bis 13cm; sägen und mit Quellmörtel auspressen; Ziegelmauerwerk, weich; inkl. Fugen schließen					
	m € brutto	**75**	**80**	**84**	**90**	**97**
	KG 395 € netto	63	67	71	76	81

Nachträgliche Querschnittsabdichtung in Mauerwerk **Preise €**

Nr.	Kurztext / Stichworte Einheit / Kostengruppe	►	▷	brutto ø netto ø	◁	◄
17	**Horizontalsperre, Sägen, weich, bis 25cm** Horizontalabdichtung, Sägeverfahren; Platten/Bahnen; Mauerdicke bis 25cm; sägen und mit Quellmörtel auspressen; Ziegelmauerwerk, weich; inkl. Fugen schließen					
	m **€ brutto**	**91**	**97**	**103**	**110**	**118**
	KG 395 € netto	77	82	86	92	99
18	**Horizontalsperre, Sägen, weich, bis 38cm** Horizontalabdichtung, Sägeverfahren; Platten/Bahnen; Mauerdicke bis 38cm; sägen und mit Quellmörtel auspressen; Ziegelmauerwerk, weich; inkl. Fugen schließen					
	m **€ brutto**	**102**	**109**	**115**	**123**	**132**
	KG 395 € netto	86	92	97	103	111
19	**Horizontalsperre, Sägen, weich, bis 50cm** Horizontalabdichtung, Sägeverfahren; Platten/Bahnen; Mauerdicke bis 50cm; sägen und mit Quellmörtel auspressen; Ziegelmauerwerk, weich; inkl. Fugen schließen					
	m **€ brutto**	**130**	**139**	**146**	**156**	**168**
	KG 395 € netto	109	116	123	131	141
20	**Horizontalsperre, Sägen, weich, bis 70cm** Horizontalabdichtung, Sägeverfahren; Platten/Bahnen; Mauerdicke bis 70cm; sägen und mit Quellmörtel auspressen; Ziegelmauerwerk, weich; inkl. Fugen schließen					
	m **€ brutto**	**173**	**184**	**194**	**208**	**223**
	KG 395 € netto	145	155	163	175	188
21	**Horizontalsperre, Sägen, weich, bis 100cm** Horizontalabdichtung, Sägeverfahren; Platten/Bahnen; Mauerdicke bis 100cm; sägen und mit Quellmörtel auspressen; Ziegelmauerwerk, weich; inkl. Fugen schließen					
	m **€ brutto**	**234**	**250**	**263**	**282**	**303**
	KG 395 € netto	197	210	221	237	255
22	**Horizontalsperre, Sägen, mittel, bis 13cm** Horizontalabdichtung, Sägeverfahren; Platten/Bahnen; Mauerdicke bis 13cm; sägen und mit Quellmörtel auspressen; Sandstein, mittel; inkl. Fugen schließen					
	m **€ brutto**	**85**	**90**	**95**	**102**	**109**
	KG 395 € netto	71	76	80	86	92

Kosten: Stand 3.Quartal 2016, Bundesdurchschnitt

Nachträgliche Querschnittsabdichtung in Mauerwerk — Preise €

Nr.	Kurztext / Stichworte Einheit / Kostengruppe		▶	▷	brutto ø netto ø	◁	◀
23	**Horizontalsperre, Sägen, mittel, bis 25cm** Horizontalabdichtung, Sägeverfahren; Platten/Bahnen; Mauerdicke bis 25cm; sägen und mit Quellmörtel auspressen; Sandstein, mittel; inkl. Fugen schließen						
	m	**€ brutto**	**97**	**103**	**109**	**116**	**125**
	KG 395	€ netto	81	87	91	98	105
24	**Horizontalsperre, Sägen, mittel, bis 38cm** Horizontalabdichtung, Sägeverfahren; Platten/Bahnen; Mauerdicke bis 38cm; sägen und mit Quellmörtel auspressen; Sandstein, mittel; inkl. Fugen schließen						
	m	**€ brutto**	**118**	**126**	**132**	**142**	**152**
	KG 395	€ netto	99	106	111	119	128
25	**Horizontalsperre, Sägen, mittel, bis 50cm** Horizontalabdichtung, Sägeverfahren; Platten/Bahnen; Mauerdicke bis 50cm; sägen und mit Quellmörtel auspressen; Sandstein, mittel; inkl. Fugen schließen						
	m	**€ brutto**	**156**	**167**	**176**	**188**	**202**
	KG 395	€ netto	131	140	148	158	170
26	**Horizontalsperre, Sägen, mittel, bis 70cm** Horizontalabdichtung, Sägeverfahren; Platten/Bahnen; Mauerdicke bis 70cm; sägen und mit Quellmörtel auspressen; Sandstein, mittel; inkl. Fugen schließen						
	m	**€ brutto**	**234**	**250**	**263**	**282**	**303**
	KG 395	€ netto	197	210	221	237	255
27	**Horizontalsperre, Sägen, mittel, bis 100cm** Horizontalabdichtung, Sägeverfahren; Platten/Bahnen; Mauerdicke bis 100cm; sägen und mit Quellmörtel auspressen; Sandstein, mittel; inkl. Fugen schließen						
	m	**€ brutto**	**327**	**349**	**367**	**393**	**422**
	KG 395	€ netto	275	293	309	330	355
28	**Horizontalsperre, Sägen, hart, bis 13cm** Horizontalabdichtung, Sägeverfahren; Platten/Bahnen; Mauerdicke bis 13cm; sägen und mit Quellmörtel auspressen; Basalt-Kalk, hart; inkl. Fugen schließen						
	m	**€ brutto**	**100**	**107**	**113**	**120**	**129**
	KG 395	€ netto	84	90	95	101	109

Nachträgliche Querschnittsabdichtung in Mauerwerk **Preise €**

Nr.	Kurztext / Stichworte Einheit / Kostengruppe		►	▷	brutto ø netto ø	◁	◄
29	**Horizontalsperre, Sägen, hart, bis 25cm** Horizontalabdichtung, Sägeverfahren; Platten/Bahnen; Mauerdicke bis 25cm; sägen und mit Quellmörtel auspressen; Basalt-Kalk, hart; inkl. Fugen schließen						
	m	**€ brutto**	**118**	**126**	**132**	**142**	**152**
	KG 395	€ netto	99	106	111	119	128
30	**Horizontalsperre, Sägen, hart, bis 38cm** Horizontalabdichtung, Sägeverfahren; Platten/Bahnen; Mauerdicke bis 38cm; sägen und mit Quellmörtel auspressen; Basalt-Kalk, hart; inkl. Fugen schließen						
	m	**€ brutto**	**162**	**173**	**182**	**194**	**209**
	KG 395	€ netto	136	145	153	163	176
31	**Horizontalsperre, Sägen, hart, bis 50cm** Horizontalabdichtung, Sägeverfahren; Platten/Bahnen; Mauerdicke bis 50cm; sägen und mit Quellmörtel auspressen; Basalt-Kalk, hart; inkl. Fugen schließen						
	m	**€ brutto**	**248**	**264**	**278**	**298**	**320**
	KG 395	€ netto	208	222	234	250	269
32	**Horizontalsperre, Sägen, hart, bis 70cm** Horizontalabdichtung, Sägeverfahren; Platten/Bahnen; Mauerdicke bis 70cm; sägen und mit Quellmörtel auspressen; Basalt-Kalk, hart; inkl. Fugen schließen						
	m	**€ brutto**	**321**	**343**	**361**	**386**	**415**
	KG 395	€ netto	270	288	303	325	349
33	**Horizontalsperre, Sägen, hart, bis 100cm** Horizontalabdichtung, Sägeverfahren; Platten/Bahnen; Mauerdicke bis 100cm; sägen und mit Quellmörtel auspressen; Basalt-Kalk, hart; inkl. Fugen schließen						
	m	**€ brutto**	**417**	**445**	**469**	**501**	**539**
	KG 395	€ netto	350	374	394	421	453
34	**Horizontalsperre, Injektion, bis 25cm** Horizontalabdichtung, Tränkung; Abdichtungsmittel; Mauerdicke bis 25cm; Niederdruckverfahren, Bohrlöcher; inkl. Verschließen der Bohrlöcher						
	m	**€ brutto**	**74**	**79**	**83**	**89**	**95**
	KG 395	€ netto	62	66	70	74	80

Kosten: Stand 3.Quartal 2016, Bundesdurchschnitt

Nachträgliche Querschnittsabdichtung in Mauerwerk **Preise €**

Nr.	Kurztext / Stichworte Einheit / Kostengruppe		▶	▷	brutto ø netto ø	◁	◀
35	**Horizontalsperre, Injektion, bis 38cm** Horizontalabdichtung, Tränkung; Abdichtungsmittel; Mauerdicke bis 38cm; Niederdruckverfahren, Bohrlöcher; inkl. Verschließen der Bohrlöcher						
	m	**€ brutto**	**90**	**96**	**101**	**108**	**117**
	KG 395	€ netto	76	81	85	91	98
36	**Horizontalsperre, Injektion, bis 50cm** Horizontalabdichtung, Tränkung; Abdichtungsmittel; Mauerdicke bis 50cm; Niederdruckverfahren, Bohrlöcher; inkl. Verschließen der Bohrlöcher						
	m	**€ brutto**	**107**	**114**	**120**	**128**	**138**
	KG 395	€ netto	90	96	101	108	116
37	**Horizontalsperre, Injektion, bis 70cm** Horizontalabdichtung, Tränkung; Abdichtungsmittel; Mauerdicke bis 70cm; Niederdruckverfahren, Bohrlöcher; inkl. Verschließen der Bohrlöcher						
	m	**€ brutto**	**123**	**132**	**138**	**148**	**159**
	KG 395	€ netto	104	111	116	125	134
38	**Horizontalsperre, Injektion, bis 100cm** Horizontalabdichtung, Tränkung; Abdichtungsmittel; Mauerdicke bis 100cm; Niederdruckverfahren, Bohrlöcher; inkl. Verschließen der Bohrlöcher						
	m	**€ brutto**	**189**	**202**	**213**	**228**	**245**
	KG 395	€ netto	159	170	179	191	206
39	**Horizontalsperre, Tränkung, bis 13cm** Horizontalabdichtung, Tränkung; Abdichtungsmittel; Mauerdicke bis 13cm; Bohrlochträngung; inkl. Verschließen der Bohrlöcher						
	m	**€ brutto**	**57**	**61**	**64**	**69**	**74**
	KG 395	€ netto	48	51	54	58	62
40	**Horizontalsperre, Tränkung, bis 25cm** Horizontalabdichtung, Bohrlochtränkung; Abdichtungsmittel; Mauerdicke bis 25cm; Bohrlochträngung; inkl. Verschließen der Bohrlöcher						
	m	**€ brutto**	**79**	**85**	**89**	**95**	**102**
	KG 395	€ netto	67	71	75	80	86
41	**Horizontalsperre, Tränkung, bis 38cm** Horizontalabdichtung, Bohrlochtränkung; Abdichtungsmittel; Mauerdicke bis 38cm; Bohrlochträngung; inkl. Verschließen der Bohrlöcher						
	m	**€ brutto**	**102**	**109**	**115**	**123**	**132**
	KG 395	€ netto	86	92	97	103	111

Nachträgliche Querschnittsabdichtung in Mauerwerk — Preise €

Nr.	Kurztext / Stichworte Einheit / Kostengruppe		▶	▷	brutto ø netto ø	◁	◀
42	**Horizontalsperre, Tränkung, bis 50cm** Horizontalabdichtung, Bohrlochtränkung; Abdichtungsmittel; Mauerdicke bis 50cm; Bohrlochträngung; inkl. Verschließen der Bohrlöcher						
	m	**€ brutto**	**118**	**126**	**132**	**142**	**152**
	KG 395	€ netto	99	106	111	119	128
43	**Horizontalsperre, Tränkung, bis 70cm** Horizontalabdichtung, Bohrlochtränkung; Abdichtungsmittel; Mauerdicke bis 70cm; Bohrlochträngung; inkl. Verschließen der Bohrlöcher						
	m	**€ brutto**	**151**	**161**	**169**	**181**	**195**
	KG 395	€ netto	127	135	142	152	164
44	**Horizontalsperre, Tränkung, bis 100cm** Horizontalabdichtung, Bohrlochtränkung; Abdichtungsmittel; Mauerdicke bis 100cm; Bohrlochträngung; inkl. Verschließen der Bohrlöcher						
	m	**€ brutto**	**216**	**230**	**242**	**259**	**279**
	KG 395	€ netto	181	193	204	218	234
45	**Vertikalsperre, Querwand, Injektion** Vertikalabdichtung, Injektion; Abdichtungsmittel; Mauerdicke 24-40cm; senkrechte Bohrlochreihen; Querwand, innen; inkl. Verschließen der Bohrlöcher						
	m	**€ brutto**	**99**	**106**	**111**	**119**	**128**
	KG 395	€ netto	83	89	94	100	108
46	**Vertikalsperre, Querwand, Tränkung** Vertikalabdichtung, Tränkung; Abdichtungsmittel; Mauerdicke 24-40cm; senkrechte Bohrlochreihen; Querwand, innen; inkl. Verschließen der Bohrlöcher						
	m	**€ brutto**	**108**	**115**	**121**	**130**	**139**
	KG 395	€ netto	91	97	102	109	117
47	**Mauerwerksaustausch, Querwand** Mauerwerksaustausch, Querwand, nicht aussteifend; Dichtungsbahn; Mauerdicke 24cm; Mauertrennung; zwischen Innen- und Außenwand						
	m	**€ brutto**	**86**	**92**	**99**	**106**	**114**
	KG 395	€ netto	72	77	83	89	96
48	**Innenputz abschlagen, Mauerwerk** Innenputz abschlagen; salzgeschädigtes Mauerwerk; bis min. 80cm über Schadenszone; inkl. regelmäßig Bauschutt entsorgen						
	m²	**€ brutto**	**11**	**12**	**12**	**15**	**16**
	KG 395	€ netto	9,2	9,9	10,4	12,5	13,5
49	**Bodenflächen abdecken, Folie** Bodenflächen abdecken; Baufolie						
	m²	**€ brutto**	**2,2**	**2,3**	**2,6**	**3,1**	**3,4**
	KG 395	€ netto	1,8	2,0	2,2	2,6	2,8

Kosten: Stand 3.Quartal 2016, Bundesdurchschnitt

Nachträgliche Querschnittsabdichtung in Mauerwerk Preise €

Nr.	Kurztext / Stichworte Einheit / Kostengruppe		▶	▷	brutto ø netto ø	◁	◀
50	**Bodenflächen abdecken, Folie/OSB** Bodenflächen abdecken; Folie/OSB						
	m²	**€ brutto**	**10**	**11**	**11**	**13**	**17**
	KG 395	€ netto	8,6	8,9	9,4	11,2	14,0
51	**Mauerwerk abbürsten** Mauerwerk, feuchte- und salzgeschädigt; abbürsten, mit Stahlbesen; inkl. Bauschutt entsorgen						
	m²	**€ brutto**	**2,5**	**2,7**	**3,0**	**3,6**	**3,9**
	KG 395	€ netto	2,1	2,2	2,5	3,0	3,2
52	**Mauerwerksfugen auskratzen** Mauerwerksfuge, mürbe und lose; auskratzen; inkl. Bauschutt entsorgen						
	m²	**€ brutto**	**13**	**14**	**16**	**19**	**20**
	KG 395	€ netto	11	12	13	16	17
53	**Spritzbewurf, Sanierputz, netzförmig** Spritzbewurf, Sanierputz; CS IV; netzförmig; halbdeckend, netzförmig für Sanierputz						
	m²	**€ brutto**	**10,0**	**10,7**	**11,9**	**14,2**	**15,4**
	KG 395	€ netto	8,4	9,0	10,0	12,0	13,0
54	**Spritzbewurf, Sanierputz volldeckend** Spritzbewurf, Sanierputz; CS IV; volldeckend; halbdeckend, netzförmig für Sanierputz						
	m²	**€ brutto**	**20**	**21**	**23**	**28**	**31**
	KG 395	€ netto	17	18	20	24	26
55	**Spritzbewurf, Leibungen** Spritzbewurf, Leibung; CS IV; Tiefe bis 25cm						
	m	**€ brutto**	**5,3**	**5,7**	**6,3**	**7,6**	**8,2**
	KG 395	€ netto	4,5	4,8	5,3	6,4	6,9
56	**Ausgleichsputz, Porengrundputz** Porengrundputz, Sanierputz; CS II; Schichtdicke mind. 1mm; Unebenheiten ausgleichen, Oberfläche aufrauen für Sanierputz						
	m²	**€ brutto**	**22**	**23**	**26**	**31**	**34**
	KG 395	€ netto	18	20	22	26	28
57	**Porengrundputz, Leibungen** Porengrundputz, Leibung; CS II; Tiefe bis 25cm						
	m	**€ brutto**	**9,6**	**10,2**	**11,4**	**13,6**	**14,8**
	KG 395	€ netto	8,0	8,6	9,6	11,5	12,4

Nachträgliche Querschnittsabdichtung in Mauerwerk **Preise €**

Nr.	Kurztext / Stichworte Einheit / Kostengruppe		▶	▷	brutto ø netto ø	◁	◀
58	**Sanierputz, geringe Salzbelastung** Sanierputz; CS II; Schichtdicke mind. 20mm; auf Spritzbewurf; Mauerwerk mit geringer Salzbelastung						
	m²	**€ brutto**	**53**	**57**	**63**	**76**	**82**
	KG 395	€ netto	45	48	53	64	69
59	**Sanierputz, hohe Salzbelastung** Sanierputz; CS II; Schichtdicke mind. 15mm; auf Porenputzgrund; Mauerwerk mit hoher Salzbelastung						
	m²	**€ brutto**	**49**	**52**	**58**	**70**	**76**
	KG 395	€ netto	41	44	49	59	63
60	**Sanierputz, Leibungen** Sanierputz, Leibung; CS II; Schichtdicke mind. 25mm; auf Leibungen bis 25cm; Mauerwerk mit hoher Salzbelastung						
	m	**€ brutto**	**21**	**23**	**25**	**30**	**33**
	KG 395	€ netto	18	19	21	26	28

F

Barrierefreies Bauen

Positionsverweise
Barrierefreies Bauen

Kurztext | Seite

Anhang

Regionalfaktoren

Anhang

Regionalfaktoren

Diese Faktoren geben Aufschluss darüber, inwieweit die Baupreise in einer bestimmten Region Deutschlands teurer oder günstiger liegen als im Bundesdurchschnitt. Sie können dazu verwendet werden, die BKI Baupreise an das besondere Baupreisniveau einer Region anzupassen. Bitte beachten und berücksichtigen Sie die weiteren Einflüsse auf die Baupreise unter Punkt 7 bei den Benutzerhinweisen.

	Landkreis / Stadtkreis	Regionalfaktor
A	Aachen, Städteregion	0,954
	Ahrweiler	0,984
	Aichach-Friedberg	1,063
	Alb-Donau-Kreis	1,053
	Altenburger Land	0,908
	Altenkirchen	0,975
	Altmarkkreis Salzwedel	0,801
	Altötting	0,978
	Alzey-Worms	1,014
	Amberg, Stadt	1,007
	Amberg-Sulzbach	0,993
	Ammerland	0,885
	Anhalt-Bitterfeld	0,650
	Ansbach	1,059
	Ansbach, Stadt	1,073
	Aschaffenburg	1,103
	Aschaffenburg, Stadt	1,157
	Augsburg	1,106
	Augsburg, Stadt	1,055
	Aurich	0,812
B	Bad Dürkheim	1,026
	Bad Kissingen	1,048
	Bad Kreuznach	1,081
	Bad Tölz-Wolfratshausen	1,177
	Baden-Baden, Stadt	1,056
	Bamberg	1,072
	Bamberg, Stadt	1,118
	Barnim	0,897
	Bautzen	0,867
	Bayreuth	1,043
	Bayreuth, Stadt	1,050
	Berchtesgadener Land	1,057
	Bergstraße	1,040
	Berlin, Stadt	0,984
	Bernkastel-Wittlich	1,047
	Biberach	1,021

	Bielefeld, Stadt	0,943
	Birkenfeld	0,998
	Bochum, Stadt	0,843
	Bodenseekreis	1,079
	Bonn, Stadt	0,999
	Borken	0,944
	Bottrop, Stadt	0,896
	Brandenburg an der Havel, Stadt	0,863
	Braunschweig, Stadt	0,853
	Breisgau-Hochschwarzwald	1,066
	Bremen, Stadt	0,998
	Bremerhaven, Stadt	0,959
	Burgenlandkreis	0,835
	Böblingen	1,061
	Börde	0,871
C	Calw	1,025
	Celle	0,861
	Cham	0,911
	Chemnitz, Stadt	0,918
	Cloppenburg	0,819
	Coburg	1,084
	Coburg, Stadt	1,142
	Cochem-Zell	1,008
	Coesfeld	0,988
	Cottbus, Stadt	0,746
	Cuxhaven	0,835
D	Dachau	1,094
	Dahme-Spreewald	0,873
	Darmstadt, Stadt	1,066
	Darmstadt-Dieburg	1,074
	Deggendorf	1,042
	Delmenhorst, Stadt	0,808
	Dessau-Roßlau, Stadt	0,901
	Diepholz	0,816
	Dillingen a.d.Donau	1,066
	Dingolfing-Landau	0,972
	Dithmarschen	1,005
	Donau-Ries	1,034
	Donnersbergkreis	1,016
	Dortmund, Stadt	0,857
	Dresden, Stadt	0,825
	Duisburg, Stadt	0,928
	Düren	0,975
	Düsseldorf, Stadt	0,975

E	Ebersberg	1,173
	Eichsfeld	0,904
	Eichstätt	1,060
	Eifelkreis Bitburg-Prüm	1,018
	Eisenach, Stadt	0,880
	Elbe-Elster	0,842
	Emden, Stadt	0,698
	Emmendingen	1,071
	Emsland	0,840
	Ennepe-Ruhr-Kreis	0,950
	Enzkreis	1,077
	Erding	1,073
	Erfurt, Stadt	0,880
	Erlangen, Stadt	1,032
	Erlangen-Höchstadt	1,011
	Erzgebirgskreis	0,922
	Essen, Stadt	0,929
	Esslingen	1,077
	Euskirchen	0,981
F	Flensburg, Stadt	0,959
	Forchheim	1,068
	Frankenthal (Pfalz), Stadt	0,895
	Frankfurt (Oder), Stadt	0,827
	Frankfurt am Main, Stadt	1,105
	Freiburg im Breisgau, Stadt	1,154
	Freising	1,060
	Freudenstadt	1,068
	Freyung-Grafenau	0,903
	Friesland	0,930
	Fulda	1,050
	Fürstenfeldbruck	1,161
	Fürth	1,076
	Fürth, Stadt	0,979
G	Garmisch-Partenkirchen	1,229
	Gelsenkirchen, Stadt	0,899
	Gera, Stadt	0,878
	Germersheim	1,038
	Gießen	1,031
	Gifhorn	0,899
	Goslar	0,912
	Gotha	0,901
	Grafschaft Bentheim	0,838
	Greiz	0,863
	Groß-Gerau	1,051

Göppingen 1,052
Görlitz 0,852
Göttingen 0,909
Günzburg 1,073
Gütersloh 0,964

H

Hagen, Stadt 0,961
Halle (Saale), Stadt 0,872
Hamburg, Stadt 1,067
Hameln-Pyrmont 0,878
Hamm, Stadt 0,917
Hannover, Region 0,928
Harburg 1,073
Harz 0,809
Havelland 0,912
Haßberge 1,117
Heidekreis 0,888
Heidelberg, Stadt 1,056
Heidenheim 1,066
Heilbronn 1,053
Heilbronn, Stadt 1,023
Heinsberg 0,941
Helmstedt 0,941
Herford 0,937
Herne, Stadt 0,943
Hersfeld-Rotenburg 1,009
Herzogtum Lauenburg 0,992
Hildburghausen 0,971
Hildesheim 0,875
Hochsauerlandkreis 0,969
Hochtaunuskreis 1,061
Hof 1,115
Hof, Stadt 1,101
Hohenlohekreis 0,989
Holzminden 0,984
Höxter 0,949

I

Ilm-Kreis 0,894
Ingolstadt, Stadt 1,081

J

Jena, Stadt 0,934
Jerichower Land 0,792

K

Kaiserslautern 0,993
Kaiserslautern, Stadt 0,985
Karlsruhe 1,035

	Karlsruhe, Stadt	1,068
	Kassel	1,028
	Kassel, Stadt	0,989
	Kaufbeuren, Stadt	1,080
	Kelheim	0,971
	Kempten (Allgäu), Stadt	1,029
	Kiel, Stadt	0,969
	Kitzingen	1,111
	Kleve	0,988
	Koblenz, Stadt	1,038
	Konstanz	1,089
	Krefeld, Stadt	1,006
	Kronach	1,104
	Kulmbach	1,091
	Kusel	0,992
	Kyffhäuserkreis	0,835
	Köln, Stadt	0,958
L	Lahn-Dill-Kreis	0,988
	Landau in der Pfalz, Stadt	1,010
	Landsberg am Lech	1,102
	Landshut	0,945
	Landshut, Stadt	1,096
	Leer	0,787
	Leipzig	0,961
	Leipzig, Stadt	0,845
	Leverkusen, Stadt	0,960
	Lichtenfels	0,999
	Limburg-Weilburg	1,016
	Lindau (Bodensee)	1,100
	Lippe	0,951
	Ludwigsburg	1,055
	Ludwigshafen am Rhein, Stadt	0,944
	Ludwigslust-Parchim	0,913
	Lörrach	1,095
	Lübeck, Stadt	0,999
	Lüchow-Dannenberg	0,929
	Lüneburg	0,866
M	Magdeburg, Stadt	0,873
	Main-Kinzig-Kreis	1,057
	Main-Spessart	1,093
	Main-Tauber-Kreis	1,087
	Main-Taunus-Kreis	1,029
	Mainz, Stadt	1,003
	Mainz-Bingen	1,066

	Mannheim, Stadt	0,974
	Mansfeld-Südharz	0,825
	Marburg-Biedenkopf	1,030
	Mayen-Koblenz	1,015
	Mecklenburgische Seenplatte	0,839
	Meißen	0,917
	Memmingen, Stadt	1,128
	Merzig-Wadern	1,068
	Mettmann	0,937
	Miesbach	1,210
	Miltenberg	1,175
	Minden-Lübbecke	0,915
	Mittelsachsen	0,943
	Märkisch-Oderland	0,882
	Märkischer Kreis	0,985
	Mönchengladbach, Stadt	1,009
	Mühldorf a.Inn	1,057
	Mülheim an der Ruhr, Stadt	0,997
	München	1,198
	München, Stadt	1,419
	Münster, Stadt	0,914
N	Neckar-Odenwald-Kreis	1,062
	Neu-Ulm	1,125
	Neuburg-Schrobenhausen	1,046
	Neumarkt i.d.OPf.	0,994
	Neumünster, Stadt	0,899
	Neunkirchen	1,046
	Neustadt a.d.Aisch-Bad Windsheim	1,136
	Neustadt a.d.Waldnaab	1,022
	Neustadt an der Weinstraße, Stadt	1,089
	Neuwied	0,980
	Nienburg (Weser)	0,638
	Nordfriesland	1,235
	Nordhausen	0,921
	Nordsachsen	0,946
	Nordwestmecklenburg	0,986
	Northeim	0,924
	Nürnberg, Stadt	1,001
	Nürnberger Land	0,957
O	Oberallgäu	1,096
	Oberbergischer Kreis	0,981
	Oberhausen, Stadt	0,894
	Oberhavel	0,907
	Oberspreewald-Lausitz	0,936

	Odenwaldkreis	1,022
	Oder-Spree	0,888
	Offenbach	1,013
	Offenbach am Main, Stadt	1,054
	Oldenburg	0,835
	Oldenburg, Stadt	0,941
	Olpe	1,046
	Ortenaukreis	1,059
	Osnabrück	0,847
	Osnabrück, Stadt	0,894
	Ostalbkreis	1,058
	Ostallgäu	1,061
	Osterholz	0,890
	Osterode am Harz	0,886
	Ostholstein	0,931
	Ostprignitz-Ruppin	0,836
P	Paderborn	0,946
	Passau	0,938
	Passau, Stadt	1,061
	Peine	0,900
	Pfaffenhofen a.d.Ilm	1,070
	Pforzheim, Stadt	0,973
	Pinneberg	1,012
	Pirmasens, Stadt	1,020
	Plön	1,005
	Potsdam, Stadt	0,946
	Potsdam-Mittelmark	0,910
	Prignitz	0,741
R	Rastatt	1,018
	Ravensburg	1,046
	Recklinghausen	0,922
	Regen	0,966
	Regensburg	1,020
	Regensburg, Stadt	1,140
	Regionalverband Saarbrücken	1,047
	Rems-Murr-Kreis	1,031
	Remscheid, Stadt	0,963
	Rendsburg-Eckernförde	0,901
	Reutlingen	1,026
	Rhein-Erft-Kreis	0,980
	Rhein-Hunsrück-Kreis	0,989
	Rhein-Kreis Neuss	0,930
	Rhein-Lahn-Kreis	1,021
	Rhein-Neckar-Kreis	1,050

	Rhein-Pfalz-Kreis	1,025
	Rhein-Sieg-Kreis	0,984
	Rheingau-Taunus-Kreis	0,986
	Rheinisch-Bergischer Kreis	0,983
	Rhön-Grabfeld	1,067
	Rosenheim	1,181
	Rosenheim, Stadt	1,118
	Rostock	0,921
	Rostock, Stadt	0,974
	Rotenburg (Wümme)	0,814
	Roth	1,047
	Rottal-Inn	0,959
	Rottweil	1,000
S	Saale-Holzland-Kreis	0,901
	Saale-Orla-Kreis	0,883
	Saalekreis	0,855
	Saalfeld-Rudolstadt	0,886
	Saarlouis	1,042
	Saarpfalz-Kreis	0,984
	Salzgitter, Stadt	0,858
	Salzlandkreis	0,858
	Schaumburg	0,906
	Schleswig-Flensburg	0,916
	Schmalkalden-Meiningen	0,950
	Schwabach, Stadt	0,994
	Schwalm-Eder-Kreis	0,993
	Schwandorf	0,989
	Schwarzwald-Baar-Kreis	1,014
	Schweinfurt	1,107
	Schweinfurt, Stadt	1,024
	Schwerin, Stadt	0,910
	Schwäbisch Hall	1,027
	Segeberg	0,937
	Siegen-Wittgenstein	1,050
	Sigmaringen	1,054
	Soest	0,934
	Solingen, Stadt	0,957
	Sonneberg	0,913
	Speyer, Stadt	0,960
	Spree-Neiße	0,804
	St. Wendel	1,023
	Stade	0,873
	Starnberg	1,322
	Steinburg	0,946
	Steinfurt	0,926

	Stendal	0,752
	Stormarn	1,005
	Straubing, Stadt	1,145
	Straubing-Bogen	0,995
	Stuttgart, Stadt	1,147
	Suhl, Stadt	1,009
	Sächsische Schweiz-Osterzgebirge	0,970
	Sömmerda	0,876
	Südliche Weinstraße	1,049
	Südwestpfalz	1,014
T	Teltow-Fläming	0,921
	Tirschenreuth	1,006
	Traunstein	1,115
	Trier, Stadt	1,099
	Trier-Saarburg	1,086
	Tuttlingen	1,045
	Tübingen	1,113
U	Uckermark	0,817
	Uelzen	0,898
	Ulm, Stadt	1,088
	Unna	0,919
	Unstrut-Hainich-Kreis	0,851
	Unterallgäu	1,047
V	Vechta	0,879
	Verden	0,869
	Viersen	0,993
	Vogelsbergkreis	1,012
	Vogtlandkreis	0,961
	Vorpommern-Greifswald	0,906
	Vorpommern-Rügen	0,968
	Vulkaneifel	1,026
W	Waldeck-Frankenberg	1,007
	Waldshut	1,107
	Warendorf	0,951
	Wartburgkreis	0,888
	Weiden i.d.OPf., Stadt	0,934
	Weilheim-Schongau	1,170
	Weimar, Stadt	0,959
	Weimarer Land	0,926
	Weißenburg-Gunzenhausen	1,052
	Werra-Meißner-Kreis	1,023
	Wesel	0,946

Wesermarsch 0,783
Westerwaldkreis 1,006
Wetteraukreis 1,040
Wiesbaden, Stadt 1,012
Wilhelmshaven, Stadt 0,886
Wittenberg 0,784
Wittmund 0,845
Wolfenbüttel 0,868
Wolfsburg, Stadt 0,942
Worms, Stadt 0,964
Wunsiedel i. Fichtelgebirge 1,093
Wuppertal, Stadt 0,931
Würzburg 1,130
Würzburg, Stadt 1,160

Z

Zollernalbkreis 1,069
Zweibrücken, Stadt 1,020
Zwickau 0,963